现代工程制图

主 编 程 静 于海霞
副主编 习立强 孙英时

北京理工大学出版社
BEIJING INSTITUTE OF TECHNOLOGY PRESS

内 容 简 介

本书是依照教育部"画法几何及工程制图教学基本要求",参照国内外的一些同类教材,特别是总结了编者近几年来教学改革的实践经验编写的。

全书共 10 章,包括制图的基本知识,点、线、面的投影,立体的投影及其表面交线,组合体,轴测图,机件的常用表达方法,标准件与常用件,零件图,装配图,AutoCAD 绘图。另有《现代工程制图习题集》与本书配套出版。

本书可作为高等工科院校各专业制图课程的教材,也可作为其他专业和有关工程技术人员的参考书。

图书在版编目(CIP)数据

现代工程制图 / 程静,于海霞主编. —北京:北京理工大学出版社,2018.1
ISBN 978-7-5682-5304-8

Ⅰ. ①现…　Ⅱ. ①程… ②于…　Ⅲ. ①工程制图-高等学校-教材　Ⅳ. ①TB23

中国版本图书馆 CIP 数据核字(2018)第 027030 号

出版发行 / 北京理工大学出版社有限责任公司	
社　　址 / 北京市海淀区中关村南大街 5 号	
邮　　编 / 100081	
电　　话 / (010)68914775(总编室)	
(010)82562903(教材售后服务热线)	
(010)68948351(其他图书服务热线)	
网　　址 / http://www.bitpress.com.cn	
经　　销 / 全国各地新华书店	
印　　刷 / 涿州市新华印刷有限公司	
开　　本 / 787 毫米×1092 毫米　1/16	
印　　张 / 23	责任编辑 / 杜春英
字　　数 / 525 千字	文案编辑 / 党选丽
版　　次 / 2018 年 1 月第 1 版　2018 年 1 月第 1 次印刷	责任校对 / 周瑞红
定　　价 / 84.00 元	责任印制 / 李志强

前　言

　　本书是依照教育部"画法几何及工程制图教学基本要求",参照国内外的一些同类教材,遵照教育部提出的"教育要面向 21 世纪,加强素质教育"的基本精神,特别是总结了编者近几年来教学改革的实践经验编写的。

　　本书的主要特点如下:理论与实际应用相结合,加强空间概念的培养,提高读者对形体的空间想象与分析能力。在内容选取上,突出核心重点;将内容重点放在投影制图上,而机械制图部分主要进行读图训练;在文字阐述上,力求做到通俗易懂,便于自学;对于基本概念、基本原理及方法的必要部分都采用投影图与立体图对照讲解。

　　本教材的 AutoCAD 绘图部分,精心编写计算机二维绘图的实用内容,以加强绘图基本技能与软件基本操作能力为重点,便于读者掌握。

　　与本教材配套使用的《现代工程制图习题集》,其题目难易适中,由浅入深,便于教师根据不同情况选用。

　　本书编写分工:程静编写第 10 章和附录,孙英时编写第 2 章、第 5 章和第 6 章;于海霞编写第 3 章、第 4 章和第 9 章,刁立强编写第 1 章、第 7 章和第 8 章。本书由程静、于海霞担任主编,刁立强、孙英时担任副主编。

　　本书参考了一些相关教材与著作,在此向有关作者致谢!

　　在本书的出版过程中,得到了北京理工大学出版社的大力支持,在此表示衷心感谢!

　　由于作者水平有限,书中难免有不妥之处,欢迎读者和同行提出宝贵意见。

编　者

2018 年 5 月

第1章

制图的基本知识

1.1 国家标准《机械制图》的基本规定

工程图样是工程技术人员表达设计思想、进行技术交流的工具，也是指导生产的重要技术资料。因此，对于图样的内容、格式和表达方法等必须作出统一的规定。我国于 1959 年首次发布了国家标准《机械制图》，统一规定了生产和设计部门共同遵守的制图基本法规，并多次发布和修订了与工程图样相关的若干标准。本章主要介绍图纸幅面及格式、比例、字体、图线和尺寸注法等标准。

1.1.1 图纸幅面及格式（GB/T 14689—2008）

1. 图纸幅面

绘制图样时，应优先采用表 1-1 中规定的基本幅面。必要时，也允许采用加长幅面，其尺寸是由相应基本幅面的短边成整数倍增加后得出的，如图 1-1 所示。图中粗实线所示为基本幅面。

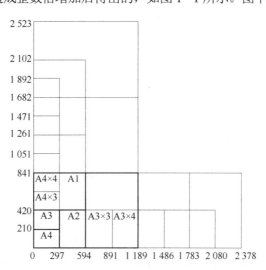

图 1-1 图纸基本幅面及加长幅面尺寸

表 1-1　图纸幅面及图框尺寸　　　　　　　　　　　　mm

幅面代号	A0	A1	A2	A3	A4
$B×L$	841×1 189	594×841	420×594	297×420	210×297
a	25				
c	10			5	
e	20		10		

2. 图框格式

如表 1-2 所示，图样上必须用粗实线绘制图框，其格式分为装订型和非装订型两种。图框的尺寸按表 1-1 确定，装订时一般采用 A3 幅面横装或 A4 幅面竖装。

表 1-2　常用图纸类型

类型	A3 幅面横放	A4 幅面竖放
装订型	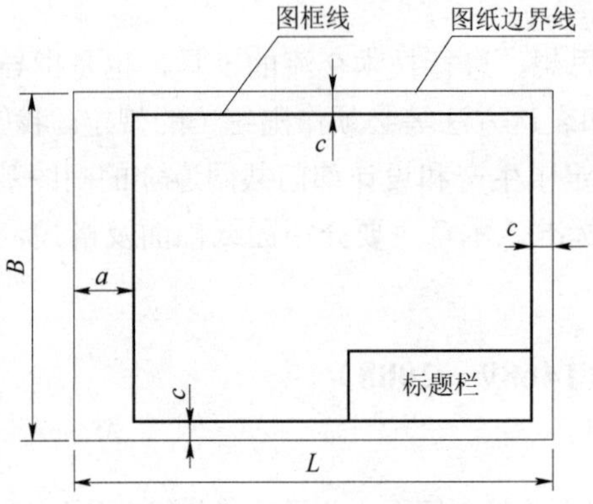	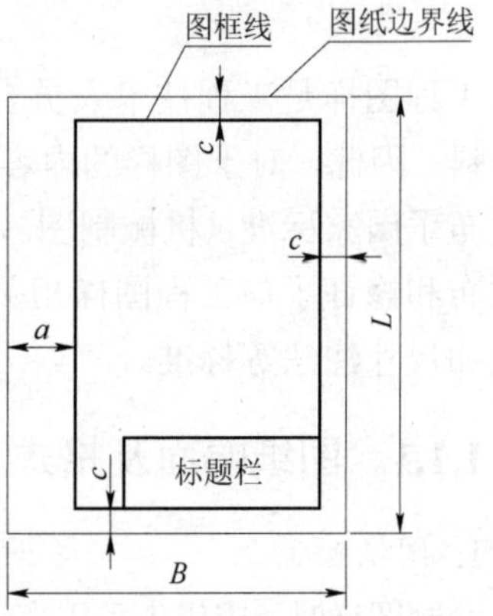
非装订型	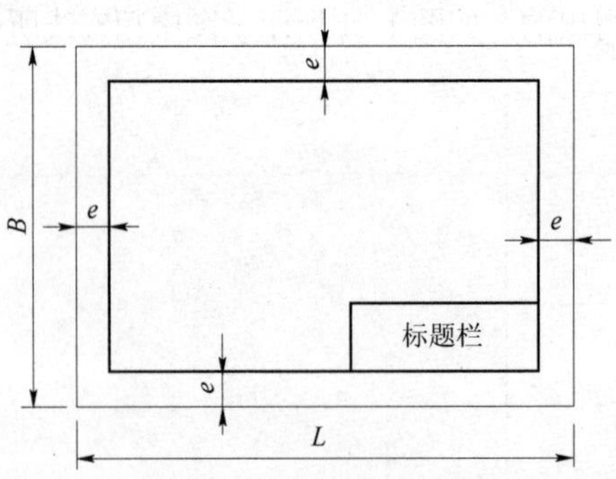	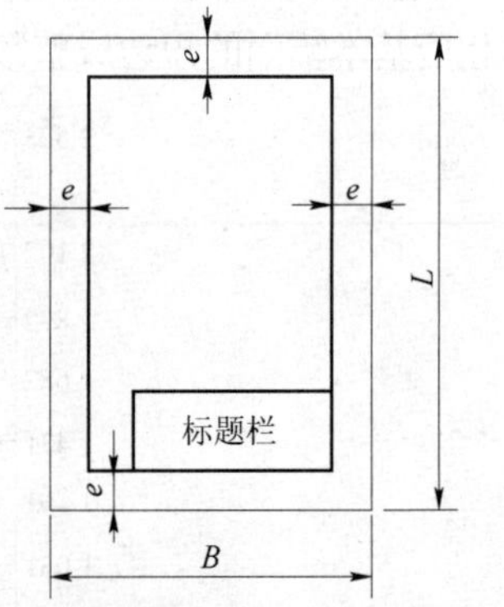

3. 标题栏

每张图样上都必须画出标题栏，标题栏用来表达零部件及其管理等信息，其格式和尺寸如图 1-2 所示，一般位于图纸的右下角，并使其底边和右边分别与下图框线和右图框线重合，标题栏中的文字方向通常为看图方向。练习用的标题栏可简化，制图作业的标题栏建议采用如图 1-3 所示的格式。

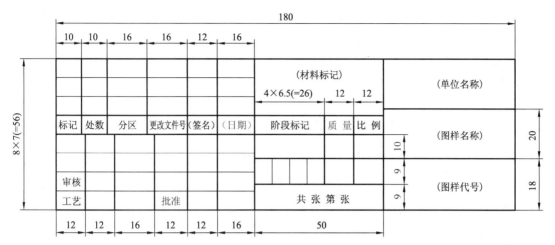

图 1－2　标题栏的格式及尺寸

设计			（日期）	（材料）		（校名）
校核						
审核				比例		（图样名称）
班级		学号		共　张　第　张		（图样代号）

图 1－3　练习用的标题栏格式及尺寸

4. 明细栏

明细栏用来表达组成装配体的各种零部件的数量、材料等信息，其格式和尺寸如图 1－4 所示，一般配置在标题栏的上方，并使其底边与标题栏的顶边重合。

序号	代　号	名　称	数量	材　料	单件	总计	备注
					质量		

设计			（日期）	（材料）		（学校名称）
校核						
审核				比例		（图样名称）
班级		学号		共　张　第　张		（图样代号）

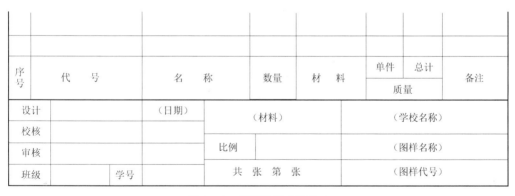

图 1－4　明细栏格式及尺寸

1.1.2　比例（GB/T 14690—1993）

比例是指图样中图形与其实物相应要素的线性尺寸之比。绘制图样时，可根据物体的大小及结构的复杂程度，采用原值比例、放大比例或缩小比例。国家标准规定了各种比例的比例系数，如表 1－3 所示。

表1-3 绘图比例

比例总类	优先使用比例			可使用比例				
原值比例	1:1							
放大比例	5:1 $5×10^n:1$	2:1 $2×10^n:1$	$1×10^n:1$	4:1 $4×10^n:1$	2.5:1 $2.5×10^n:1$			
缩小比例	1:2 $1:2×10^n$	1:5 $1:5×10^n$	1:1 $1:1×10^n$	1:1.5 1:2.5 $1:1.5×10^n$ $1:4×10^n$	1:3 1:4 1:6 $1:2.5×10^n$ $1:3×10^n$ $1:6×10^n$			
注：n 为正整数。								

国家标准对比例还作了以下规定：

1）在表达清晰、能合理利用图纸幅面的前提下，应尽可能选用原值比例，以便从图样上得到实物大小的真实感。

2）标注尺寸时，应按实物的实际尺寸进行标注，与所采用的比例无关，如图1-5所示。

3）绘制同一机件的各个视图时，应尽可能采用相同的比例，并在标题栏比例栏中填写。当某个视图需要采用不同比例时，可在该视图名称的下方或右侧标注比例。

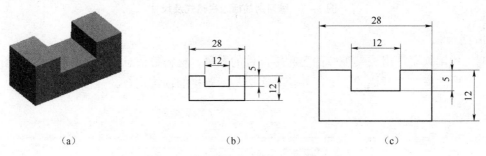

（a）   （b）   （c）

图1-5 按实物的实际尺寸进行标注

（a）实物；（b）1:2；（c）1:1

1.1.3 字体（GB/T 14691—1993）

图样上除了图形外，还需要用文字、符号、数字对机件的大小、技术要求等加以说明。因此，字体是图样的一个重要组成部分，国家标准对图样中的字体的书写规范作了规定。

书写字体的基本要求是：字体工整，笔画清楚、间隔均匀、排列整齐。具体规定如下。

1. 字高

字体高度代表字体的号数。字体高度（h）的公称尺寸（单位：mm）系列为：1.8、2.5、3.5、5、7、10、14、20。如需要书写更大的字时，其字体高度应按 $\sqrt{2}$ 的比率递增。

2. 汉字

汉字应写长仿宋体，并采用国家正式公布的简化字。汉字的高度不应小于 3.5 mm，其宽度一般为字高的$1/\sqrt{2}$。图 1-6 所示为汉字的书写示例。

10号字

字体工整笔画清楚间隔均匀排列整齐

7号字

横平竖直注意起落结构均匀填满方格

5号字

技术制图机械电子汽车船舶土木建筑矿山井坑港口纺织服装

3.5号字

螺纹齿轮端子接线飞行指导驾驶舱位挖填施工引水通风闸阀坝棉麻化纤

图 1-6　长仿宋体汉字示例

3. 字母与数字

字母和数字分 A 型和 B 型两类，可写成斜体或直体，一般采用斜体。斜体字字头向右倾斜，与水平基准线成 75°。数字和字母的 A 型斜体字示例如图 1-7 所示。

图 1-7　数字及字母的 A 型斜体字示例

1.1.4　图线（GB/T 4457.4—2002，GB/T 17450—1998）

1. 图线的型式及其应用

在绘制图样时，应采用规定的标准图线。表 1-4 所示为机械图样中常用图线的名称、型式及其主要用途，其应用如图 1-8 所示。

表1-4 图线的基本线型与应用

图线名称	图线型式	主要用途
粗实线	——————————	可见轮廓线、可见的过渡线
细实线	——————————	尺寸线、尺寸界线、剖面线、重合断面的轮廓线、引出线
波浪线	～～～～～～	断裂处的边界线、视图和剖视的分界线
双折线	⌐⌐⌐⌐⌐⌐	断裂处的边界线
细虚线	12d 3d	不可见的轮廓线、不可见的过渡线
细点画线	24d 6.5d	轴线、对称中心线、轨迹线、齿轮的分度圆及分度线
粗点画线	——·——·——	有特殊要求的线或表面的表示线
细双点画线	—··—··—··	相邻辅助零件的轮廓线、极限位置的轮廓线、假想投影轮廓线

注：本书后续各章中细虚线、细点画线、细双点画线均省略"细"字，分别简称为虚线、点画线、双点画线。

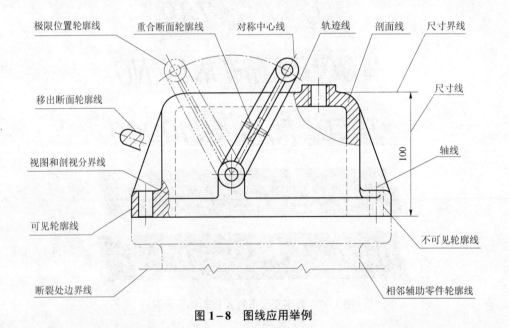

图1-8 图线应用举例

2. 图线的宽度

机械图样中采用两种图线宽度，称为粗线和细线，它们的宽度比例为2:1。所有线型的图线宽度应按图样的类型和尺寸大小在下列数系中选择（单位：mm）：0.13、0.18、0.25、0.35、0.5、0.7、1、1.4、2。粗线宽度应根据图形大小和复杂程度在0.5～2 mm选取，通常优先采用0.5 mm或0.7 mm。

3. 图线画法

在绘图过程中，除了正确掌握图线的标准和用法以外，还应遵守以下各点：

1）两条平行线之间的最小间隙不得小于 0.7 mm。

2）同一图样中同类图线的宽度应保持一致。

3）虚线、点画线及双点画线的线段长度和间隔应各自大致相等。

4）当虚线、点画线在粗实线的延长线上时，连接处应空开，粗实线画到分界点。

5）点画线和双点画线的首末两端应是线段，且应超出图形轮廓线 2～5 mm。

6）在较小图形上绘制点画线或双点画线有困难时，可用细实线代替。

7）当各种线条重合时，应按粗实线、虚线、点画线的优先顺序画出。

图线的画法示例如图 1-9 所示。

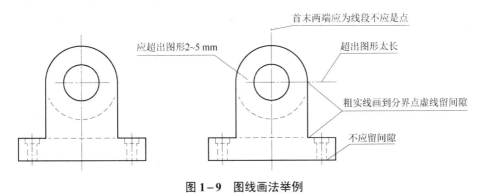

图 1-9 图线画法举例

1.1.5 尺寸注法（GB/T 4458.4—2003，GB/T 16675.2—2012）

图形只能表达机件的形状，而机件的大小是通过图样中的尺寸来确定的。因此，标注尺寸是一项极为重要的工作，必须严格遵守国家标准中的有关规则。

1. 标注尺寸的基本规则

1）机件的真实大小应以图样上所标注的尺寸数值为依据，与图形的大小及绘图的准确度无关。

2）图样中的尺寸，以 mm 为单位时，不需标注单位的代号或名称。如采用其他单位，则必须注明相应单位的代号或名称，如 45°、20 cm 等。

3）图样中的尺寸，应为该图样所示机件的最后完工的尺寸，否则应另加说明。

4）机件的每一个尺寸，一般只标注一次，并应标注在反映该结构最清晰的图形上。

2. 尺寸的组成

如图 1-10 所示，一个完整的尺寸一般由尺寸界线、带有终端符号的尺寸

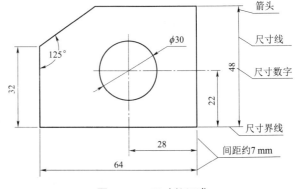

图 1-10 尺寸的组成

线和尺寸数字组成。

（1）尺寸界线

1）尺寸界线用细实线绘制，并应由图形的轮廓线、轴线或对称中心线处引出，也可以利用轮廓线、轴线或对称中心线作尺寸界线。

2）尺寸界线一般与尺寸线垂直，并超出尺寸线 2～3 mm。当尺寸界线贴近轮廓线时，允许尺寸界线与尺寸线倾斜。

（2）尺寸线

1）尺寸线用细实线单独绘制，不能用其他图线代替，也不得与其他图线重合或画在其延长线上。其终端可以有下列两种形式。

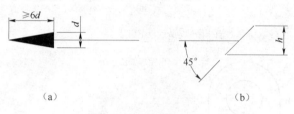

（a） （b）

图 1-11 终端的画法

（a）箭头形式；（b）斜线形式

① 箭头：箭头适用于各类图样，其画法如图 1-11（a）所示。

② 斜线：常用于土建类图样，斜线用细实线绘制，其画法如图 1-11（b）所示。尺寸线的终端采用斜线形式时，尺寸线与尺寸界线必须相互垂直。

同一张图样中只能采用一种尺寸终端形式，但当采用箭头标注尺寸时，在没有足够的位置画箭头的情况下，允许用圆点或斜线代替箭头。

2）标注线性尺寸时，尺寸线必须与所注的线段平行。当有几条互相平行的尺寸线时，其间隔要均匀，间距约 7 mm。并将大尺寸标注在小尺寸外面，以免尺寸线与尺寸界线相交。

3）圆的直径和圆弧的半径的尺寸线终端应画成箭头，尺寸线或其延长线应通过圆心。

（3）尺寸数字

1）尺寸数字一般注写在尺寸线的上方，也允许注写在尺寸线的中断处。

2）尺寸数字一般采用 3.5 号字，线性尺寸数字的注写方法有以下两种。

① 尺寸数字按图 1-12（a）所示的方向注写，并应尽可能避免在 30° 范围内标注尺寸。当无法避免时，可按图 1-12（b）所示的形式引出标注。

② 对于非水平方向的尺寸，其尺寸数字可水平地注写在尺寸线的中断处，如图 1-13 所示。但在一张图样中，应采用一种方法注写。一般应采用图 1-12 所示的方法注写。

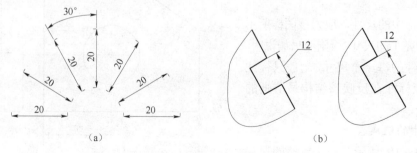

（a） （b）

图 1-12 线性尺寸数字注法一

（a）填写尺寸数字的规则；（b）无法避免时的注写方法

3）标注角度尺寸时，尺寸数字一律水平书写，一般注写在尺寸线的中断处，如图 1-12（a）所示，必要时也可引出标注。

4）尺寸数字不可被任何图线通过，否则将尺寸数字处的图线断开，如图 1-14 所示。

5）标注尺寸时，应尽可能使用符号和缩写词，表 1-5 所示为常用的符号和缩写词。

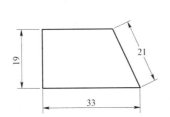

图 1-13　线性尺寸数字注法二

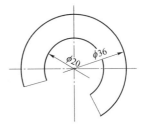

图 1-14　尺寸数字不能被图线通过

表 1-5　常用的符号和缩写词

名称	直径	半径	球直径	球半径	45°倒角	厚度	均布	正方形	深度	埋头孔	沉孔或锪平
符号或缩写词	ϕ	R	$S\phi$	SR	C	t	EQS	□	⊤	∨	⊔

3. 尺寸标注示例

表 1-6 列出了国家标准规定的一些尺寸标注。

表 1-6　尺寸标注示例

内容	图　　例	说　　明
直径		① 圆或大于半圆的圆弧，注直径尺寸，尺寸线通过圆心，以圆周为尺寸界线。 ② 直径尺寸在尺寸数字前加"ϕ"
半径	正确　　　错误	① 小于或等于半圆的圆弧，注半径尺寸，且必须注在投影为圆弧的图形上，尺寸线自圆心引向圆弧。 ② 半径尺寸在尺寸数字前加"R"

续表

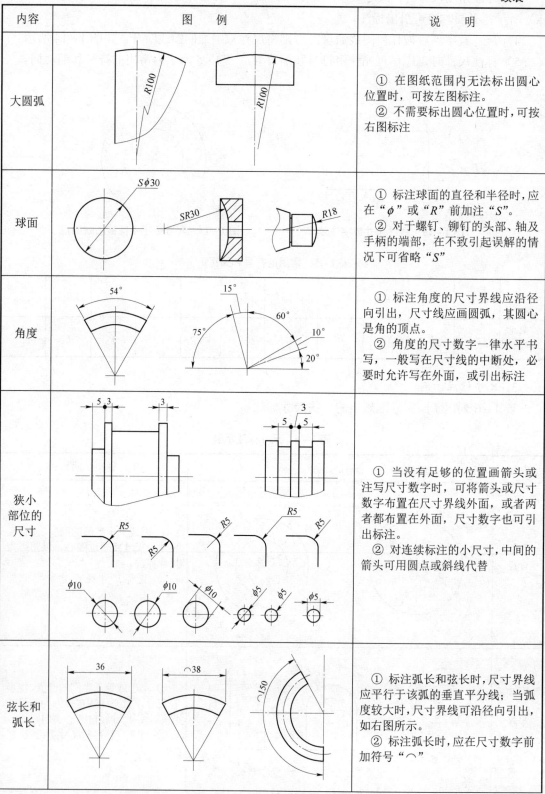

内容	图 例	说 明
大圆弧		① 在图纸范围内无法标出圆心位置时,可按左图标注。 ② 不需要标出圆心位置时,可按右图标注
球面		① 标注球面的直径和半径时,应在"ϕ"或"R"前加注"S"。 ② 对于螺钉、铆钉的头部、轴及手柄的端部,在不致引起误解的情况下可省略"S"
角度		① 标注角度的尺寸界线应沿径向引出,尺寸线应画圆弧,其圆心是角的顶点。 ② 角度的尺寸数字一律水平书写,一般写在尺寸线的中断处,必要时允许写在外面,或引出标注
狭小部位的尺寸		① 当没有足够的位置画箭头或注写尺寸数字时,可将箭头或尺寸数字布置在尺寸界线外面,或者两者都布置在外面,尺寸数字也可引出标注。 ② 对连续标注的小尺寸,中间的箭头可用圆点或斜线代替
弦长和弧长		① 标注弧长和弦长时,尺寸界线应平行于该弧的垂直平分线;当弧度较大时,尺寸界线可沿径向引出,如右图所示。 ② 标注弧长时,应在尺寸数字前加符号"⌒"

续表

内容	图　例	说　明
对称图形	$\phi32$　74　$\phi16$　48　98　29	当对称图形只画出一半或略大于一半时，尺寸线应略超过对称中心线或断裂处的边界线，仅在尺寸线的一端画出箭头
光滑过渡处	28　20	① 当尺寸界线过于靠近轮廓线时，允许倾斜引出。 ② 在光滑过渡处标注尺寸时，必须用细实线将轮廓线延长，从它们的交点处引出尺寸界线
正方形结构	□20　20×20	标注断面为正方形结构的尺寸时，可在正方形边长尺寸数字前加注符号"□"；或用 $B×B$ 的形式注出，其中 B 为正方形边长
板状零件厚度	$t2$	标注板状零件的厚度时，可在尺寸数字前加注符号"t"

图 1-15 所示为用正误对比的方法，列举了初学标注尺寸时的一些常见错误。

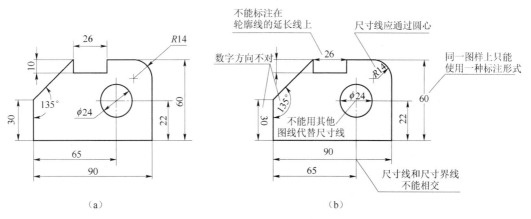

图 1-15　尺寸标注的正误对比

（a）正确；（b）错误

1.2　绘图工具及其使用方法

掌握绘图工具的正确使用方法，是手工绘图时保证绘图质量和提高绘图速度的一个重要前提，对初学者尤为重要。本节将介绍几种常用的绘图工具及其使用方法。

1.2.1　铅笔

绘制图样时，要使用绘图铅笔，绘图铅笔铅芯的软硬分别以 B 和 H 表示。铅芯越硬，画出的线条越淡。因此，绘图时根据不同的使用要求，应准备以下几种硬度不同的铅笔：

B 或 HB——画粗实线用，加深圆弧时用的铅芯应比画粗实线的铅芯软一号；

HB 或 H——画细线、箭头和写字用；

H 或 2H——画底稿用。

铅笔的铅芯可削磨成两种，如图 1-16 所示。锥形用于画细实线和写字，楔形用于加深。

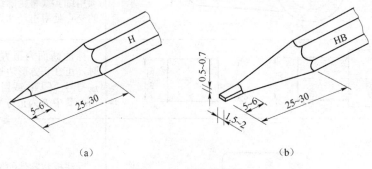

（a）　　　　　　　　　　　　（b）

图 1-16　铅笔的削法

（a）锥形；（b）楔形

1.2.2　图板

如图 1-17 所示，图板是画图的垫板。图板板面应当平坦光洁；图板左边用作导边，所以必须平直。

1.2.3　丁字尺

丁字尺用来画水平线，由尺头和尺身组成。丁字尺的尺头内边与尺身的工作边必须垂直。使用时，尺头要紧靠图板左边，按住尺身来画。画水平线必须自左向右画，如图 1-18 所示。

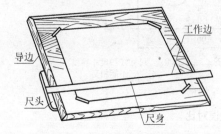

图 1-17　图板和丁字尺

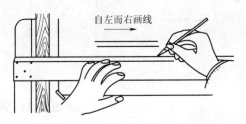

图 1-18　丁字尺的使用及画水平线

1.2.4　三角板

三角板可配合丁字尺画垂直线（见图 1−19）及与水平线成 15° 整数倍的倾斜线（见图 1−20）。

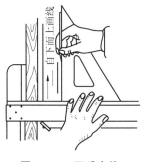

图 1−19　画垂直线

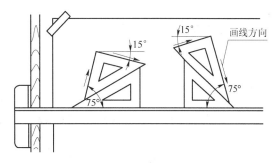

图 1−20　画与水平线成 15° 整数倍的倾斜线

1.2.5　圆规

圆规用来画圆和圆弧。圆规针尖两端的形状不同，普通针尖用于绘制底稿，带支承面的小针尖用于圆和圆弧的加深，以避免针尖插入图板太深。使用前应调整针尖，使其略长于铅芯，如图 1−21（a）所示。

画圆时，应使圆规向前进方向稍微倾斜，用力要均匀。画大圆时应使针尖和铅芯尽可能与纸面垂直，所以随着圆弧的半径不同应适当调整铅芯插腿和钢针，如图 1−21（b）所示。

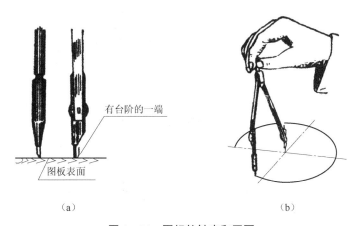

（a）　　　　　　　　　　　　　　　　　（b）

图 1−21　圆规的针尖和画圆

（a）针尖应略长于铅芯；（b）画大圆时应使针尖和铅芯尽可能与纸面垂直

1.2.6　分规

分规用来量取和等分线段。为了准确地度量尺寸，分规两脚的针尖并拢后，应平齐，如图 1−22 所示。

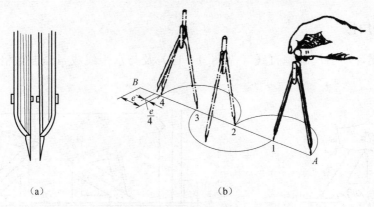

（a）   （b）

图 1-22 分规的用法
（a）针尖应对齐；（b）用分规等分线段

1.2.7 曲线板

如图 1-23 所示，曲线板用来画非圆曲线，画曲线时，应先徒手把曲线上各点轻轻地连接起来，然后选择曲线板上曲率相当的部分，分段画成。每画一段，至少应有 4 个点与曲线板上某一段重合，并与已画成的相邻曲线重合一部分。连接时，留下 1～2 个点不画，与下一次要连接的曲线段重合，以保持曲线圆滑。

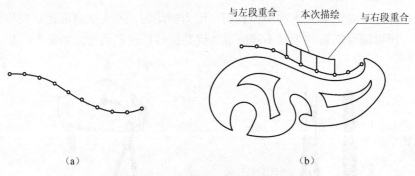

（a）   （b）

图 1-23 曲线板及曲线的描绘方法
（a）徒手连接曲线上各点；（b）曲线的描绘方法

1.3 几 何 作 图

机械零件的轮廓形状是复杂多样的，为了确保绘图质量，提高绘图速度，必须熟练掌握一些常见几何图形的作图方法和作图技巧。

1.3.1 正多边形的画法

正多边形的作图方法常常利用其外接圆，并将圆周等分进行。表 1-7 列出了正五边形、正六边形及任意正多边形（以七边形为例）的作图方法及步骤。

表 1−7 多边形的作图方法及步骤

种类	作图方法及步骤
正五边形	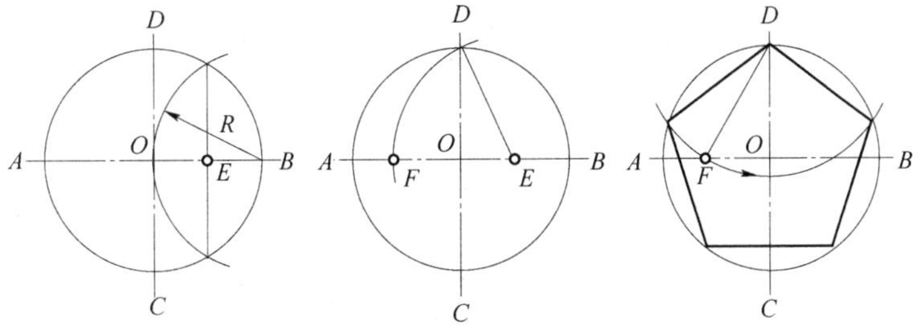
	① 作半径 OB 的中心 E； ② 以 E 为圆心，以 ED 为半径画弧与 OA 交于 F 点，则 DF 即为五边形边长； ③ 以边长 DF 等分圆周，得 5 个等分点，连接各等分点，即完成作图
正六边形	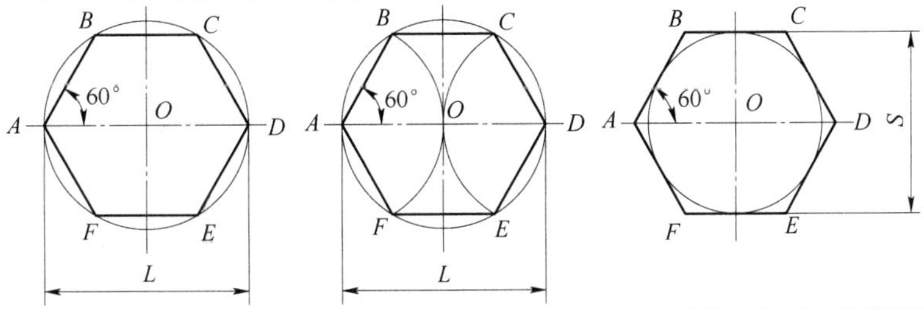
	方法 1：过点 A、D 分别作 60°的直线交外接圆于 B、F、C、E，连接 AB、BC、CD、DE、EF 及 FA，即完成作图； 方法 2：以 A、D 为圆心，以外接圆半径为半径画弧，得顶点 B、C、E、F，依次连接各顶点； 方法 3：作圆的上下两条水平切线，再作出另外 4 条 60°的切线，得 6 个顶点，依次连接各顶点
正多边形	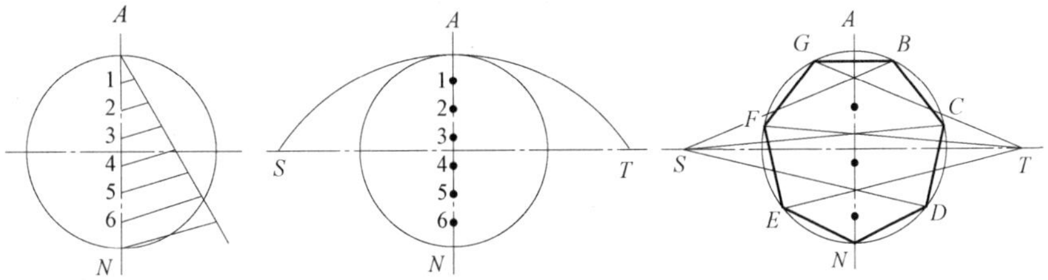
	① 将 n 边形的外接圆直径 AN 等分为 n 等分，并标出顺序号 1，2，…； ② 以 N 为圆心，以 NA 为半径画弧，与外接圆的水平中心线交于 S、T； ③ S 和 T 分别与 NA 上的奇数（如 1，3，5，…）或偶数等分点相连并延长，与外接圆交于 B、C、D、G、F、E、…，依次连接各顶点

1.3.2 斜度和锥度

1. 斜度

斜度是指一直线或平面对另一直线或平面的倾斜程度。斜度的大小用两者间夹角的正切值来表示，在图上通常将其值注写成 1:n 的形式。标注斜度时，符号方向应与斜度的方向一致。表 1−8 列出了斜度的定义、标注和作图方法。

表1-8 斜度的定义、标注及作图方法

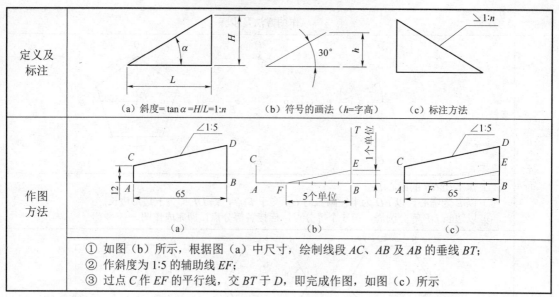

定义及标注	（a）斜度= tan α =H/L=1:n	（b）符号的画法（h=字高）	（c）标注方法
作图方法	（a）	（b）	（c）

① 如图（b）所示，根据图（a）中尺寸，绘制线段 *AC*、*AB* 及 *AB* 的垂线 *BT*；
② 作斜度为 1:5 的辅助线 *EF*；
③ 过点 *C* 作 *EF* 的平行线，交 *BT* 于 *D*，即完成作图，如图（c）所示

2. 锥度

锥度是指正圆锥底圆直径与圆锥高度之比。如果是圆台，则为底圆直径与顶圆直径之差与圆台高度之比，在图上通常将其值注写成 1:n 的形式。标注锥度时，符号方向应与锥度的方向一致。表1-9 列出了锥度的定义、标注和作图方法。

表1-9 锥度的定义、标注和作图方法

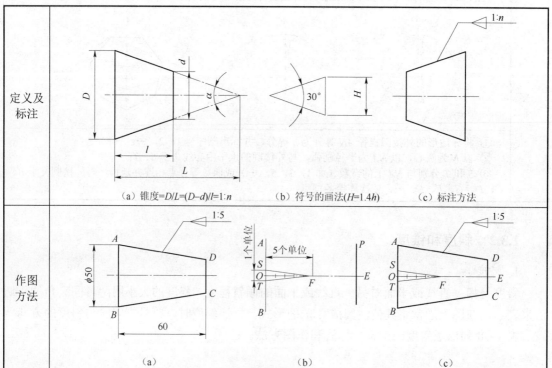

定义及标注	（a）锥度=D/L=(D−d)/l=1:n	（b）符号的画法(H=1.4h)	（c）标注方法
作图方法	（a）	（b）	（c）

作图 方法	① 如图（b）所示，根据图（a）中尺寸，绘制线段 *AB*、*OE* 及 *OE* 垂线 *EP*； ② 作锥度为 1:5 的辅助圆锥 *FST*； ③ 过点 *A* 和点 *B* 分别作 *SF* 和 *TF* 的平行线，交 *EP* 于 *D* 和 *C*，即完成作图，如图（c）所示

1.3.3　圆弧连接

圆弧连接是指用已知半径的圆弧将两个已知元素（直线、圆弧、圆）光滑地连接起来，即平面几何中的相切。其中的连接点就是切点，所作圆弧称为连接弧。作图的要点是准确地作出连接弧的圆心和切点。连接弧的圆心是利用圆心的动点运动轨迹相交的概念确定的。

1. 连接圆弧的圆心轨迹和切点

（1）与已知直线相切

如图 1-24（a）所示，半径为 *R* 的圆与直线 *AB* 相切，其圆心轨迹是一条直线，该直线与 *AB* 平行且距离为 *R*。自圆心向直线 *AB* 作垂线，垂足 *K* 即为切点。

（2）与圆弧相切

半径为 *R* 的圆弧与已知圆弧相切，其圆心轨迹为已知圆弧的同心圆，半径要根据相切的情形而定，如图 1-24（b）、（c）所示。两圆外切时，$R_{外}=R_1+R$；两圆内切时，$R_{内}=R_1-R$。两圆弧的切点 *K* 在连心线与圆弧的交点处。

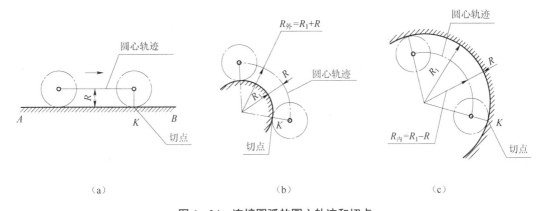

图 1-24　连接圆弧的圆心轨迹和切点
（a）圆与已知直线相切；（b）圆与圆弧外切；（c）圆与圆弧内切

2. 圆弧连接作图示例

表 1-10 列举了用已知半径为 *R* 的圆弧连接两已知线段的五种典型情况。

表 1-10 典型圆弧连接作图方法

连接形式	作图步骤		
	求连接弧圆心 O	求连接点 T_1、T_2	画连接圆弧
两直线			
直线与圆弧			
外切两圆弧			
内切两圆弧			
混切两圆弧			

1.3.4　椭圆

画椭圆最常用的近似画法是四心圆法，如图 1-25 所示。其作图步骤如下：

1）连长、短轴端点 A、C。以 O 为圆心，以 OA 为半径画弧交 OC 的延长线于 E。再以 C 为圆心，以 CE 为半径画弧交 AC 于 F。

2）作 AF 的垂直平分线，与 AB、CD 分别交于 O_1 和 O_2，再取 O_1、O_2 的对称点 O_3、O_4。

3）自 O_1 和 O_3 两点分别向 O_2 和 O_4 两点连接，此四条直线即为四段圆弧的分界线。

4）分别以 O_1、O_2、O_3、O_4 为圆心，以 O_1A、O_2C、O_3B、O_4D 为半径画弧，完成作图。

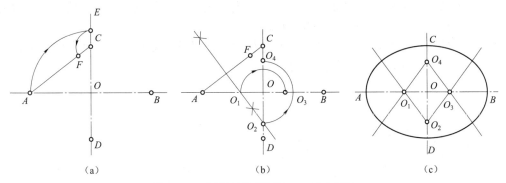

（a）　　　　　　　　　　（b）　　　　　　　　　　（c）

图 1-25　椭圆的近似画法——四心圆法

（a）作椭圆长短轴及 F 点；（b）作垂直平分线得圆心；（c）作圆弧，完成作图

1.4　平面图形的尺寸分析和画法

平面图形一般由一个或多个封闭线框组成，这些封闭线框是由一些线段连接而成的。因此，要想正确地绘制平面图形，首先必须对平面图形进行尺寸分析和线段分析。

1.4.1　平面图形的尺寸分析

在进行尺寸分析时，首先要确定水平方向和垂直方向的尺寸基准，也就是标注尺寸的起点。对于平面图形而言，常用的基准是对称图形的对称线、较大的圆的中心线或图形的轮廓线。例如，图 1-26 中，轮廓线 AC 和 AB 分别为垂直和水平方向的尺寸基准。

平面图形中的尺寸按其作用可以分为两大类。

1）定形尺寸：确定平面图形上几何元素的形状和大小的尺寸称为定形尺寸，如直线的长短、圆的直径、圆弧的半径等。图 1-26 中的 90、70、$R20$ 确定了外面线框的形状和大小，$\phi30$ 确定了里面的线框的形状和大小，这些都是定形尺寸。

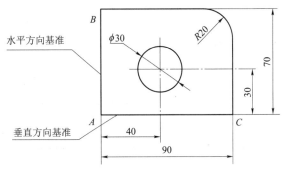

图 1-26　平面图形的尺寸分析

2）定位尺寸：确定平面图形上几何元素间相对位置的尺寸称为定位尺寸，例如直线的位置、圆心的位置等。图 1-26 中的 40、30 确定了 $\phi 30$ 的圆的圆心位置，是定位尺寸。

1.4.2 平面图形的线段分析

如图 1-27（a）所示的平面图形为一手柄，其基准和定位尺寸如图中所示。平面图形中的线段根据所标注的尺寸可以分为以下三种。

1）已知线段：注有完全的定形尺寸和定位尺寸，能直接按所注尺寸画出的线段。如图中的直线段、$\phi 5$ 的圆、$R15$ 和 $R10$ 的圆弧。

2）中间线段：只注出一个定形尺寸和一个定位尺寸，必须依靠与相邻的一段线段的连接关系才能画出的线段。如图中的 $R50$ 的圆弧。

3）连接线段：只给出定形尺寸，没有定位尺寸，必须依靠与相邻的两段线段的连接关系才能画出的线段。如图中的 $R12$ 的圆弧。

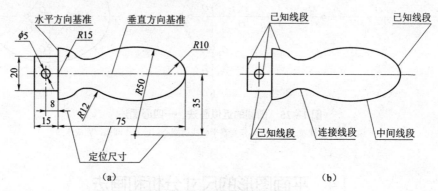

图 1-27　平面图形的线段分析

（a）给出图形；（b）平面图形的线段分析

1.4.3 平面图形的作图步骤

根据上述对图形中的尺寸和线段的分析，可以将平面图形的作图步骤归纳如下：

1）对图形中的尺寸和线段进行分析，确定基准，确定尺寸和线段的类型。

2）画基准线、定位线。

3）画出各已知线段。

4）画出各中间线段。

5）画出各连接线段。

6）整理，擦去多余的线，并按线型规定加深。

表 1-11 列出了上述平面图形的作图步骤。

表 1-11　手柄的作图步骤

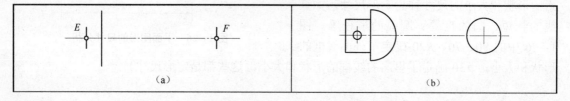

续表

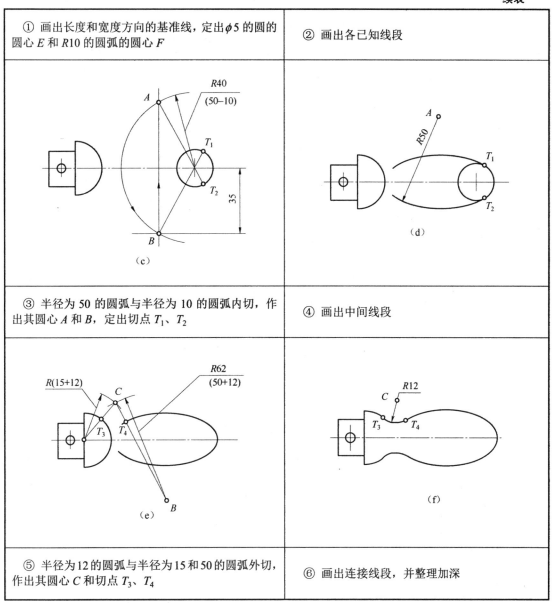

① 画出长度和宽度方向的基准线，定出 $\phi 5$ 的圆的圆心 E 和 $R10$ 的圆弧的圆心 F	② 画出各已知线段
（c）	（d）
③ 半径为 50 的圆弧与半径为 10 的圆弧内切，作出其圆心 A 和 B，定出切点 T_1、T_2	④ 画出中间线段
（e）	（f）
⑤ 半径为 12 的圆弧与半径为 15 和 50 的圆弧外切，作出其圆心 C 和切点 T_3、T_4	⑥ 画出连接线段，并整理加深

1.4.4 平面图形的尺寸标注

图形中标注的尺寸，必须能唯一地确定其大小，既不能遗漏又不能重复。其方法和步骤如下：

1）分析图形，确定尺寸基准。

2）进行线段分析，确定哪些线段是已知线段、中间线段或连接线段。

3）按已知线段、中间线段、连接线段的顺序逐个标注尺寸。

图 1-28 所示为几种常见平面图形尺寸的标注示例。

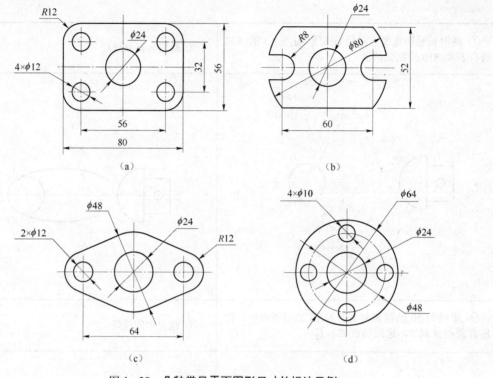

图1-28 几种常见平面图形尺寸的标注示例

1.5 绘图方法

绘图方法一般有仪器绘图、徒手绘图和计算机绘图。与刚开始学习写字一样，正确的方法与习惯将直接影响作图的质量和速度，因此，本节将简单介绍各种绘图方法的作图步骤。

1.5.1 仪器绘图的步骤

1. 做好绘图前的准备工作

1）准备好所用的绘图工具和仪器，磨削好铅笔及圆规上的铅芯。

2）根据所画图形的大小选择合适的绘图比例和图纸幅面。

3）固定好图纸。通常将图纸布置在图板的左下方，但下方应留出放丁字尺的位置。固定前，先用丁字尺校正图纸，使丁字尺尺身与图框线对准；然后再用透明胶带将图纸的四个角固定在图板上。

2. 画底稿

1）绘出图框线和标题栏框线。

2）按平面图形的作图步骤绘制底稿。

3. 加深

加深是提高图面质量的重要阶段。加深前，应认真校对底稿，修正错误。图线的要求是：线型正确，粗细分明，均匀光滑，深浅一致。加深的原则是：先细后粗，先曲后直，从上至下，从左至右。

具体步骤如下：

1）加深图中全部细线，一次性绘出尺寸界线、尺寸线及箭头。

2）加深圆和圆弧。圆弧与圆弧相接时应顺次加深。

3）加深直线。直线的加深顺序为：先水平线，再垂直线，后斜线。

4）填写尺寸数字、文字、符号及标题栏。

5）全面检查，认真校对，完成作图。

1.5.2　徒手绘图

徒手绘图是一种不用绘图工具而按目测比例徒手绘制图样的方法。在设计初期、现场测绘和设计方案讨论时，都采用徒手绘制草图的方法。所谓草图，绝非潦草之图，它是绘制仪器图的依据。因此，徒手图仍应基本做到：线型正确，粗细分明，比例匀称，字体工整，图面整洁，尺寸齐全。

画徒手图一般选 HB 或 B 等较软的铅笔，不宜削得过尖，常在方格纸上绘制。画线时手要悬空，手指离笔尖处远些，以便于灵活运笔，小手指轻触纸面起稳定作用。具体画法见表 1－12。

表 1－12　徒手画草图的方法

类型	画　法			
直线	 （a）	（b）	（c）	
	说明： ① 画直线时，先定出两端位置，眼睛看着终点。画短线用手腕运笔，画长线则以手臂动作。 ② 水平线应自左向右，垂直线应自上而下画。画斜线时可将纸转过一角度，使其转成水平线来画			
角度和角度斜线	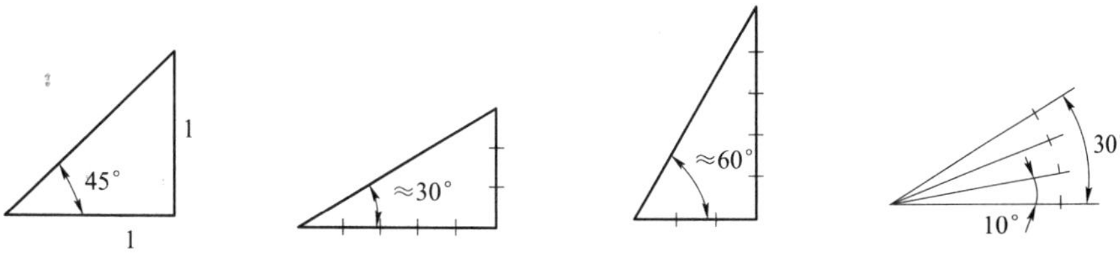 （a）	（b）	（c）	（d）
	说明： ① 画 30°、45°和 60°的角度，可按直角边的近似比例定出端点后，再连成直线。其余角度可按它与 30°、45°和 60°角的倍数关系画出。 ② 30°、45°和 60°的角度及其有倍数关系的斜线也可用此法绘制			

类型	画　法
圆	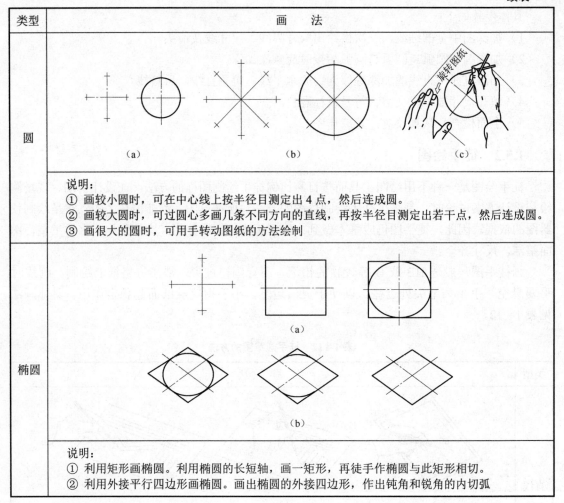

说明：
① 画较小圆时，可在中心线上按半径目测定出 4 点，然后连成圆。
② 画较大圆时，可过圆心多画几条不同方向的直线，再按半径目测定出若干点，然后连成圆。
③ 画很大的圆时，可用手转动图纸的方法绘制

说明：
① 利用矩形画椭圆。利用椭圆的长短轴，画一矩形，再徒手作椭圆与此矩形相切。
② 利用外接平行四边形画椭圆。画出椭圆的外接四边形，作出钝角和锐角的内切弧

第 2 章

点、线、面的投影

物体的表面可以看成由点、线、面等几何元素组合而成。点是最基本的几何要素，由点构成线、线构成线框（面）。本章主要介绍点、线、面的投影特性。

2.1　点　的　投　影

2.1.1　点在两投影面体系中的投影

根据点的一个投影，不能确定点的空间位置。因此，常将几何形体放置在相互垂直的两个或多个投影面之间，向这些投影面投影，形成多面正投影图。

1. 两投影面体系的建立

如图 2−1 所示，相互垂直的两个投影面，正立投影面简称正面或 V 面，水平投影面简称水平面或 H 面，两个投影面的交线称为投影轴，两投影面 V、H 的交线称为 OX 轴。

两投影面 V、H 组成两投影面体系，并将空间划分成如图 2−1 所示的 4 个分角。

这里着重讲述在 V 面之前、H 面之上的第一分角中的几何形体的投影。

2. 点的两面投影

如图 2−2（a）所示，由第一分角中的空间点 A 作垂直于 V 面、H 面的投射线 Aa'、Aa，分别与 V 面、H 面相交得点 A 的正面（V 面）投影 a' 和水平（H 面）投影 a。

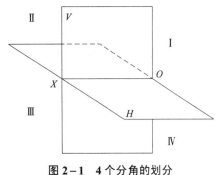

图 2−1　4 个分角的划分

由于两投射线 Aa'、Aa 所组成的平面分别与 V 面、H 面垂直，所以这 3 个相互垂直的平面必定交于 OX 轴上的一点 a_X，且 3 条交线相互垂直，即 $OX \perp a'a_X \perp aa_X$。同时可见，矩形 $Aa'a_Xa$ 各对边长度相等，即 $Aa = a'a_X$，$Aa' = aa_X$。

为使点的两面投影画在一张平面图纸上，保持 V 面不动，将 H 面绕 OX 轴向下旋转 $90°$，使其与 V 面共面。展开后点 A 的两面投影如图 2-2（b）所示。

因为在同一平面上，过 OX 轴上的点 a_X 只能作 OX 轴的一条垂线，所以点 a'、a_X、a 共线，即 $a'a \perp OX$。在投影图上，点的两个投影的连线（如 a'、a 的连线）称投影连线。在实际画投影图时，不必画出投影面的边框和点 a_X，如图 2-2（c）所示。

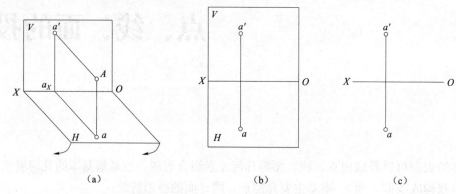

图 2-2　点在 V、H 两面体系中的投影

由此可概括出点的两面投影特性：

1）点的水平投影和正面投影的投影连线垂直于 OX 轴，即 $a'a \perp OX$。

2）点的水平投影到 OX 轴的距离，反映空间点到 V 面的距离，即 $aa_X = Aa'$。点的正面投影到 OX 轴的距离，反映空间点到 H 面的距离，即 $a'a_X = Aa$。

点的两面投影，可以唯一地确定该点的空间位置。可以想象：若保持图 2-2（b）中的 V 面不动，将 OX 轴以下的 H 面绕 OX 轴向前旋转 $90°$，恢复到水平位置，再分别由 a'、a 作垂直相应投影面的投射线，则两投射线的交点，即空间点 A 的位置。

3. 特殊位置点的两面投影

图 2-3 所示为 V 面上的点 B、H 面上的点 C 和 OX 轴上的点 D 的立体图和投影图。这些处于投影面上或投影轴上的特殊位置点的投影仍符合前述的点的两面投影特性。如 V 面上的点 B，其 V 面投影 b' 与点 B 重合，由于点 B 到 V 面的距离等于零，故其 H 面投影 b 到 OX 轴的距离等于零，b 与 OX 轴重合，且 $b'b \perp OX$。

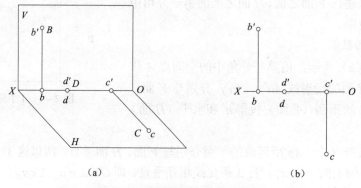

图 2-3　特殊位置点的两面投影

又如，在 OX 轴上的点 D，其到 V 面、H 面的距离都等于零，故点 D 的 V 面、H 面投影 d'、d 都在 OX 轴上，且 d'、d 与点 D 重合。

2.1.2 点在三投影面体系中的投影

1. 点的三面投影

如图 2-4（a）所示，在 V、H 两投影面体系上再加上一个与 V、H 面都垂直的侧立投影面（简称侧面或 W 面），这 3 个相互垂直的 V 面、H 面、W 面组成一个三投影面体系。H 面、W 面的交线称为 OY 投影轴，简称 Y 轴；V 面、W 面的交线称为 OZ 投影轴，简称 Z 轴；3 根相互垂直的投影轴的交点 O 称为原点。

为使点的三面投影能画在一张平面图纸上，仍保持 V 面不动，H 面、W 面分别按图示箭头方向旋转，使与 V 面共面，即得点的三面投影图，如图 2-4（b）所示。其中 Y 轴随 H 面旋转时，以 Y_H 表示，随 W 面旋转时以 Y_W 表示。

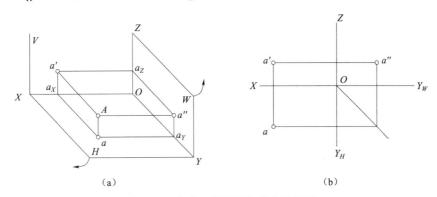

图 2-4 点在三投影面体系中的投影

将空间点 A 分别向 V 面、H 面、W 面作投影得 a'、a、a''，a'' 称作点 A 的侧面投影。

如果把三投影面体系看作是空间直角坐标体系，则 3 个投影面相当于 3 个坐标平面，3 根投影轴相当于 3 根坐标轴，O 即为坐标原点。由图 2-4（a）可知，点 A 的 3 个直角坐标 X_A、Y_A、Z_A 即为点 A 到三个投影面的距离。点 A 的坐标与其投影有如下关系：

X 坐标 $X_A(Oa_X) = a'a_Z = aa_Y = $ 点 A 与 W 面的距离 Aa''；

Y 坐标 $Y_A(Oa_Y) = aa_X = a''a_Z = $ 点 A 与 V 面的距离 Aa'；

Z 坐标 $Z_A(Oa_Z) = a'a_X = a''a_Y = $ 点 A 与 H 面的距离 Aa。

由投影图可见：点 A 的水平投影 a 由 X_A、Y_A 两坐标确定，正面投影 a' 由 X_A、Z_A 两坐标确定，侧面投影 a'' 由 Y_A、Z_A 两坐标确定。

因此，根据点的三面投影可确定点的空间坐标值；反之，根据点的坐标值也可以画出点的三面投影图。

根据以上分析以及两投影面体系中点的投影特性，可得到点的三面投影特性：

1）点的正面投影与水平投影连线垂直于 OX 轴，这两个投影都能反映空间点的 X 坐标，也就是点到 W 面的距离，即

$$a'a \perp OX, \quad a'a_Z = aa_{YH} = X_A = Aa''$$

2）点的正面投影与侧面投影的投影连线垂直于 OZ 轴，这两个投影都能反映空间点的 Z 坐标，也就是点到 H 面的距离，即

$$a'a'' \perp OZ , \quad a'a_X = a''a_{YW} = Z_A = Aa$$

3）点的水平投影到 OX 轴的距离等于侧面投影到 OZ 轴的距离，这两个投影都能反映点的 Y 坐标，也就是点到 V 面的距离，即

$$aa_X = a''a_Z = Y_A = Aa'$$

应当注意，投影面展开后，H 面、W 面已分离，因此 a、a'' 的投影连线不再保持 $aa'' \perp OY$ 的关系，但保持 $aa_{YH} = aa_{YW}$ 的关系。

点的两面投影即可以确定点的空间位置。根据点的两面投影或点的直角坐标，便可作出点的第三面投影。实际作图时，应特别注意 H 面、W 面两投影 Y 坐标的对应关系。为作图方便，如图 2-4（b）中可添加过点 O 的 45° 辅助线。

2. 特殊位置点的三面投影

图 2-5 所示为 V 面上的点 B、H 面上的点 C、W 面上的点 D、OX 轴上的点 E 的立体图和投影图。从图中可以看到这些处于特殊位置的点的三面投影仍符合点的三面投影特性。例如，H 面上的点 C，其 Z 坐标为零，因此 H 面投影 c 与该点重合，V 面投影 c' 在 OX 轴上且 $c'c \perp OX$，W 面投影 c'' 在 OY 轴上。需要注意，$c'c'' \perp OZ$，在投影图中，c'' 必须画在 W 面的 OY_W 轴上，并与 c 保持相等的 Y 坐标。

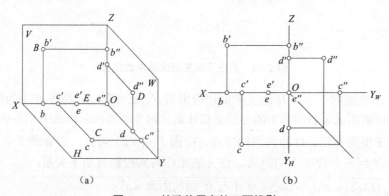

图 2-5　特殊位置点的三面投影

又如，OX 轴上的点 E，其 Y、Z 坐标为零，因此，V 面、H 面投影 e'、e 与该点重合在 OX 轴上，W 面投影 e'' 与 O 点重合。对于 OY 轴和 OZ 轴上的点，读者可自行分析，画出其三面投影图。

3. 两点的相对位置和无轴投影图

空间点的位置可以用点的绝对坐标来确定，也可以用相对坐标来确定。

如图 2-6（a）所示，若分析点 B 相对点 A 的位置，在 X 方向的相对坐标为 $X_B - X_A$，即两点对 W 面的距离差，点 B 在点 A 的左方。X 坐标方向，通常称为左右方向，X 坐标增大方向为左方。Y 方向的坐标差为 $Y_B - Y_A$，即两点相对 V 面的距离差，点 B 在点 A 的后方。Y 坐标方向，通常称为前后方向，Y 坐标增大方向为前方。Z 方向的坐标差为 $Z_B - Z_A$，即两点相

对 H 面的距离差，点 B 在点 A 的下方。Z 坐标方向，通常称为上下方向，Z 坐标增大方向为上方。

　　显然，根据空间两点的投影沿左右、前后、上下三个方向所反映的坐标差，能够确定两点的相对位置；反之，若已知两点相对位置以及其中一个点的投影，也能够作出另一个点的投影。

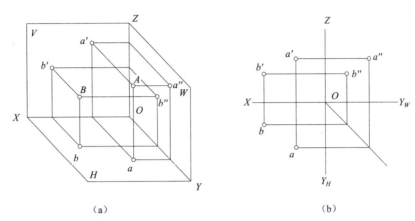

（a）　　　　　　　　　　　　　　　　（b）

图 2-6　两点的相对位置

　　由于投影图主要用来表达几何形体的形状，而没有必要表达几何形体与各投影面之间的距离，因此在绘制投影图时，特别是在绘制几何形体的投影图时，往往不画出投影轴，为使投影图形清晰，也可不画出各投影之间的投影连线。

　　图 2-7 所示为 A、B 两点的无轴投影图。绘图时通常根据图面的大小，先画出某一点的三面投影，然后根据两点的相对位置关系，画出另一点的各个投影。

　　4. 重影点

　　当空间两点的某两个坐标值相同时，在同时反映这两个坐标的投影面上，这两点的投影重合，这两点称为该投

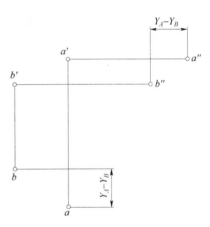

图 2-7　无轴投影图

影面的重影点。如图 2-8（a）所示 A、B 两点，由于 $X_A=X_B$，$Z_A=Z_B$，因此它们的正面投影重合，A、B 两点称为正面投影的重影点。由于 $Y_A>Y_B$，所以从前向后垂直 V 面看时，点 A 可见，点 B 不可见。通常规定把不可见的点的投影加括号表示，如（b'）。从图 2-8（b）可见 A、C 两点，由于 $X_A=X_C$，$Y_A=Y_C$，它们的水平投影重合，A、C 两点称为水平投影的重影点。由于 $Z_C>Z_A$，所以从上向下垂直 H 面看时，点 C 可见，点 A 不可见。又如 B、D 两点，由于 $Y_B=Y_D$，$Z_B=Z_D$，它们的侧面投影重合，B、D 两点称为侧面投影的重影点。由于 $X_D>X_B$，所以从左向右垂直 W 面看时，点 D 可见，点 B 不可见。由此可见，对 V 面、H 面、W 面的重影点，它们的可见性应分别是前遮后、上遮下、左遮右。

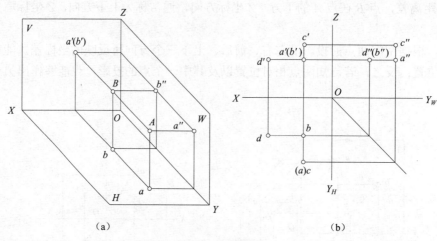

（a） （b）

图 2-8 重影点

2.2 直线的投影

2.2.1 直线的投影特性

如图 2-9 所示，直线 AB 不垂直于 V 面，则通过直线 AB 上各点的投射线所形成的平面与 V 面的交线，就是直线 AB 的正面投影 $a'b'$；直线 CD 垂直于 V 面，则通过 CD 上各点的投射线，都与 CD 共线，它与 V 面的交点，就是直线 CD 的正面投影 $c'(d')$，这时称 $c'(d')$ 积聚成一点，或称直线 CD 的正面投影具有积聚性。

由此可见，不垂直于投影面的直线，在该投影面上的投影仍为直线；垂直于投影面的直线，在该投影面上的投影积聚成一点。

空间直线与它的水平投影、正面投影、侧面投影的夹角，分别称为该直线对 H 面、V 面、

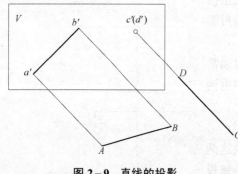

图 2-9 直线的投影

W 面的倾角，用 α、β、γ 表示。当直线平行于某投影面时，直线对该投影面的倾角为 $0°$，直线在该投影面上的投影反映实长；当直线垂直于某投影面时，对该投影面的倾角为 $90°$；当直线倾斜于某投影面时，对该投影面的倾角大于 $0°$、小于 $90°$，直线在各投影面上的投影均缩短。

如图 2-10 所示，作直线投影时，可先作出直线上两点（通常取直线段两个端点）的三面投影，然后将两点在同一投影面（简称同面投影）上的投影用粗实线相连即得直线的三面投影图。

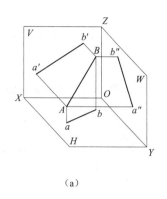 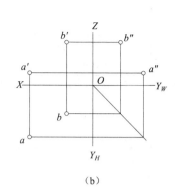 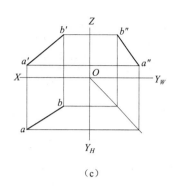

（a）　　　　　　　　　　　（b）　　　　　　　　　　　（c）

图 2-10　直线投影图画法

（a）立体图；（b）两点的投影；（c）直线的投影

2.2.2　特殊位置直线

根据直线在投影面体系中的位置不同，可将直线分为投影面一般位置直线、投影面平行线和投影面垂直线三类。后两类直线称为特殊位置直线，三类直线具有不同的投影特性。

1. 投影面平行线

只平行于一个投影面的直线称为投影面平行线。其中，平行于 V 面的直线称为正平线，平行于 H 面的直线称为水平线，平行于 W 面的直线称为侧平线。三种投影面平行线的立体图、投影图和投影特性见表 2-1。

表 2-1　三种投影面平行线的立体图、投影图和投影特性

名称	正平线（//V 面，对 H、W 面倾斜）	水平线（//H 面，对 V、W 面倾斜）	侧平线（//W 面，对 V、H 面倾斜）
立体图			
投影图			

续表

名称	正平线（//V面，对 H、W面倾斜）	水平线（//H面，对 V、W面倾斜）	侧平线（//W面，对 V、H面倾斜）
投影特性	① $a'b'$ 反应实长和真实倾角 α、γ； ② ab//OX，$a''b''$//OZ，长度缩短	① cd 反应实长和真实倾角 β、γ； ② $c'd'$//OX，$c''d''$//OY_W，长度缩短	① $e'f''$ 反应实长和真实倾角 α、β； ② $e'f'$//OZ，ef//OY_H，长度缩短

由表 2-1 中正平线的立体图可知：

因为 $ABb'a'$ 是矩形，所以 $a'b' = AB$。

因为正平线 AB 上各点的 Y 坐标都相等，所以 ab//OX，$a''b''$//OZ。

因为 AB//$a'b'$，所以 $a'b'$ 与 OX 轴、OZ 轴的夹角分别反映了直线 AB 对 H 面、W 面的真实倾角 α、γ。

还可以看出，$ab = AB\cos\alpha < AB$，$a''b'' = AB\cos\gamma < AB$。于是可得出表中正平线的投影特性。同理，可得出水平线和侧平线的投影特性。由此，概括出投影面平行线的投影特性如下：

1）在直线所平行的投影面上的投影反映实长，该投影与投影轴的夹角分别反映直线对另两个投影面的真实倾角。

2）在直线所倾斜的另外两个投影面上的投影，平行于相应的投影轴，长度缩短。

2. 投影面垂直线

垂直于某一个投影面的直线称为该投影面垂直线。其中垂直于 V 面的称为正垂线；垂直于 H 面的称为铅垂线，垂直于 W 面的称为侧垂线。这三种投影面垂直线的立体图、投影图和投影特性见表 2-2。

表 2-2　投影面垂直线的立体图、投影图和投影特性

名称	正垂线（⊥V面、//H面、//W面）	铅垂线（⊥H面、//V面、//W面）	侧垂线（⊥W面、//V面、//H面）
立体图	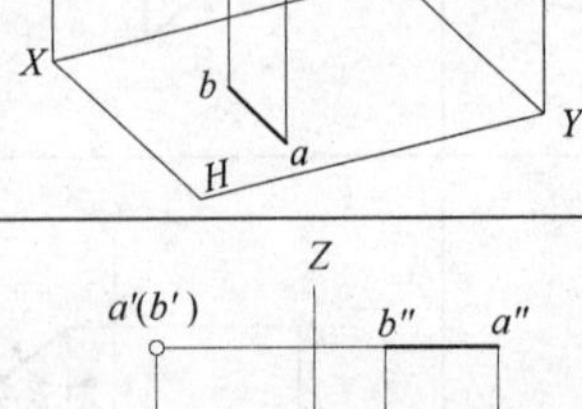	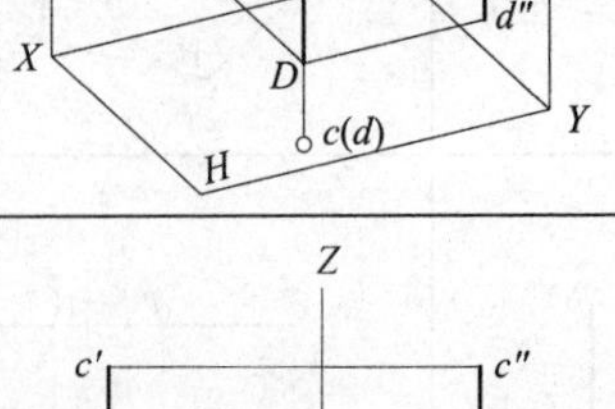	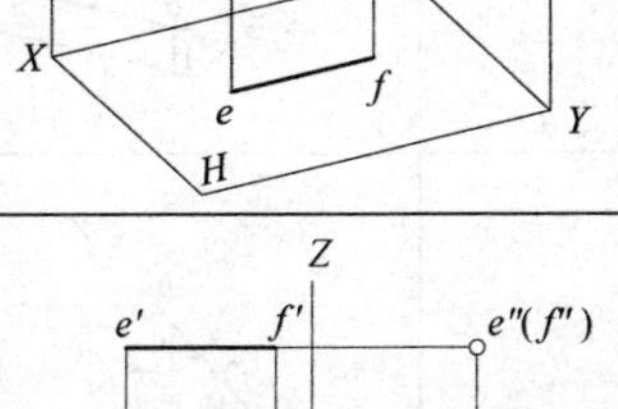
投影图	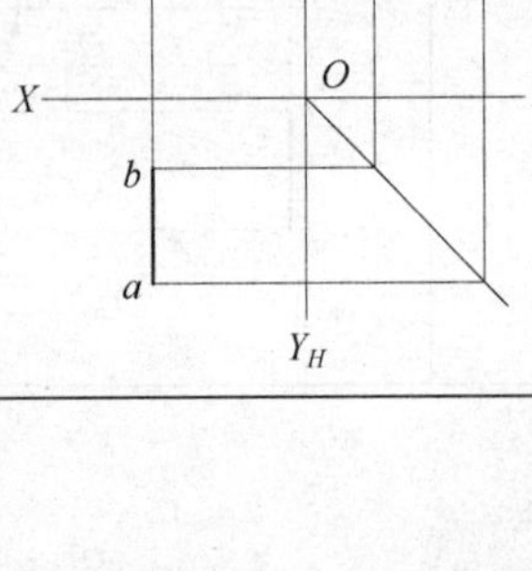	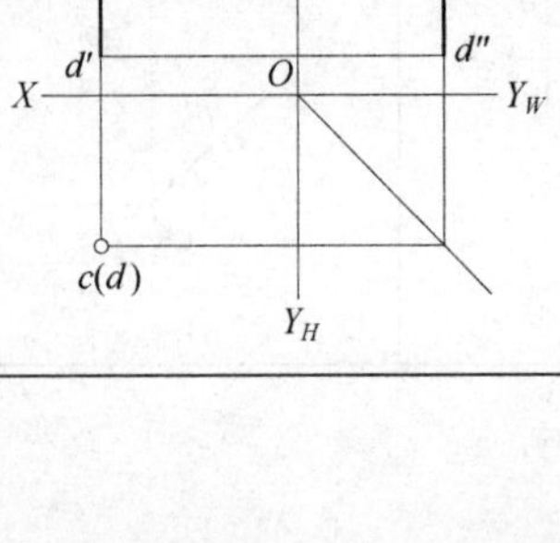	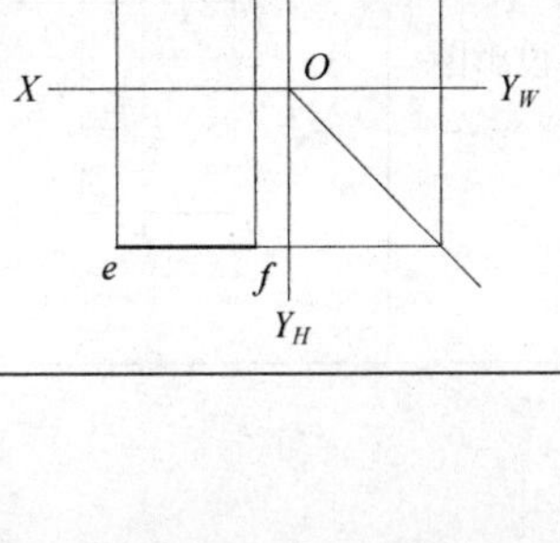

续表

名称	正垂线（⊥V 面、//H 面、//W 面）	铅垂线（⊥H 面、//V 面、//W 面）	侧垂线（⊥W 面、//V 面、//H 面）
投影 特性	① $a'b'$ 积聚为一点； ② $ab \perp OX$，$a''b'' \perp OZ$，反 映实长	① cd 积聚为一点； ② $c'd' \perp OX$，$c'd'' \perp OY_W$， 反映实长	① $e'f''$ 积聚为一点； ② $ef \perp OY_H$，$e'f' \perp OZ$，反 映实长

由表中正垂线 AB 的立体图可知，直线 $AB \perp V$ 面，所以 $a'b'$ 积聚成一点。因为 $AB//H$ 面，$AB//W$ 面，所以 $ab = a''b'' = AB$。于是得出表 2-2 中的正垂线的投影特性。同理，可得出铅垂线和侧垂线的投影特性。由此概括出投影面垂直线的投影特性如下：

1）在直线所垂直的投影面上的投影，积聚成一点。

2）另外两个投影面上的投影，垂直于相应的投影轴，投影反映实长。

2.2.3　一般位置直线的投影、实长与倾角

与二个投影面都倾斜的直线称为投影面的一般位置直线。

如图 2-11 所示的直线 AB，对三个投影面都倾斜，其两端点分别沿前后、上下、左右方向对 V 面、H 面、W 面有距离差，所以一般位置直线 AB 的三个投影都倾斜于投影轴。

从图 2-11（a）可以看出，$ab = AB\cos\alpha < AB$，$a'b' = AB\cos\beta < AB$，$a''b'' = AB\cos\gamma < AB$。同时还可看出，直线 AB 的各个投影与投影轴的夹角都不等于 AB 对投影面的倾角。

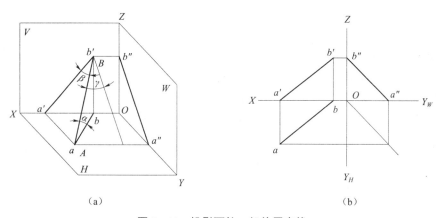

（a）　　　　　　　　　　　　　　（b）

图 2-11　投影面的一般位置直线

由此得出投影面一般位置直线的投影特性：

三个投影都倾斜于投影轴，各投影长度都小于直线的实长，各投影与投影轴的夹角都不能反映直线对投影面的倾角。

在工程上，经常要求用作图方法求投影面的一般位置直线的实长和倾角这类度量问题。

如图 2-12（a）所示，过直线上点 A 作 $AB_1 // ab$ 与投射线 Bb 交于点 B_1，得直角三角形 ABB_1。显然，在这个直角三角形中，$AB_1 = ab$；$BB_1 = Bb - Aa$，即直线 AB 两端点与 H 面的距离差；斜边即为直线 AB 的实长；AB 与 AB_1 的夹角就是 AB 对 H 面的倾角 α。

由此可见，根据投影面一般位置直线 AB 的投影求其实长和对 H 面的倾角，可归纳为求直角三角形 ABB_1 的实形。这种求直线实长和倾角的方法，称为直角三角形法。

求直线 AB 的实长和对 H 面的倾角 α，可应用下列两种方式作图：

1）过 b（也可过 a）作 ab 的垂线 bB_0（见图 2-12（b）），在此垂线上量取 $bB_0=Z_B-Z_A$，则 aB_0 即为所求直线 AB 的实长（用 TL 表示），$\angle B_0ab$ 即为所求 α 角。

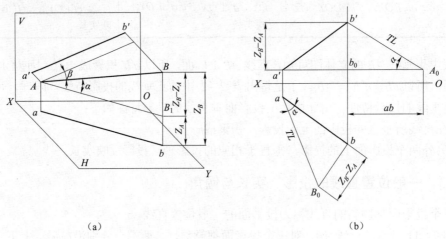

（a） （b）

图 2-12 求直线的实长和倾角

2）过 a' 作 X 轴的平行线，与 $b'b$ 投影连线相交于 b_0（$b'b_0=Z_B-Z_A$），量取 $b_0A_0=ab$，则 $b'=A_0$ 为所求直线 AB 的实长，$\angle b'A_0b_0$ 即为所求 α 角。

按照上述的作图原理和方法，也可以取 $a'b'$ 或 $a''b''$ 为一直角边，取直线 AB 的两端点与 V 面或 W 面的距离差为另一直角边，从而作出两直角三角形，求得 AB 的实长及其对 V 面的倾角 β 或对 W 面的倾角 γ。

由此可归纳出用直角三角形法求直线实长和倾角的方法：以直线在某一投影面上的投影作为一直角边，直线两端点与该投影面的距离差为另一直角边，所形成的直角三角形的斜边即为所求直线的实长，斜边与投影长度的夹角就是直线对该投影面的倾角。

【例 2-1】如图 2-13（a）所示，已知直线 AB 的实长 TL 和 $a'b'$ 及 a，求其水平投影 ab。

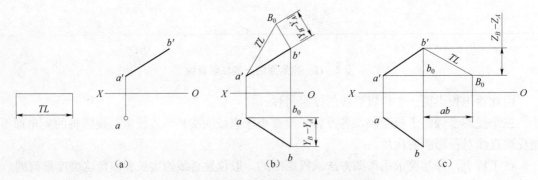

（a） （b） （c）

图 2-13 直角三角形法求直线 AB 的投影

（1）分析

对直角三角形，其两条直角边、斜边和夹角这 4 个参数中，只要给定其中两个参数，就能作出该直角三角形，并可求知另两个参数。根据题中给定的条件，已知实长（斜边）和 $a'b'$

（一直角边），可作出该直角三角形。

（2）作图

方法一如图 2-13（b）所示。

1）过 b' 作 $b'B_0 \perp a'b'$。

2）以 a' 为圆心，以实长 TL 为半径画圆弧与 $b'B_0$ 相交于点 B_0，则 $b'B_0$ 为直线 AB 的两端点对 V 面的距离差 $|Y_B - Y_A|$。

3）过 a 作 $ab_0 /\!/ X$ 轴，过 b' 作 $b'b_0 \perp X$ 轴，ab_0 与 $b'b_0$ 相交于 b_0。在 b_0 的前后两侧，以 $Y_B - Y_A$ 为距离定出 b，连接 a、b，即是所求的水平投影（两解，图示画出一解）。

图中给出了直线 AB 在第 I 分角的解。另一解则由于 $b'b$ 均在 X 轴上方，说明直线 AB 已穿过 V 面，点 B 处于第 II 分角中。

方法二如图 2-13（c）所示。

1）过 a' 作 $a'b_0 /\!/ X$ 轴，过 b' 作 $b'b_0 \perp X$ 轴，两直线相交于 b_0，$b'b_0$ 为直线两端点对 H 面的距离差 $Z_B - Z_A$。

2）以 b' 为圆心，以实长 TL 为半径画圆弧与 $a'b_0$ 的延长线相交于 B_0，b_0B_0 为所求 H 面投影 ab 的长度。

3）以 a 为圆心，以 b_0B_0 为半径画圆弧与 $b'b_0$ 的延长线相交于 b（两解，图示画出一解）。

2.2.4 直线上的点

1. 直线上点的投影

点在直线上，则点的各个投影必定在该直线的同面投影上；反之，点的各个投影在直线的同面投影上，则该点一定在直线上。

如图 2-14 所示，过直线 AB 上点 C 的投射线 Cc'，必位于平面 $ABb'a'$ 上，故 Cc' 与 V 面的交点 c' 也必位于平面 $ABb'a'$ 与 V 面的交线 $a'b'$ 上。同理，直线上点 C 的水平投影 c 也必位于直线 AB 的水平投影 ab 上。点 C 的侧面投影 c'' 必位于直线 AB 的侧面投影 $a''b''$ 上。

2. 点分割线段成定比

直线上点分割直线段成定比，则分割线段的各个同面投影之比等于其线段之比。如图 2-14 所示，在平面 $ABb'a'$ 上，$Aa' /\!/ Cc' /\!/ Bb'$，所以 $AC : CB = a'c' : c'b'$，同理则有 $AC : CB = ac : cb = a''c'' : c''b''$。

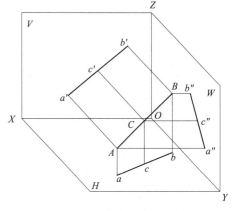

图 2-14 直线上点的投影

【例 2-2】已知侧平线 AB 的两面投影和直线上点 K 的正面投影 k'，求点 K 的水平投影 k，如图 2-15（a）所示。

方法一如图 2-15（b）所示。

（1）分析

由于直线 AB 是侧平线，不能直接由 k' 求出 k，但根据点在直线上的投影性质，k'' 必在 $a''b''$ 上。

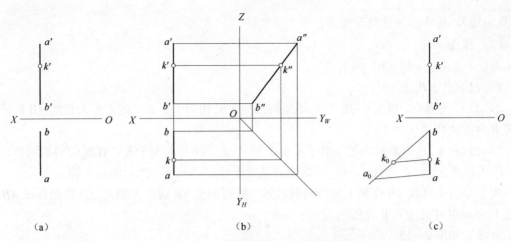

(a)   (b)   (c)

图2-15 求直线 AB 上点 K 的投影

（2）作图

作图步骤如下：

1）根据直线在 V 面、H 面的投影作出其 W 面的投影 $a''b''$，同时由 k' 作出 k''。

2）根据 k'' 在 ab 上作出 k。

方法二如图2-15（c）所示。

（1）分析

因为点 K 在直线 AB 上，因此有 $a'k':k'b' = ak:kb$。

（2）作图

作图步骤如下：

1）过 b 作任意辅助线，在辅助线上量取 $bk_0 = b'k'$，$k_0a_0 = k'a'$。

2）连接 a_0a，并由 k_0 作 $k_0k//a_0a$ 交 ab 于 k，即为所求的水平投影。

2.2.5 两直线的相对位置

空间两条直线的相对位置有三种情况：平行、相交、交叉。平行、相交的两直线位于同一平面上，称为同面直线；交叉两直线不位于同一平面上，称为异面直线。

1. 平行两直线

空间两平行直线的投影必定互相平行（见图2-16（a）），因此空间两平行直线在投影图上的各组同面投影必定互相平行，如图2-16（b）所示。由于 $AB//CD$，则必定 $ab//cd$，$a'b'//c'd'$，$a''b''//c''d''$。反之，如果两直线在投影图上的各组同面投影都互相平行，则两直线在空间必定互相平行。

平行两直线的各同面投影的长度比相等。如图2-16（a）所示，直线 $AB//CD$，则两直线对 H 面倾角相同。$ab = AB\cos\alpha$，$cd = CD\cos\alpha$，则有 $ab:cd = AB:CD$。同理可得 $a'b':c'd' = a''b'':c''d'' = AB:CD$。

对于一般位置直线，若两组同面投影互相平行，则空间两直线平行；若直线为投影面平行线，在直线所平行的投影面上两投影平行，则空间两直线一定平行。

2. 相交两直线

空间相交两直线的投影必定相交，且两直线交点的投影必定为两直线投影的交点，如

图 2-17（a）所示。因此，相交两直线在投影图上的各组同面投影必定相交，且两直线各组同面投影的交点即为两相交直线交点的各个投影。如图 2-17（b）所示，由于 *AB* 与 *CD* 相交，交点为 *K*，则 *ab* 与 *cd*、*a'b'* 与 *c'd'*、*a"b"* 与 *c"d"* 必定分别相交于 *k*、*k'*、*k"*，且交点 *K* 的投影符合点的投影规律。

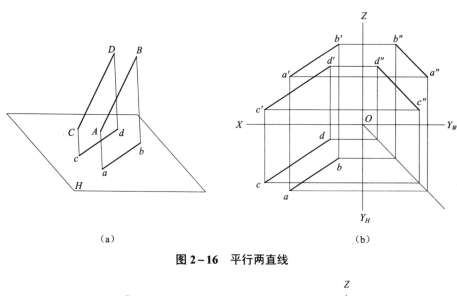

图 2-16　平行两直线

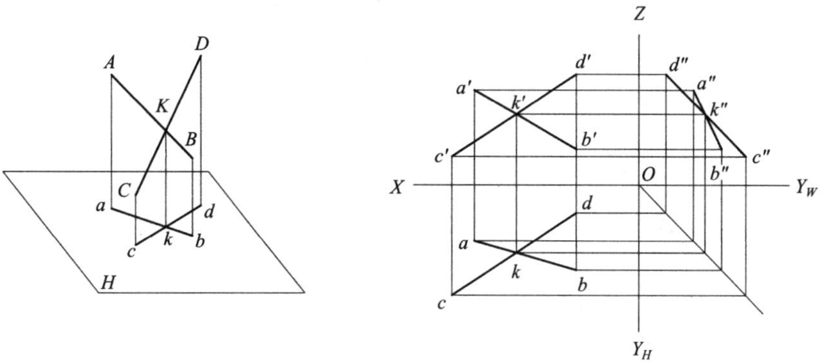

图 2-17　相交两直线

反之，两直线在投影图上的各组同面投影都相交，且各组投影的交点符合空间一点的投影规律，则两直线在空间必定相交。一般情况下，若两组同面投影都相交，且两投影交点符合点的投影规律，则空间两直线相交。但若两直线中有一直线为投影面平行线时，则两组同面投影中必须包括直线所平行的投影面投影。

3. **交叉两直线**

如图 2-18 所示，交叉两直线的投影可能会有一组或两组是互相平行的，但绝不会三组同面投影都互相平行。

如图 2-19 所示，交叉两直线的各组投影也可以是相交的，但各组投影的交点一定不符合同一点的投影规律。从图中看出，*AB*、*CD* 两直线是交叉两直线，因为两直线投影的交点不符合同一点的投影规律，*ab* 和 *cd* 的交点实际上是 *AB*、*CD* 两直线上对 *H* 面投影的重影点

Ⅰ、Ⅱ的投影 1（2），由于Ⅰ在Ⅱ的上方，所以 1 可见，（2）不可见。同理，$a'b'$ 和 $c'd'$ 的交点是 AB、CD 两直线上对 V 面投影的重影点Ⅲ、Ⅳ的投影 $4'$（$3'$），由于Ⅳ在Ⅲ的前方，所以 $4'$ 可见，（$3'$）不可见。$a''b''$ 和 $c''d''$ 的交点是 AB、CD 两直线上对 W 面投影的重影点的投影，其可见性请自行判别。

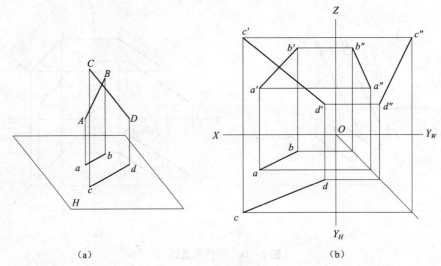

图 2-18 交叉两直线（一）

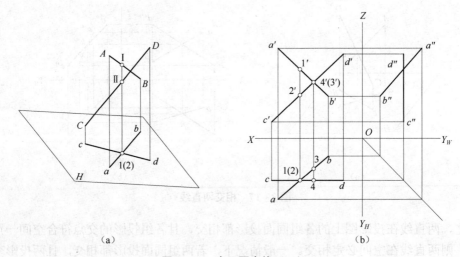

图 2-19 交叉两直线（二）

【例 2-3】如图 2-20（a）所示，判断两侧平线 AB、CD 的相对位置。

方法一如图 2-20（b）所示。

根据直线 AB、CD 的 V 面、H 面投影作出其 W 面投影。若 $a''b'' \mathbin{/\mkern-5mu/} c''d''$，则 $AB \mathbin{/\mkern-5mu/} CD$；反之，则 AB 和 CD 交叉。

方法二如图 2-20（c）所示。

（1）分析

如两侧平线为平行两直线，则两直线的各同面投影长度比相等，但须注意，仅仅各同面投影长度比相等，还不能说明两直线一定平行，因为与 V 面、H 面成相同倾角的侧平线可以有两个方向，它们能得到同样比例的投影长度，所以还必须检查两直线是否同方向才能确定两侧平线是否平行。

（2）作图

根据投影图可看出 AB、CD 两直线是同趋势的。在 $a'b'$ 上取点 1，使 $a'1=c'd'$，过 a' 作任一辅助线，并在该辅助线上取点 2 使 $a'2=cd$，取点 3 使 $a'3=ab$，连接 21 和 $3b'$。因为 $21\,/\!/\,3b'$，所以有 $a'b':c'd'=ab:cd$。因此两侧平线是平行两直线。

方法三如图 2-20（d）所示。

（1）分析

如两侧平线为平行两直线，则可根据平行两直线决定一平面这一性质来判别。

（2）作图

连接 $a'd'$、$b'c'$ 得交点 k'，连接 ad、bc 得交点 k，因 $k'k$ 符合两相交直线 AD、BC 的交点 K 的投影规律，所以两侧平线是平行两直线。

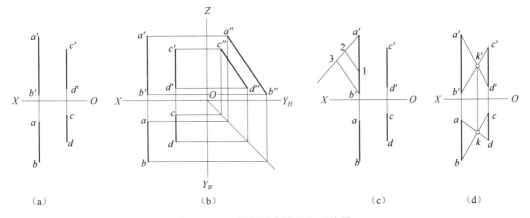

（a）　　　　　　　（b）　　　　　　　（c）　　　　　　　（d）

图 2-20　判断两直线的相对位置

2.2.6　垂直两直线的投影

当相交两直线互相垂直，且其中一条直线为某投影面平行线，则两直线在该投影面上的投影必定互相垂直，此投影特性称为直角投影定理。

如图 2-21 所示，$AB\perp BC$，其中 $AB\,/\!/\,H$ 面，BC 倾斜于 H 面。因 $AB\perp BC$，$AB\perp Bb$，则 $AB\perp BbcC$ 平面。又因 $ab\,/\!/\,AB$，所以 $ab\perp BbcC$ 平面，因此 $ab\perp bc$。

反之，如果相交两直线在某一投影面上的投影互相垂直，且其中有一条直线为该投影面的平行线，则这两条直线在空间也必定互相垂直。

可以看出，当两直线是交叉垂直时，也同样符合上述投影特性。

【例 2-4】如图 2-22（a）所示，过点 C 作直线 CD 使其与直线 AB 垂直相交于点 D。

（1）分析

因为所作直线 CD 是与正平线 AB 垂直相交，D 为交点，所以根据直角投影定理，其正面投影应相互垂直。

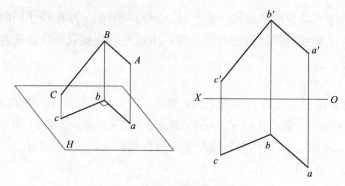

图 2-21　直角投影定理

（2）作图

作图步骤如图 2-22（b）所示。

1）作 $c'd' \perp a'b'$ 交 $a'b'$ 于 d'。

2）过 d' 作投影连线，与 ab 交于 d，连接 c 和 d，即得 CD 的投影。

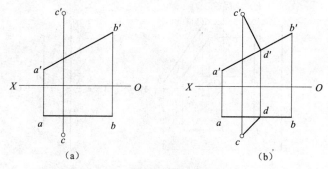

图 2-22　作直线 CD 与 AB 垂直相交

【例 2-5】求 AB、CD 两直线的公垂线 EF，如图 2-23（a）所示。

（1）分析

因为直线 AB 是铅垂线，所以两条直线的公垂线 EF 一定是一条水平线，且有 $cd \perp ef$。

（2）作图

作图步骤如图 2-23（b）所示。

1）在 AB 的有积聚性的投影 ab 上定出 e，作 $ef \perp cd$ 与 cd 相交于 f，并由 f 作出 f'。

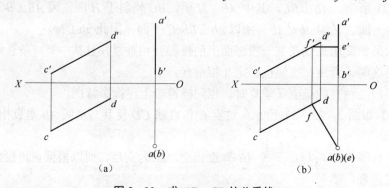

图 2-23　求 AB、CD 的公垂线

2）由 f' 作水平线 EF 的 V 面投影 $f'e'$ 与 $a'b'$ 相交于 e'，ef 和 $e'f'$ 即为两直线的公垂线 EF 的两投影。

2.3　平面的投影

平面可以用确定该平面的几何元素的投影表示，也可用迹线表示。下面分别讨论。

2.3.1　平面的表示法

1. 用几何元素表示

平面通常用确定该平面的点、直线或平面图形等几何元素的投影表示，如图 2-24 所示。

显然，各组几何元素是可以互相转换的。例如，连接 AB 两点即可由图 2-24（a）转换成图 2-24（b）；再连接 BC，又可转换成图 2-24（c）；将 A、B、C 三点彼此相连又可转换成图 2-24（e）等。从图中可以看出，不在同一直线上的三个点是决定平面位置的基本几何元素组。

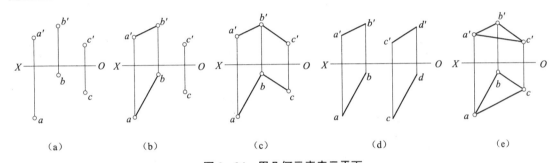

图 2-24　用几何元素表示平面

（a）三点；（b）直线及线外一点；（c）相交直线；（d）平行直线；（e）平面图形

2. 用迹线表示

平面与投影面的交线，称为平面的迹线。因此，也可以用迹线表示平面。如图 2-25 所示，用迹线表示的平面称为迹线平面。平面与 V 面、H 面、W 面的交线，分别称为平面的正面迹线（V 面迹线）、水平迹线（H 面迹线）、侧面迹线（W 面迹线）。迹线的符号用平面名称的大写字母附加投影面名称的注脚表示，如图 2-25 中的 P_V、P_H、P_W。迹线是投影面上的直线，它在该

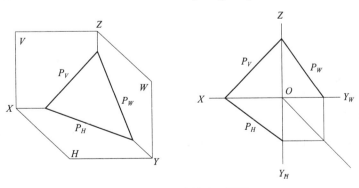

图 2-25　用迹线表示平面

投影面上的投影与本身重合，用粗实线表示，并标注上述符号；它在另外两个投影面上的投影，分别位于相应的投影轴上，不需作任何表示和标注。工程图样中常用平面图形来表示平面，而在某些解题中应用迹线表示平面。

2.3.2 各种位置平面及其投影特性

根据平面在三投影面体系中的位置不同，可将平面分为投影面一般位置平面、投影面垂直面和投影面平行面三类。后两类平面称为特殊位置平面，三类平面具有不同的投影特性。

1. 一般位置平面

与三个投影面都倾斜的平面称为投影面的一般位置平面。如图 2-26 所示，平面 $\triangle ABC$ 与三个投影面都倾斜，三个投影面的倾角都大于 $0°$ 而小于 $90°$。因此，三个投影图的面积有

$$\triangle abc = \triangle ABC \cos\alpha < \triangle ABC$$
$$\triangle a'b'c' = \triangle ABC \cos\beta < \triangle ABC$$
$$\triangle a''b''c'' = \triangle ABC \cos\gamma < \triangle ABC$$

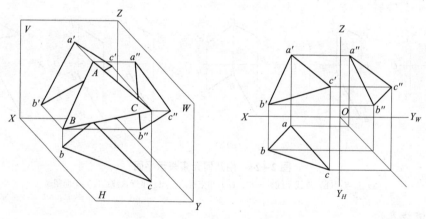

图 2-26 投影面一般位置平面

从图 2-26 中也可看出，平面 $\triangle ABC$ 的三个投影都不能反映该平面与三个投影面的倾角 α、β、γ 的真实大小。

由此得出投影面一般位置平面的投影特性为：

它的三个投影仍然都是平面图形，且各投影面积小于实际面积，投影不能反映平面对投影面倾角的大小。

从图 2-25 可以看出，迹线平面 P 对 V 面、H 面、W 面都倾斜，是投影面一般位置平面。从图中还可看出，投影面一般位置平面与三个投影面都相交，三条迹线都不平行于投影轴，并且每两条迹线分别相交于投影轴上的同一点。

2. 投影面垂直面

只垂直于一个投影面的平面称为投影面垂直面。垂直于 V 面的平面称为正垂面，垂直于 H 面的平面称为铅垂面，垂直于 W 面的平面称为侧垂面。三种投影面垂直面的立体图、投影图和投影特性见表 2-3。

表 2－3　三种投影面垂直面的立体图、投影图和投影特性

名称	正垂面（⊥V 面，对 H、W 面倾斜）	铅垂面（⊥H 面，对 V、W 面倾斜）	侧垂面（⊥W 面，对 H、V 面倾斜）
立体图	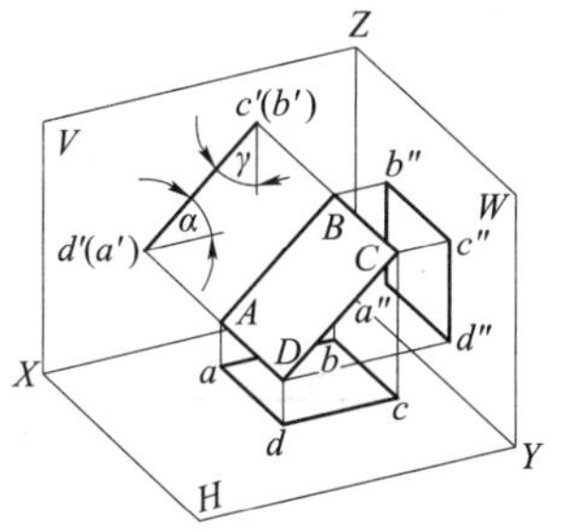	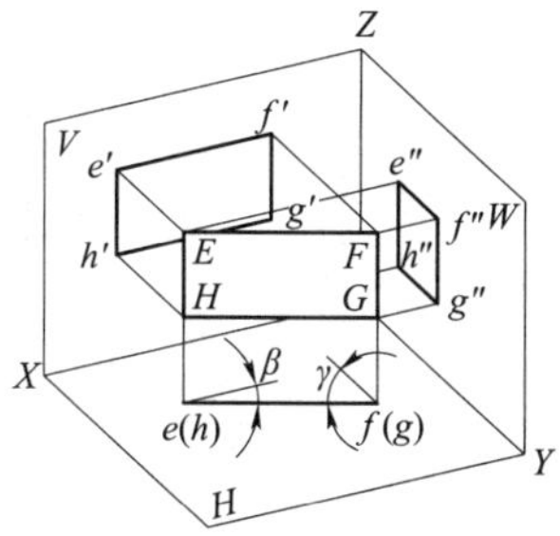	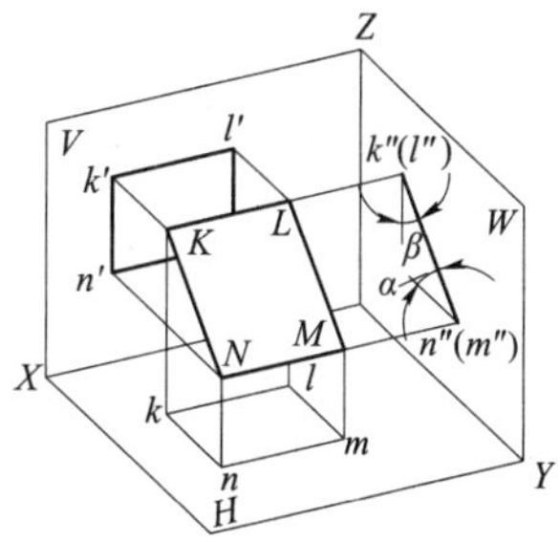
投影图	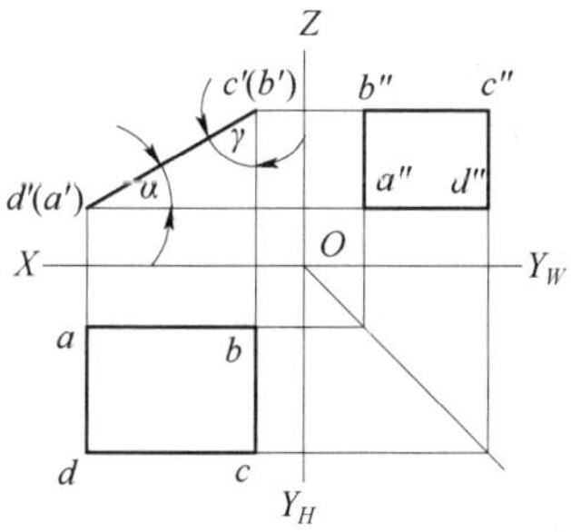	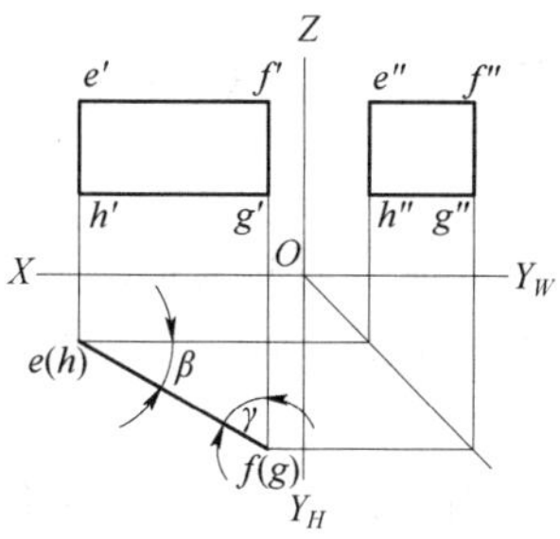	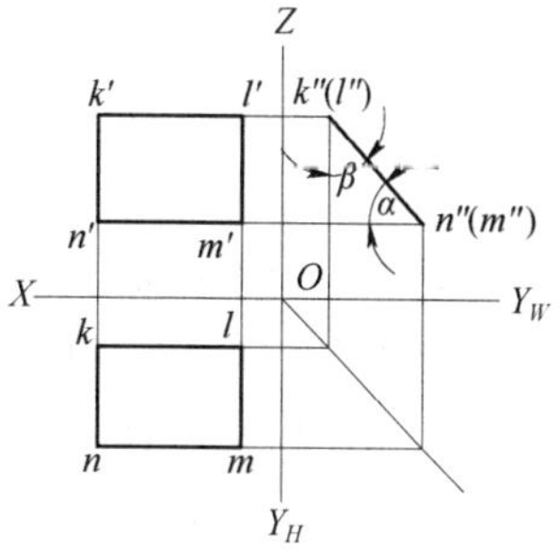
投影特性	① 正面投影积聚为一条直线，并反映真实倾角 α、γ； ② 水平投影、侧面投影为两个类似形，面积缩小	① 水平投影积聚为一条直线，并反映真实倾角 β、γ； ② 正面投影、侧面投影为两个类似形，面积缩小	① 侧面投影积聚为一条直线，并反映真实倾角 α、β； ② 正面投影、水平投影为两个类似形，面积缩小

从表中正垂面 $ABCD$ 的立体图可知：

因为平面 $ABCD \perp V$，通过 $ABCD$ 平面上各点向 V 面所作的投射线都位于 $ABCD$ 平面内，且与 V 面交于一直线，即为它的正面投影 $a'b'c'd'$。同时，因为 $ABCD$、H、W 面都垂直于 V 面，它们与 V 面的交线分别是 $a'b'c'd'$、OX、OZ，所以 $a'b'c'd'$ 与投影轴 OX、OZ 的夹角分别反映平面 $ABCD$ 与 H 面和 W 面的倾角 α、γ 的真实大小。

因为平面 $ABCD$ 倾斜于 H、W 面，所以其水平投影 $abcd$ 及侧面投影 $a''b''c''d''$ 仍为平面图形，但面积缩小。

由此得出表 2－3 中所列的正垂面的投影特性。同理，可得出铅垂面和侧垂面的投影特性。

由此概括出投影面垂直面的投影特性如下：

1）在平面所垂直的投影面上的投影积聚成直线，它与投影轴的夹角分别反映平面对另两投影面的真实倾角。

2）在另两个投影面上的投影仍为平面图形，面积缩小。

图 2－27 所示为用迹线表示的三种投影面垂直面的投影图。

以正垂面 P 为例，可以看到，平面 P 的正面投影具有积聚性，平面上的任何点、直线的正面投影都积聚在 P_V 上。P_V 与 OX、OZ 轴的夹角分别是平面 P 对投影面 H、W 的倾角 α、γ。

又因平面 P 和 H 面、W 面都垂直 V 面，平面 P 与 H 面的交线 P_H、与 W 面的交线 P_W 也都垂直于 V 面，所以水平迹线 $P_H \perp OX$ 轴，侧面迹线 $P_W \perp OZ$ 轴。

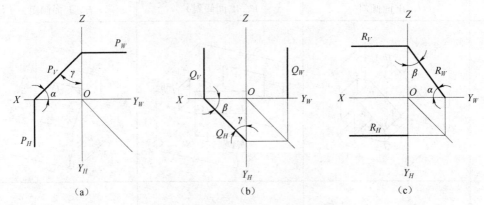

图 2-27 用迹线表示的投影面垂直面

（a）正垂面；（b）铅垂面；（c）侧垂面

同样，对铅垂面 Q、侧垂面 R 也具有相类似的投影性质。

可以利用有积聚性的垂直面的迹线，确定该平面的空间位置，而不必画出另外两条迹线。

3. 投影面平行面

平行于一个投影面的平面称为投影面平行面。平行于 V 面的称为正平面，平行于 H 面的称为水平面，平行于 W 面的称为侧平面。三种投影面平行面的立体图、投影图和投影特性见表 2-4。

表 2-4 三种投影面平行面的立体图、投影图和投影特性

名称	正平面（//V 面）	水平面（//H 面）	侧平面（//W 面）
立体图			
投影图			

续表

名称	正平面（//V面）	水平面（//H面）	侧平面（//W面）
投影 特性	① 正面投影反映实形； ② 水平投影//OX，侧面投影 //OZ，分别积聚为直线	① 水平投影反映实形； ② 正面投影//OX，侧面投影 //OY_W，分别积聚为直线	① 侧面投影反映实形； ② 正面投影//OZ，水平投影 //OY_H，分别积聚为直线

从表 2-4 中正平面的立体图可知：

因为平面 $ABCD$ //V 面，其各条边都平行于 V 面，各条边的正面投影都反映实长，所以平面 $ABCD$ 的正面投影 $a'b'c'd'$ 反映实形。

由于平面 $ABCD$ //V 面，必定垂直于 H 面和 W 面，且平面内各点的 Y 坐标都相等，因而水平投影 $abcd$ //OX，侧面投影 $a''b''c''d''$ //OZ，分别积聚成直线。由此可得出表中正平面的投影特性，同理，也可得出水平面和侧平面的投影特性。

由此概括出投影面平行面的投影特性如下：

1）在平面所平行的投影面上的投影反映实形。

2）在另外两个所垂直的投影面上的投影，分别积聚成直线且平行于相应的投影轴。

图 2-28 所示为用迹线表示的三种投影面平行面的投影图。

从正平面的投影图可知，因为平面 P //V 面，所以平面 P 与 V 面不相交，无正面迹线 P_V。

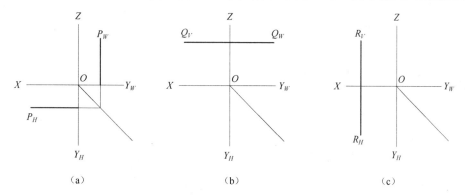

图 2-28 用迹线表示的 3 种投影面平行面

（a）正平面；（b）水平面；（c）侧平面

因为平面 P //V 面，必定垂直于 H 面和 W 面，且平面内各点具有相同的 Y 坐标。所以 P_H//OX，P_W//OZ，且都具有积聚性。只需要用其中一条有积聚性的迹线即可表示出平面 P 的空间位置。

同理可得出水平面 Q 和侧平面 R 相类似的投影特性。

2.3.3 平面上的点和直线

1. 平面上取点和直线

点和直线在平面上的几何条件是：

1）点在平面上，则该点必定属于平面内的一条直线。

2）直线在平面上，则该直线必定通过平面上的两个点；或通过平面上的一个点，且平行于平面上的另一直线。

图 2-29 所示为上述条件在投影图中的说明：点 D 和直线 DE 位于相交两直线 AB、BC 所确定的平面 ABC 上。

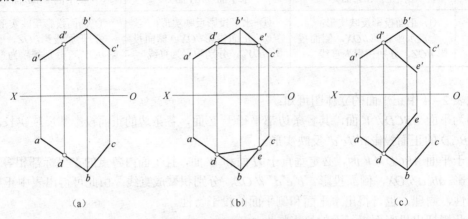

(a)　　　　　　　　(b)　　　　　　　　(c)

图 2-29　平面上的点和直线

(a) 点在平面内的直线上；(b) 直线通过平面内的两点；(c) 通过面内一点且平行于面内的一条直线

【例 2-6】已知平面△ABC，试判别 K 点是否在平面上。已知平面上一点 E 的正面投影 e′，作出其水平投影 e，如图 2-30（a）所示。

（1）分析

判别一点是否在平面上，以及在平面上取点，都必须在平面上取直线。

（2）作图

作图步骤如图 2-30（b）所示。

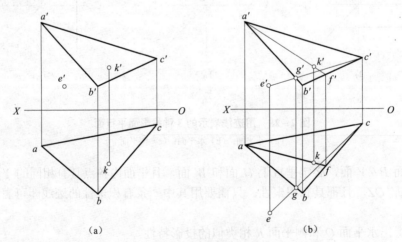

(a)　　　　　　　　(b)

图 2-30　平面上的点

1）连接 a′k′ 并延长与 b′c′ 交于 f′，由 a′f′ 求出其水平投影 af，则 AF 是平面△ABC 上的一条直线，如果点 K 在 AF 上，则 k′、k 应分别在 a′f′ 和 af 上。从作图中得知 k 在 af 上，所以点 K 在平面△ABC 上。

2）连接 c′、e′ 与 a′b′ 交于 g′，由 c′g′ 求出其水平投影 cg，则 CG 是平面上的一条直线。因点 E 在平面上，同时又在平面中的直线 CG 上，所以 e 应在 cg 上。过 e′ 作投影连线与 cg

延长线的交点 e 即为所求点 E 的水平投影。

由此可见，即使一点的两个投影都在平面图形的投影线范围外，该点也不一定不在平面上。显然，如果点的一个投影在平面图形的轮廓线范围内，而另一个投影在平面图形的轮廓线范围之外，则点一定不在平面上。

2. 平面上的特殊位置直线

（1）平面上的投影面平行线

如图 2−31 所示，在△ABC 平面上作水平线和正平线。如过点 A 在平面上作一水平线 AD，可先过 a′ 作 a′d′∥X 轴，并与 b′c′ 交于 d′，由 d′ 在 bc 上作出 d，连接 ad，则 a′d′ 和 ad 为平面上水平线 AD 的两面投影。

如过点 C 在平面上作一正平线 CE，可先过 c 作 ce∥X 轴，并与 ab 交于 e，由 e 在 a′b′ 上作出 e′，连接 c′e′，则 c′e′ 和 ce 为平面上正平线 CE 的两面投影。

（2）平面上的最大斜度线

平面上对某一投影面成倾角最大的直线称为平面对该投影面的最大斜度线。因此，平面的最大斜度线分为对 H 面的最大斜度线、对 V 面的最大斜度线和对 W 面的最大斜度线三种。可以证明，平面上对某投影面的最大斜度线垂直于平面上对该投影面的平行线。

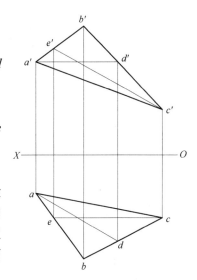

图 2−31　平面上的投影面平行线

平面对 H 面的倾角等于平面对 H 面的最大斜度线对 H 面的倾角，平面对 V 面的倾角等于平面对 V 面的最大斜度线对 V 面的倾角，平面对 W 面的倾角等于平面对 W 面的最大斜度线对 W 面的倾角。

2.4　直线、平面间的相对位置

本节主要讨论直线与平面、平面与平面之间的相对位置问题，分平行、相交和垂直三种情况。

2.4.1　平行

1. 直线与平面平行

若一条直线平行于平面内任意一条直线，则直线与该平面平行。如图 2−32 所示，直线 AB 平行于 P 平面内的一条直线 CD，则直线 AB 必与 P 平面平行。

【例 2−7】过已知点 K，作水平线 KM 平行于已知平面△ABC，如图 2−33（a）所示。

（1）分析

平面△ABC 内的水平线有无数条，但其方向是一定的。因此，过点 K 作平行于平面△ABC 的水平线是唯一的。

图 2−32　直线与平面平行

（2）作图

作图步骤如图2–33（b）所示。

1）在平面△ABC内作水平线AD。

2）过点K作KM//AD，即km//ad，k'm'//a'd'，则KM为一水平线且平行于△ABC。

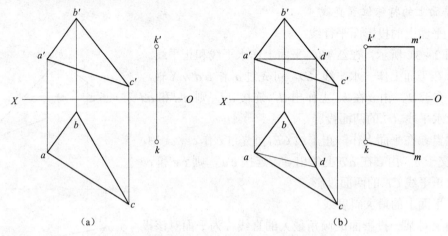

图2–33　作直线平行于已知平面

2. 两平面平行

若一平面内两条相交直线对应地平行于另一平面内的两条相交直线，则这两个平面相互平行。如图2–34所示，两对相交直线AB、BC和DE、EF分别属于平面P和平面Q，若AB//DE，BC//EF，则平面P与平面Q平行。

【例2–8】判断两已知平面△ABC和平面DEFG是否平行，如图2–35所示。

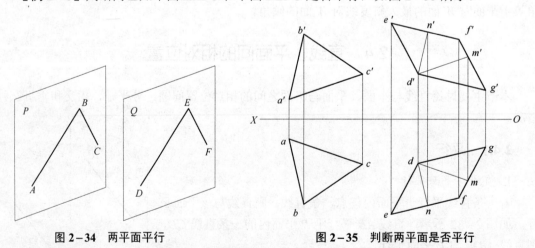

图2–34　两平面平行　　　　图2–35　判断两平面是否平行

（1）分析

可在任一平面上作两相交直线，如在另一平面上能找到与它们对应平行的两条相交直线，则两平面相互平行。

（2）作图

作图步骤如下：

1）在平面 *DEFG* 中，过 *D* 点作两条相交直线 *DM*、*DN*，使 *d'm'*∥*a'c'*，*d'n'*∥*a'b'*。

2）求出 *DM*、*DN* 的水平投影 *dm*、*dn*，由于 *dm*∥*ac*，*dn*∥*ab*，即 *DM*∥*AC*，*DN*∥*AB*，故判断该两平面平行。

【例 2–9】 已知平面由两平行直线 *AB*、*CD* 给定，试过定点 *K* 作一平面与已知平面平行，如图 2–36 所示。

（1）分析

只要过定点 *K* 作一对相交直线对应地平行于已知定平面内的一对相交直线，所作的这对相交直线即为所求平面。而定平面是由两平行直线给定的，因此，必须在定平面内先作一对相交直线。

（2）作图

作图步骤如下：

1）在给定平面内过 *A* 点作任意直线 *AE*，*AB*、*AE* 即为定平面内的一对相交直线。

2）过 *K* 点作直线 *KM*、*KN* 分别平行于 *AB*、*AE*，即 *k'm'*∥*a'b'*，*km*∥*ab*，*k'n'*∥*a'e'*，*kn*∥*ae*，则平面 *KMN* 平行于已知定平面。

若两平行平面同时垂直于某一投影面，则只需检查具有积聚性的投影是否平行即可。

如图 2–37 所示，平面 *P*、*Q* 均为铅垂面，若水平投影平行，则两平面 *P*、*Q* 在空间也平行。

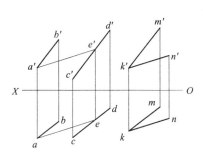

图 2–36　作平面平行于已知平面

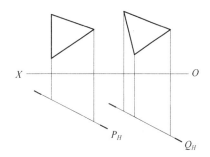

图 2–37　两特殊位置平面平行

2.4.2　相交

直线与平面相交，交点是直线与平面的共有点。两平面相交，其交线是两平面的共有线。为使图形明显起见，用细虚线表示直线或平面的被遮挡部分（或不画出），交点或交线是可见部分与不可见部分的分界点（线），如图 2–38 所示。

下面分别讨论交点、交线的求法及可见性判别。

1. 直线与特殊位置平面相交

由于特殊位置平面的投影具有积聚性，根据交点的共有性可以直接在具有积聚性的投影上确定交点的一个投影，然后按点、线的从属关系求出另一投影。

求直线 *MN* 与铅垂面△*ABC* 的交点 *K* 并判别可见性，如图 2–39（a）所示。

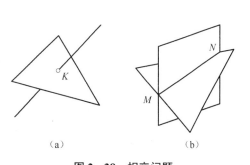

图 2–38　相交问题

（a）直线与平面相交；（b）两平面相交

由于交点 K 是直线 MN 与铅垂面△ABC 的共有点，所以其水平投影 k 一定是直线 MN 的水平投影 mn 与铅垂面△ABC 的具有积聚性的水平投影 abc 的交点，故 k 可直接得出，根据点、线的从属关系可求出交点 K 的正面投影 k'。

利用重影点判别可见性。水平投影中除交点 k 外无投影重叠，故不需要判别可见性。但在正面投影中，k' 是直线 MN 的正面投影 m'n' 可见部分与不可见部分的分界点，故需要判别正面投影的可见性。取直线 BC 与 MN 的正面重影点 1'、2'，分别作出其水平投影 1、2，显然 2 在前、1 在后，所以正面投影 2' 可见，1' 不可见，由此可推出 n'k' 可见，k'm' 不可见，如图 2-39（b）所示。

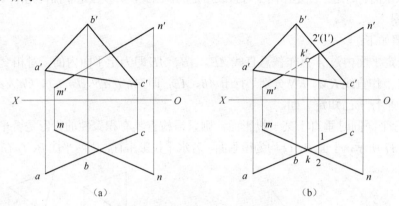

（a）   （b）

图 2-39　直线与特殊位置平面相交

2. 平面与特殊位置直线相交

已知平面△ABC 与铅垂线 DE 相交，求交点 K 并判别可见性，如图 2-40（a）所示。

由于铅垂线 DE 的水平投影 de 有积聚性，故交点 K 的水平投影 k 必与之重合。又因为 k 在△ABC 上，可利用平面内取点的方法求得 k'。

正面投影可见性的判别。由水平投影可以看出，ac 在 de 之前，所以 DE 的正面投影 d'e' 被 a'c' 遮挡，k'e' 为不可见，用虚线画出，以交点 k' 为界的另一侧 k'd' 可见，用粗实线画出，如图 2-40（b）所示。

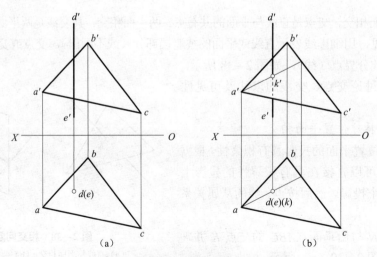

（a）   （b）

图 2-40　平面与特殊位置直线相交

3. 一般位置平面与特殊位置平面相交

求一般位置平面△ABC 与铅垂面 DEFG 的交线并判别可见性，如图 2-41（a）所示。

由于 DEFG 是铅垂面，其水平投影 defg 具有积聚性。根据交线的共有性，交线 MN 的水平投影 mn 可直接得出。又根据点线的从属性，可求出 MN 的正面投影 m'n'。

正面投影可见性的判别。由水平投影可知，MNB 部分在铅垂面之前，故该部分的正面投影 m'n'b' 可见，被遮挡的矩形部分不可见，作图结果如图 2-41（b）所示。

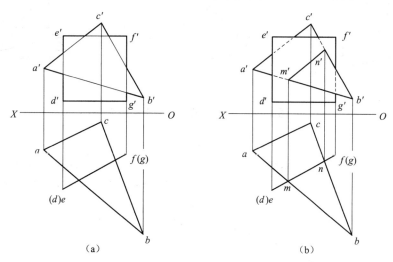

（a）　　　　　　　　　（b）

图 2-41　一般位置平面与特殊位置平面相交

综上所述，当相交两要素之一为特殊位置时，应利用其投影的积聚性求交点或交线。

4. 一般位置直线与一般位置平面相交

（1）辅助平面法

如图 2-42 所示，欲求直线 DE 与△ABC 的交点，需包含直线 DE 作一辅助平面 S，求出平面 S 与△ABC 的交线 MN，则 MN 与 DE 的交点即为所求的交点 K（MN 与 DE 同属于平面 S）。如何作辅助平面 S 使交线 MN 易求是问题的关键。如果所作辅助平面 S 为特殊位置平面，那么问题就转化为相交两要素之一为特殊位置的情况，就可以采用前述方法求出交线 MN 了。

求一般位置直线 DE 与一般位置平面△ABC 的交点，并判别可见性，如图 2-43（a）所示。

由于一般位置直线和平面的投影没有积聚性，所以其交点不能在投影图上直接定出，必须引入辅助平面才能求得。

作图求解过程如图 2-43（b）所示，具体步骤如下：

1）包含直线 DE 作正垂的辅助平面 S，其正面迹线 S_V 与 d'e' 重合。

2）求出辅助平面 S 与△ABC 的交线 MN。

3）求出交线 MN 与直线 DE 的交点 K，即为所求。

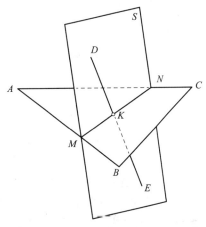

图 2-42　辅助平面法示意图

上述辅助平面的选择不是唯一的，也可以包含 *DE* 作铅垂的辅助平面，作图步骤与上述类似。利用重影点判别可见性后的结果如图 2−43（c）所示。

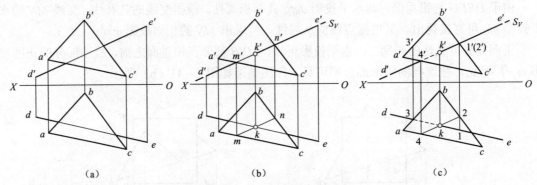

图 2−43　一般位置直线与平面相交

（2）换面法

利用投影变换的原理，把相交两要素之一由一般位置变换成与投影面垂直的情况，就可以利用投影的积聚性求交点了。作图方法不再赘述。

5. 两一般位置平面相交

两一般位置平面相交有两种情况：一种是一平面全部穿过另一平面，称为全交，如图 2−44（a）所示；另一种是两个平面的棱边互相穿过，称为互交。把图 2−44（a）中的△*ABC* 向右侧平移，即成为图 2−44（b）所示的互交情况。

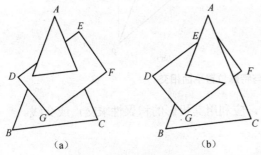

图 2−44　平面相交的两种情况

相交两平面的交线是两平面的共有线，欲求其位置，只需求出其上任意两点的投影。

在相交两平面之一上任取两直线，分别作出两直线与另一平面的交点，连接两交点即为此两平面的交线。

【例 2−10】求平面△*ABC* 与△*DEF* 的交线 *KL*，并判别可见性，如图 2−45（a）所示。

（1）分析

把△*DEF* 看成两相交直线 *DE* 和 *DF*，分别求出直线 *DE*、*DF* 与△*ABC* 的交点 *M*、*N*，直线 *MN* 即为两平面的交线。

（2）作图

作图步骤如图 2−45（b）、（c）所示：

1）包含直线 *DE* 作正垂的辅助平面 *P*，求出 *DE* 与△*ABC* 的交点 *M*。

2）包含直线 *DF* 作正垂的辅助平面 *Q*，求出 *DF* 与△*ABC* 的交点 *N*，*MN* 即为所求。

3）利用重影点判别可见性。如图 2−45（b）所示，以正面投影为例，以 *m'n'* 为界，*d'e'f* 分为可见与不可见两部分。取平面轮廓线的两个重影点（如直线 *DE*、*BC* 的正面重影点 1'、(2')），由水平投影 1、2 的前后位置，可判别其正面投影的可见性（1'可见，2'不可见），从而可知其所属直线的可见性（$m'1'$ 可见，$b'c'$ 不可见）。也可根据平面连续的性质，只判别一个重影点即可推断出相交边界其他各段的可见性。同理，可判断其水平投影的可见性。

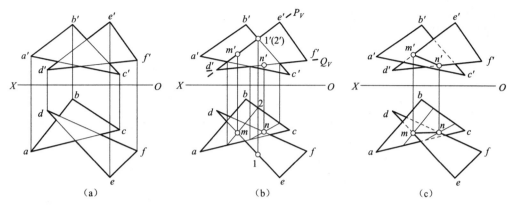

图 2−45　用辅助平面法求两一般位置平面的交线

2.4.3　垂直

1. 直线与平面垂直

直线与平面垂直，则直线垂直于平面内的一切直线。反之，如果直线垂直平面内的任意两条相交直线，其中包括水平线 AB 和正平线 CD，如图 2−46（a）所示，则直线垂直于该平面。根据直角投影定理，则直线 MN 的水平投影垂直于水平线 AB 的水平投影，即 $mn \perp ab$；直线 MN 的正面投影垂直于正平线 CD 的正面投影，即 $m'n' \perp c'd'$，如图 2−46（b）所示。

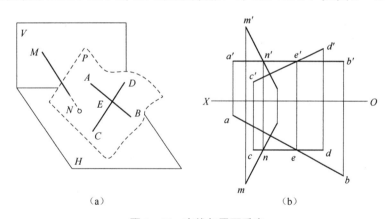

图 2−46　直线与平面垂直

定理　若一直线垂直于一平面，则直线的水平投影必垂直于该平面内水平线的水平投影，直线的正面投影必垂直于该平面内正平线的正面投影。

反之，若一直线的水平投影垂直于定平面内水平线的水平投影，直线的正面投影垂直于该平面内正平线的正面投影，则直线必垂直于该平面。

（1）作已知平面的垂线

【例 2−11】已知 $\triangle ABC$ 及空间点 M，过点 M 求作 $\triangle ABC$ 的垂线，如图 2−47（a）所示。

（1）分析

根据直线与平面垂直的定理，即可定出垂线 MN 的各投影方向。

（2）作图

作图步骤如图 2-47（b）所示。

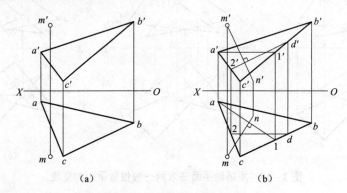

（a） （b）

图 2-47 作已知平面的垂线

1）在△ABC 内作水平线 AⅠ和正平线 DⅡ。

2）作 $m'n'⊥d'2'$、$mn⊥a1$，MN 即为所求。

此例只作出垂线 MN 的方向，并没作出垂足。若求垂足，还需求直线 MN 与△ABC 的交点。

（2）作已知直线的垂面

【例 2-12】已知直线 MN 及空间点 K，过点 K 求作 MN 的垂面，如图 2-48（a）所示。

（1）分析

若过点 K 作 MN 的垂面，则需作一对相交直线均与 MN 垂直。根据直线与平面垂直的逆定理可知，可作一对相交的正平线和水平线。

（2）作图

作图步骤如图 2-48（b）所示。

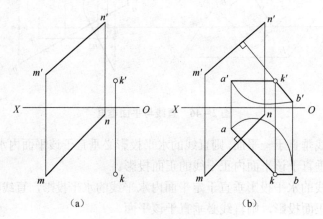

（a） （b）

图 2-48 作已知直线的垂面

1）作水平线 KA，使 $KA⊥MN$，即 $ka⊥mn$。

2）作正平线 KB，使 $KB \perp MN$，即 $k'b' \perp m'n'$。相交直线 KA、KB 所确定的平面即为所求垂面。

（3）作已知直线的垂线

【例 2-13】已知直线 AB 及空间点 C，过点 C 求作直线 CK 与 AB 正交，如图 2-49（a）所示。

（1）分析

过点 C 作 AB 的垂线可作无数条，均位于过点 C 与 AB 垂直的平面 P 上。若该垂面与 AB 的交点（垂足）为 K，则 CK 即为所求，如图 2-49（b）所示。

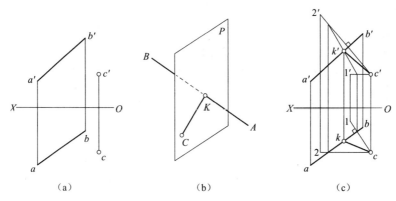

图 2-49　作已知直线的垂线

（2）作图

作图步骤如图 2-49（c）所示。

1）过点 C 作 AB 的垂面 CⅠⅡ，即作水平线 CⅠ，$c1 \perp ab$；作正平线 CⅡ，$c'2' \perp a'b'$。

2）求直线 AB 与平面 CⅠⅡ的交点 K，KC 即为所求的垂线。

（4）特殊情况讨论

对于相互垂直的直线与平面，当直线或平面之一为特殊位置时，另一几何要素也一定为特殊位置，如图 2-50 所示。

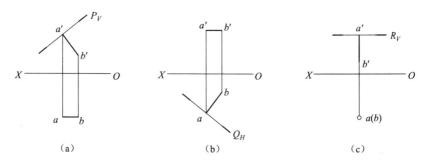

图 2-50　线、面垂直的特殊情况

（a）正垂面与正平线垂直；（b）铅垂面与水平线垂直；（c）水平面与铅垂线垂直

2. 两平面垂直

若一直线垂直于定平面，则包含该直线的所有平面都垂直于该平面。反之，若两平面互相垂直，则从第一平面内的任意一点向第二平面所作的垂线必定包含在第一平面内。如图 2-51 所示，点 C 是第一平面内的任意一点，CD 是第二平面的垂线。图 2-51（a）中，直线 CD 属于第一平面，所以两平面相互垂直；图 2-51（b）中，直线 CD 不属于第一平面，所以两平面不垂直。

【例 2-14】过定点 S 作平面垂直于已知平面△ABC，如图 2-52 所示。

（1）分析

过点 S 作已知平面△ABC 的垂线，包含该垂线的所有平面均垂直于△ABC。所以本题有无穷多解。

（2）作图

作图步骤如下：

1）在△ABC 中作水平线 CⅠ、正平线 AⅡ。

2）过点 S 作△ABC 的垂线 SF，即 $s'f' \perp a'2'$，$sf \perp c1$。

3）过点 S 作任意直线 SN，平面 SFN 即为所求的垂面。

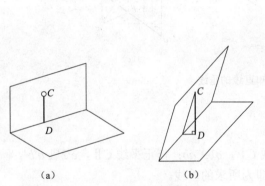

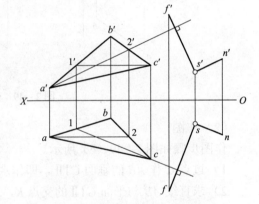

图 2-51　两平面是否垂直的示意图　　　　图 2-52　作平面与已知平面垂直

第 3 章

立体的投影及其表面交线

立体占有一定的空间，并由内、外表面确定其形状特征，若立体没有内表面则称为实体。从简单的几何体到形状各异的零件都可看作是立体。立体从其表面形状的构成可分为平面立体和曲面立体两大类。

3.1 三视图的形成与投影规律

3.1.1 平面立体

如图 3-1 所示为两类常见的平面立体：棱柱与棱锥。棱柱分为直棱柱、斜棱柱，棱锥分为直棱锥、斜棱锥。不管哪种平面立体，其表面均由多个平面多边形围成，每个平面多边形由多条直线段围成，每条直线段由两个端点确定。这里要特别指明：棱柱的棱线相互平行，各棱面均为矩形或平行四边形。棱锥的棱线汇交于一点（即锥顶），各棱面均为三角形。这是棱柱和棱锥外观特征的区别。

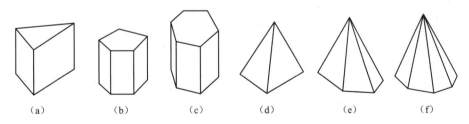

（a）　　　　（b）　　　　（c）　　　　（d）　　　　（e）　　　　（f）

图 3-1　两类常见的平面立体
（a）三棱柱；（b）五棱柱；（c）六棱柱；（d）三棱锥；（e）四棱锥；（f）六棱锥

3.1.2 三视图的形成

前面学习了空间点、线、面的三面投影及作图方法。若将平面立体置身于由 $V-H-W$ 构成的三投影面体系中，分别向三个投影面进行正投影（见图 3-2），便可得到物体的三面投影图。在工程制图中，将物体的正面投影、水平投影和侧面投影分别称为主视图、俯视图和左视图。这可理解为：以视线作为投射线，主视图为视线正对着正立投影面所看到的物体形状，俯视图和左视图可理解为视线分别正对着水平投影面和侧立投影面所看到的物体形状。与得到空间点的三面投影图类似，若将 $V-H-W$ 三投影面体系展开，即得到物体的三面投影图，简称为三视图，如图 3-3 所示。

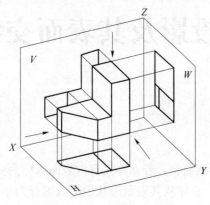

图 3-2　物体三视图的由来

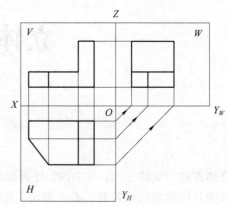

图 3-3　三视图展开

3.1.3　三视图的投影规律

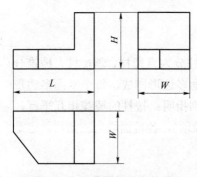

图 3-4　三视图的对应关系

通常，三视图不必画出各投影面的界限，各投影轴也省略不画，如图 3-4 所示。若将 X、Y、Z 三个投影轴方向的尺寸分别视为物体的长、宽、高，则三视图的投影规律归纳如下：

主视图和俯视图——长对正；

主视图和左视图——高平齐；

俯视图和左视图——宽相等。

从图 3-4 中还可以看出，主视图不仅反映了物体的长度和高度尺寸，还确定了物体的上、下、左、右 4 个方位；俯视图不仅反映了物体的长度和宽度尺寸，还确定了物体的前、后、左、右 4 个方位；左视图不仅反映了物体的高度和宽度尺寸，还确定了物体的上、下、前、后 4 个方位。

物体三视图的这些投影规律和位置关系在以后的画图和读图中经常用到，整个物体的投影，以及物体上的点、线、面等局部结构遵循同样的规律。尤其是物体的"前、后"最容易出错，下面有一规律可遵循：对于俯、左视图靠近主视图的一侧为物体的后面，远离主视图的一侧为物体的前面。因此，根据"宽相等"作图时，不仅要注意量取尺寸的起点，还要注意量取尺寸的方向。

3.2　平面立体的投影及其表面上的点、线

平面立体的表面由平面多边形围成，而平面多边形的边是相邻表面的交线（棱线、底边），

多边形的顶点是各棱线或棱线与底边的交点。因此，画平面立体的投影图，就是要画出构成平面立体的各平面多边形和各条交线及交点的投影，并区分可见性（将可见线的投影画成粗实线，不可见线的投影画成细虚线）；其实，也是空间各种位置直线、各种位置平面及它们之间相对位置和投影特性与作图方法的综合运用。

3.2.1　棱柱

1. 棱柱的投影分析

图 3−5（a）所示为一直立五棱柱的投影，五棱柱的上下底面均为水平面，因此，上下底面的水平投影重合且显实形。其正面投影和侧面投影均具有积聚性。五棱柱的五个棱面中，后面（后棱面）为正平面，其正面投影显实形，另两投影具有积聚性。其余四个棱面均为铅垂面，其水平投影均具积聚性，另两个投影均不显实形，为相应棱面的类似形。以上是从平面的空间位置来分析其投影特性的，如果从线的角度去分析各棱线的空间位置和投影特性，将是如何？建议读者自行分析。

2. 棱柱投影图的画法

如图 3−5（b）所示，画棱柱的投影图，一般应先画其上下底面多边形的三面投影，然后将上下底面对应顶点的同面投影连接起来即为各棱线的投影，最后再对棱线的投影区分可见性即可。

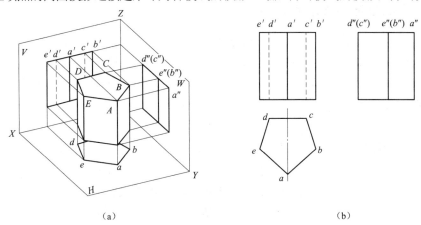

(a)　　　　　　　　　　　　　　　　　(b)

图 3−5　五棱柱的三面投影图

3.2.2　棱锥

1. 棱锥的投影分析

图 3−6（a）所示为一直立四棱锥 $S-ABCD$，底面 $ABCD$ 为水平面，其水平投影 $abcd$ 显实形，正面投影 $a'b'c'd'$ 和侧面投影 $a''b''c''d''$ 具有积聚性。而 4 个棱面均为一般位置平面，其三面投影为三个类似形。从线的角度分析：棱线 SA、SC 为正平线，其正面投影 $s'a'$、$s'c'$ 显实长；棱线 SB、SD 为侧平线，其侧面投影 $s''b''$、$s''d''$ 显实长，而底面四边形 $ABCD$ 在同一水平面上，因此 4 条边均为水平线，水平投影均显实长。

2. 棱锥投影图的画法

画棱锥的三面投影图，如图 3−6（b）所示。一般应先画出其底面多边形 $ABCD$ 的三面投影 abcd、a'b'c'd'和 a"b"c"d"，再画出顶点 S 的三面投影 s、s'和 s"，然后将顶点 S 的三面投影和底面各顶点的同面投影相连，便得到棱锥的三面投影图。

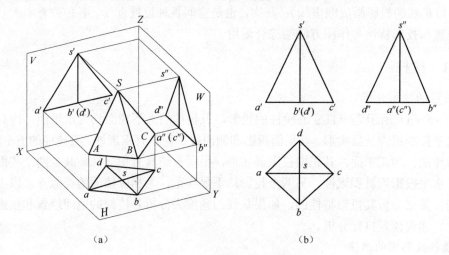

（a）　　　　　　　　　　　　　（b）

图 3-6　四棱锥的三面投影图

3.2.3　平面立体表面取点、线

由于平面立体的表面均为平面图形和直线段，所以表面取点的作图问题可归结为前面学过的在平面上取点、取线作图方法的具体应用，下面分别举例说明。

【例 3-1】图 3-7 所示为正六棱柱的三面投影图，在其表面上，已知 A、C 两点的正面投影 a'、c'和点 B 的水平投影 b。求 A、B、C 三点未知的两个投影。

投影分析与作图如下：

从已知条件得知，A 点的正面投影 a'为可见，所以 A 点必位于左前棱面上。由于左前棱面的水平投影具有积聚性，所以 A 点水平投影 a 必然积聚在该棱面的积聚性的投影上；对正投影下来便可定位。A 点的侧面投影 a"应位于该棱面的侧面投影上，a"的高度应与 a'平齐，其前后位置可量取 Y_a 确定之。B 点的水平投影 b 已知且可见，所以 B 点应位于顶面上，b'应位于顶平面有积聚性的投影上，从其水平投影 b 直接对齐上去便可定位确定之。侧面投影 b"也积聚在顶平面上，其前后位置可由 Y_b 确定。C 点的正面投影在最前棱面的右边棱线上，根据点从属于线的投影规律，便可直接在对应的棱线上定位确定，如图 3-7 所示。

【例 3-2】图 3-8 所示为直立三棱锥的三面投影图，已知表面上 M、N、H 三点的一个投影 m'、n'、h'。试求三点未知的两个投影。

投影分析与作图如下：

如图 3-8 所示，由于 M 点的正面投影 m'位于棱线 SA 的正面投影 s'a'上，根据点从属于线的投影规律，可直接在对应棱线的投影上求出其未知投影 m、m"。N 点的正面投影 n'位于棱线 SB 上，由于该棱线为侧平线，直接对正投影下来求水平投影 n 不易定位（只能用"点分线段的定比不变性"求得），为此，可根据 n'先求出其侧面投影 n"，再利用 Y_n 确定其水平投影 n。H 点的正面投影位于右前棱面 S-A-B 上，可通过其正面投影 h'过锥顶作一辅助线 s'1'，并求出该辅助线的未知投影 s1 和 s"1"以确定点 H 的未知投影 h、h"。也可过 h'点作平行于对

应底边 *ab* 的辅助线 2'*h*'来确定。作此种辅助线有时显得更为方便，在后面要学习的"平面与立体相交"求截交线作图时一定会用到。

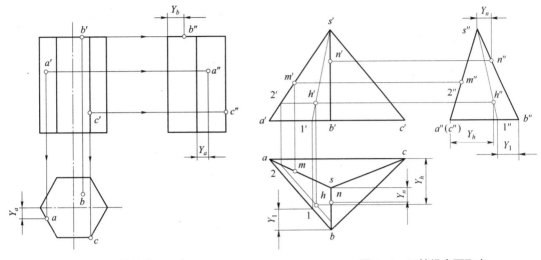

图 3-7 六棱柱表面取点　　　　　图 3-8 三棱锥表面取点

3.3　常见回转体的投影

曲面立体由曲面或曲面与平面围成。工程中常见的曲面立体是回转体，回转体由回转面或回转面与平面围成。常见的回转体有圆柱、圆锥、圆球和圆环等。在回转体表面上取点、线的作图与在平面上取点、线作图原理相同，要取回转面上的点必先过此点取该曲面上的线（直线或曲线）；要取回转面上的线，必先取曲面上能确定此线的两个或一系列的已知点。

3.3.1　圆柱

1. 圆柱的形成和投影

圆柱是由圆柱面和上顶面、下底面围成的。圆柱面是由直线绕与其平行的轴线旋转而形成的。

图 3-9 所示为一个正圆柱的三面投影。由于圆柱的轴线为铅垂线，其正面和侧面的投影是两个相同的矩形，而水平投影是反映上顶面、下底面实形的圆，同时，此圆又积聚了圆柱面上的所有点和线。

在正面投影中，矩形的上、下两边是圆柱顶、底平面的投影，长度等于圆的直径，矩形的左、右两边为圆柱面正视转向轮廓线 AA_0、CC_0 的投影，它们为圆柱面最左与最右两条铅垂素线，其侧面投影与轴线重合，画图时不需要表示；而水平投影分别积聚于圆周并在圆的水平中心线上，它们把圆柱分成前后两半，在正面投影中，前半圆柱面可见，后半圆柱面不可见。

同样，在侧面投影中，侧视转向轮廓线 BB_0、DD_0 分别为圆柱面最前与最后两条轮廓线素线，其正面投影与轴线重合，画图时也无须表示；而其水平投影分别积聚于圆周并在该圆周与左右对称中心线的交点上。它们把圆柱分成左、右两半，在侧面投影中，左半圆柱面可见，右半圆柱面不可见。

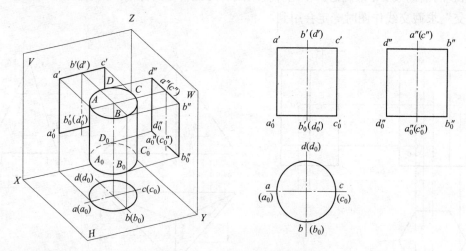

图 3-9 一个正圆柱的三面投影

2. 圆柱表面上的点和线

在圆柱表面上定点的作图原理可利用积聚性。

【**例 3-3**】如图 3-10（a）所示，已知圆柱的三面投影以及点Ⅰ和线段ⅡⅢ的正面投影，求作Ⅰ点和线段ⅡⅢ的水平投影和侧面投影。

作图步骤如图 3-10（b）所示。

1）求点Ⅰ的水平投影和侧面投影 1、1″。由 1′ 可知，点Ⅰ在左、前圆柱表面上，其水平投影 1 必积聚在左前圆周上。于是，由 1′ 投影连线与左前圆周相交得 1，由 1′、1 据三面投影规律求得 1″，且正面和侧面投影均可见。

2）求线段ⅡⅢ的水平投影和侧面投影 23、2″3″。类似 1）中Ⅰ点的投影作图，便可求Ⅱ、Ⅲ点的水平投影和侧面投影 2、3 和 2″、3″。由于线段ⅡⅢ铅垂，水平投影积聚为一点，同时，由于线段ⅡⅢ在右前柱面，故正面投影可见，而侧面投影不可见，用细虚线画出。

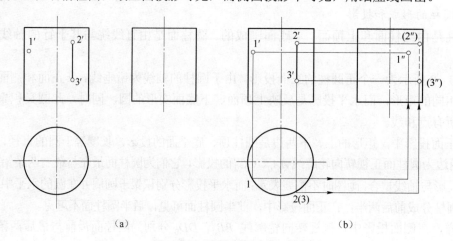

（a）　　　　　　　　　　　　　　（b）

图 3-10 圆柱表面取点、线

3.3.2 圆锥

1. 圆锥的形成和投影

圆锥由圆锥面和底面围成。圆锥面是由直线绕与它相交的轴线旋转而形成的。

图 3—11 所示为一个正圆锥（轴线与锥底圆垂直）的三面投影。由于轴线铅垂，其正面投影和侧面投影为全等的等腰三角形；而水平投影是反映锥底实形的圆。

在正面与侧面投影中，等腰三角形的两腰分别为圆锥面正视转向轮廓线 SA、SB 和侧视转向轮廓线 SC、SD 的投影。SA 与 SB 分别为圆锥面最左与最右两条正平素线，其侧面投影和水平投影分别与轴线和水平中心线重合，画图时不需表示。它们把圆锥面分为前后两半，前半面在正面投影中可见，而后半面不可见；SC 与 SD 分别为圆锥面最前与最后两条侧平素线，其正面投影和水平投影分别与轴线和竖直中心线（垂直于水平中心线）重合，画图时同样不需表示。它们把圆锥面分成左、右两半，在侧面投影中，左半面可见，右半面不可见。

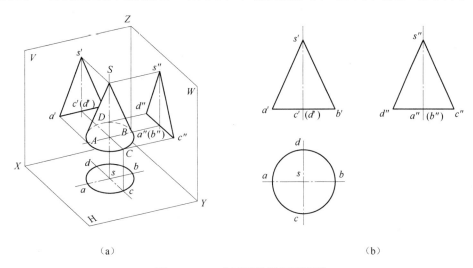

（a）　　　　　　　　　　　　　　　　（b）

图 3—11　一个正圆锥的三面投影

2. 圆锥表面上的点

在圆锥表面上取线定点的作图原理与在平面上取线定点相同，即过锥面上的点作辅助线，点的投影必在辅助线的同面投影上。在圆锥表面上有两种简易辅助线可取，一种是正截面上的纬圆，一种是过锥顶的直素线。

【例 3—4】 如图 3—12 和图 3—13 所示，已知圆锥的三面投影以及左前锥面上的点 A 的正面投影 a'。求作点 A 的水平投影和侧面投影 a、a'。

方法一，取直素线为辅助线（见图 3—12）。

在图 3—12 中，过 a' 作直线 $s'b'$，完成过点 A 直素线 SB 的正面投影，再作出它的水平投影 sb 和侧面投影 $s''b''$，a 和 a'' 必分别在 sb 和 $s''b''$ 上，由于点 A 属于左前锥面上的点，因此正面与侧面投影均可见，又由于锥顶在上方，点 A 水平投影也可见。

方法二，取水平纬圆为辅助线（见图 3—13）。

在图 3—13 中，过 a' 作与轴线垂直的水平线（在空间，此线为水平面的正面投影）与正视转向轮廓线的投影相交，交点到轴线间的距离即为水平纬圆的半径，由此画出该圆的水平投影。因点 A 在左前锥面上，故由 a'向下引投影连线与左前纬圆的水平投影相交得 a，于是确定了空间点 A 的空间位置。若要完成第三投影，根据三面投影规律由 a'和 a 便可求得 a"。可见性讨论同上。

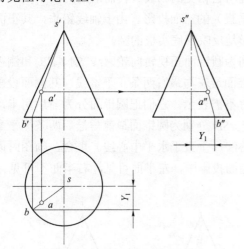 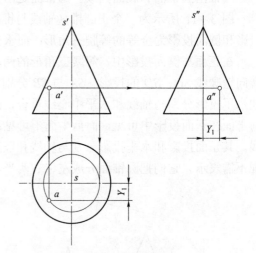

图 3－12　用直素线求点的投影　　　　　图 3－13　用水平纬圆求点的投影

3.3.3　圆球

1. 圆球的形成和投影

圆球由单一球面围成。球面可看成是半圆绕其直径（轴线）回转一周而形成的。

图 3－14 所示为一个圆球的三面投影。圆球三面投影均为大小相等的圆，其直径等于圆球直径，分别为圆球的正视转向轮廓线 A、俯视转向轮廓线 B 和侧视转向轮廓线 C 在所视方向上的投影。正视转向轮廓线 A 是球面上以球心为圆心的最大的正平圆，其正面投影是反映该圆大小的圆 a'，其水平投影和侧面投影 a、a"分别与水平中心线和垂直中心线重合，画图时不需表示。正视转向轮廓线 A 又把圆球分成前后两半，其正面投影重影，前半球面可见，后半球面不可见。俯视与侧视转向轮廓线的投影情况也类似，建议读者自己分析。

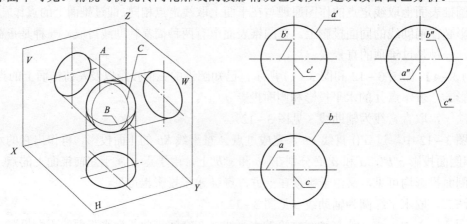

图 3－14　一个圆球的三面投影

2. 圆球表面上的点

【例3−5】图3−15给出圆球的三面投影以及球面上点 A 的正面投影，求作其水平投影和侧面投影 a、a″。

作图步骤如下：

1）过点 A 取水平纬圆。首先过 a′作水平线与正视转向轮廓线相交求得该纬圆直径（即纬圆的正面投影），并完成其水平投影。

2）自 a′引 H 面的投影连线与该纬圆水平投影的左前圆周相交得 a，再由 a′、a 根据三面投影规律求得 a″。

本题过点 A 取正平纬圆或侧平纬圆求点的另两投影也是方便的，其方法类似。

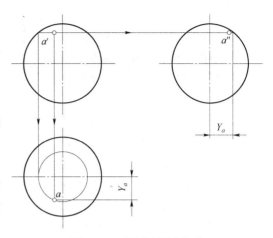

图 3−15　圆球表面上取点

3.3.4　圆环

1. 圆环的形成和投影

圆环是由圆环面围成的立体。如图3−16（a）所示，圆环面是由母线圆绕与其共面的轴线旋转而成的。由母线圆外半圆回转形成外环面，由母线圆内半圆（靠近轴线的半圆）回转形成内环面，母线圆的上、下两点回转后形成了内、外环面的上、下分界圆。母线圆上离轴线最远点和最近点旋转后分别形成了最大圆和最小圆，是上、下两半环的分界圆。

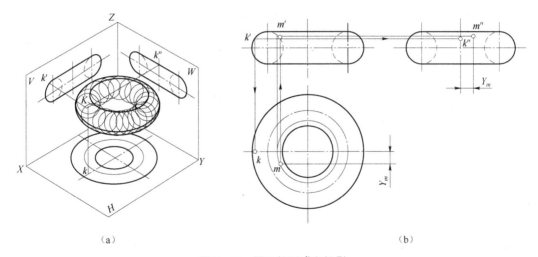

（a）　　　　　　　　　　　　　　　（b）

图 3−16　圆环的形成和投影

（a）圆环的形成；（b）圆环的三面投影和表面取点

图3−16（b）所示为轴线是铅垂线的圆环的三面投影。在正面投影中，左右两圆和与该两圆相切的两条公切线均是圆环面正视转向轮廓线的投影：其中两圆是圆环面最左、最右两素线圆的投影，实半圆在外环面上，虚半圆属于内环面（该半圆被前半环遮挡），这两素线圆把圆环面分为前、后两个半环。在正面投影中，前半外环面可见，其他部分均不可见；其中

上、下两条公切线是内、外环面的上、下分界圆的投影，它们是内、外环面的分界线。在水平投影中，要画出最大圆和最小圆的投影，即圆环面俯视转向轮廓线的投影，它们把圆环分成上、下两半环，上半环面水平投影可见，下半环面不可见。水平投影中的细点画线圆是母线圆心轨迹的投影，且与内外环面上的上、下分界圆的水平投影重合，圆环的侧面投影与正面投影类同。

绘图时，注意各转向轮廓线的另外两投影都与轴线重合，不需表示；另外，轴线、中心线必须画出。

2. 圆环表面上取点

圆环面是回转面，母线圆上任何一点的回转轨迹是与轴线垂直的圆。所以，圆环表面上取点利用纬圆作辅助线。

【例3-6】图3-16（b）所示的圆环三面投影中，已知点 M 的水平投影和 K 点的正面投影，要求完成其余投影。

作图步骤：过点 M 作水平纬圆的投影，点 M 的其余投影必在该辅助纬圆的同面投影上，完成其两面投影。点 K 在环面的最左素线圆上，所以不必再利用水平纬圆作图，该素线圆是现成的简易辅助线，点 K 的其余两投影必在素线圆的同面投影上。

由于点 K 属于上半外环面上的点，故水平投影可见；点 K 又属于左半外环面上的点，故侧面投影也可见。而点 M 属于内环面上的点，故正面投影和侧面投影均不可见。

3.4　平面与立体的交线（截交线）

图3-17所示为机床顶尖和拉杆头的简化立体图。使用中，由于端部需加工成平面，于是产生了平面与立体相交及求截交线的问题。

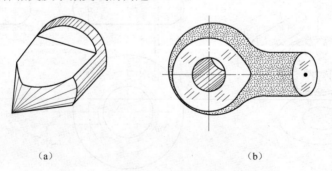

（a）　　　　　　　　　　　　　（b）

图3-17　机床顶尖和拉杆头的简化立体图

（a）机床顶尖；（b）拉杆头

平面与立体相交可视为立体被平面所截，该平面称为截平面，截平面与立体的交线称为截交线。学习平面与立体的相交问题，就是学习如何较准确地求出立体表面的截交线。

由分析得知，截交线为截平面与立体表面的共有线，该共有线是由那些既在截平面上又在立体表面上的共有点集合而成的。因此，求截交线问题可归结为求截平面与立体表面一系列共有点的作图问题。

3.4.1　平面与平面立体表面的交线

平面与平面立体的交线为封闭的多边形。多边形的顶点一般为平面立体的棱线与截平面的交点。常见的情况为特殊位置平面与立体相交。由于特殊位置平面投影具有积聚性，所以立体的棱线与截平面的交点，可利用截平面有积聚性的投影直接定位求出。下面主要讨论特殊位置平面与立体相交求截交线的作图方法与步骤。

【例 3-7】如图 3-18（a）所示，三棱锥 $S-ABC$ 与正垂面 P 相交，求截交线的投影。

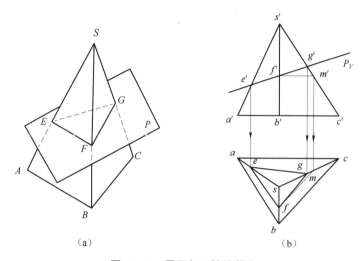

（a）　　　　　　　　　　　（b）

图 3-18　平面与三棱锥截交

作图分析：由于截平面 P 为正垂面，P_V 为正面迹线，如图 3-18（b）所示。因此截交线的正面投影积聚在 P_V 上，可直接利用各棱线与 P_V 的交点求得。为此应先求出各交点的正面投影 e'、f'、g'，再求其水平投影 e、f、g，然后顺次连接各交点的同面投影，便求得截交线的水平投影 $\triangle efg$。截交线的正面投影积聚在 P_V 上，用粗实线表示即可。

有关截交线可见性的判别，可根据各段交线所在表面的可见性来确定。可见表面上交线的投影为可见，用粗实线画出；不可见表面上交线的投影为不可见，用虚线画出。

【例 3-8】图 3-19 所示为被截切的五棱柱，求截交线的投影。

作图分析：截切可视为截平面与立体表面相交，其截痕为截交线，求法与前例类同。应该指出的是，截交线（五边形）的顶点 A、B、E 是对应棱线与截平面的交点。而顶点 C、D 是截平面与五棱柱顶平面的交线端点。C、D 两点既在顶面上又分别在右前棱面和最后棱面上，还在截平面上（三面共点

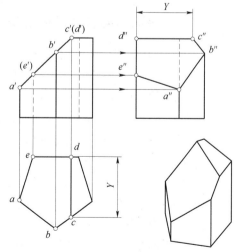

图 3-19　被截切的五棱柱

原理），截交线的正面投影积聚在截平面上，部分水平投影积聚在各棱面的积聚性的投影上，重点求截交线的侧面投影。

作图步骤从略。

【例3-9】图3-20所示为切口三棱锥。此切口可视为一个完整的三棱锥被一水平面和一正垂面截切而成（棱线 SA 被截去的一段，其投影用双点画线假想表示之）。

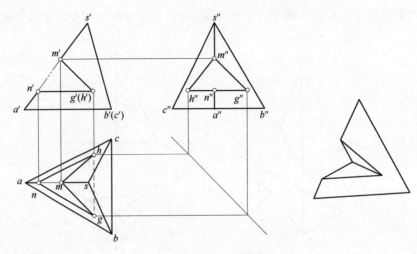

图3-20　切口三棱锥

作图分析：可以想象，由于水平截平面平行于底面，因此与棱锥的前后两棱面的交线 NG、NH 分别平行于底边 AB、AC。正垂截平面与棱锥前后两棱面的交线为 MG、MH。由于两截平面都垂直于正立投影面 V，所以其交线 GH 为正垂线，G、H 两点可视为该正垂线与前后两棱面的交点。GH 线的正面投影 g'(h') 积聚为一点；水平投影 gh 不可见，用虚线画出。

作图步骤从略。

3.4.2　平面与回转体表面的交线

平面与回转体表面的截交线通常为平面曲线，如图3-21（a）所示。

由图3-21可以看出截交线有下列性质：

1）截交线是截平面与回转体表面的共有线，它既在截平面上，又在回转体的表面上。截交线上的点是截平面与回转体表面的共有点。

2）截交线一般为封闭的平面曲线，特殊情况是两条平行直线或两条相交直线。

3）截交线的形状取决于两个因素：① 回转体的形状；② 截平面与回转体轴线的相对位置。

求截交线的方法：由于截交线是截平面与回转体表面的共有线，截交线上的点是截平面与回转体表面的共有点。因此，求截交线的问题可归结为求一系列共有点的问题。

求共有点的作图方法有两种：

1）辅助线法。在立体表面上引辅助线，求辅助线与截平面的交点。为了作图简便，常取立体表面上的直素线或辅助纬圆作为辅助线来求共有点，图3-21（a）、（b）分别表示共有点 M 的求法。

2）辅助平面法。利用三个面相交必有一共有点（即三面共点原理），作一辅助平面 Q 与立体相交得一交线为水平辅助圆 E；辅助平面 Q 与截平面 P 的交线为直线 N，则两辅助线 E 和 N 的交点 M 即为共有点，分别如图 3-21（c）、（d）所示。

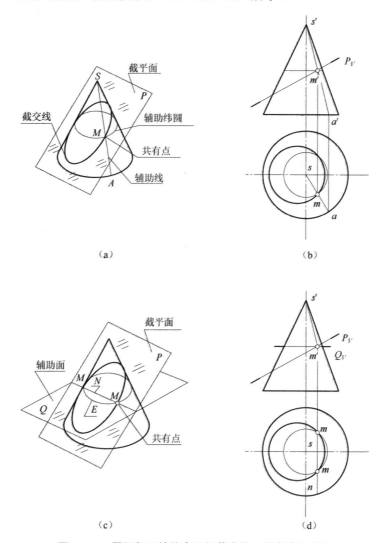

（a）　　　　　　　　　　　　（b）

（c）　　　　　　　　　　　　（d）

图 3-21　平面与回转体表面的截交线及共有点的求法

说明：以上两种求共有点的作图方法实质上是一样的，作辅助面的目的是确定所引辅助线的位置和形状，作图时要看具体情况灵活运用。若立体表面能直接画出辅助线（直素线或纬圆）求共有点，就不必作辅助面。若直接在立体表面上引辅助线求共有点不便，可通过作辅助面求出辅助线。注意，辅助面的位置应使求得的辅助线的投影为简单易画的直线或者圆。

在以后求截交线的各例题中，请读者注意求共有点方法的具体应用。

1. 平面与圆柱面的交线

如表 3-1 所示，平面与圆柱表面相交时，由于截平面与圆柱轴线的位置不同，截交线的形状有三种：两条平行线（平行于轴）、圆（垂直于轴）、椭圆（倾斜于轴）。

表 3-1 平面与圆柱截交线的三种情况

截平面位置	平行于轴线	垂直于轴线	倾斜于轴线
立体图	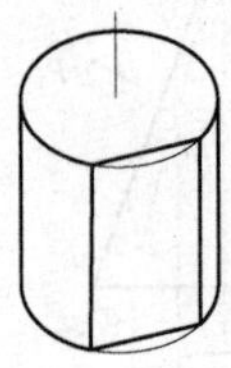	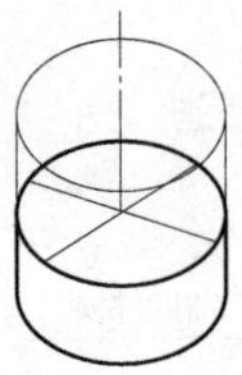	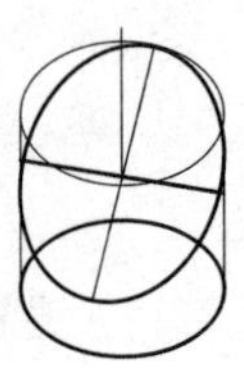
投影图	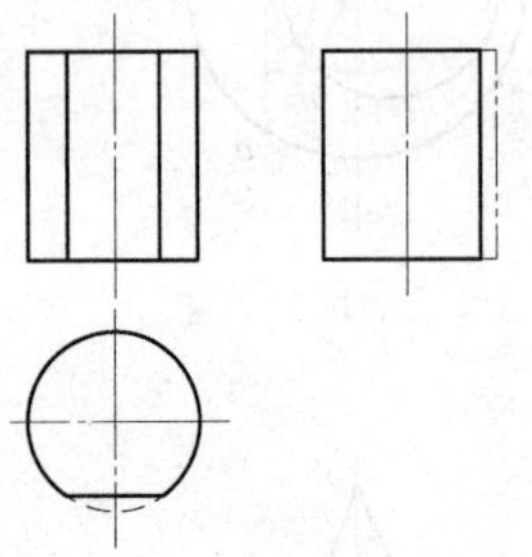	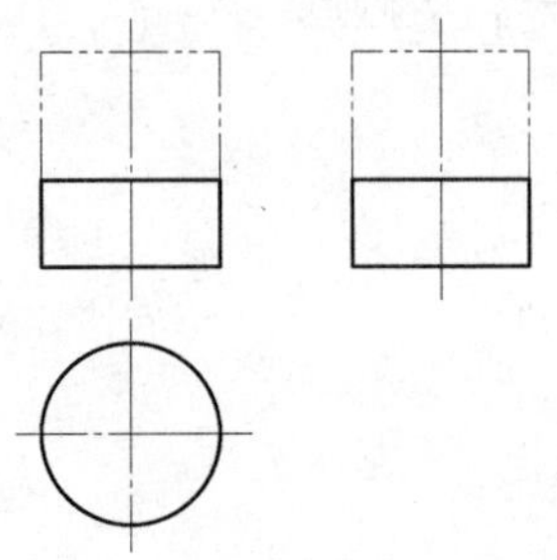	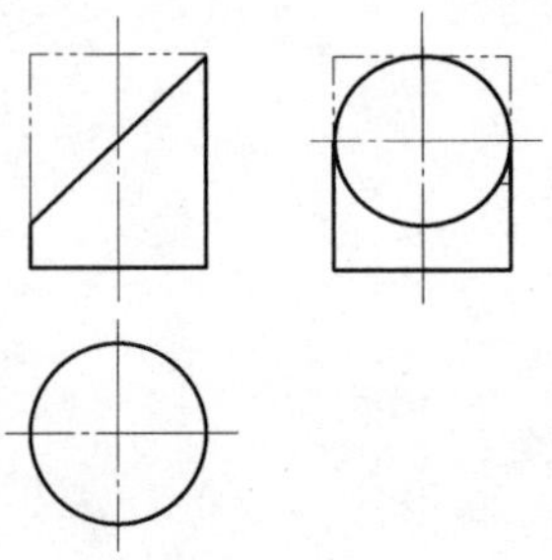

【例3-10】图3-22（a）所示为正垂面 P 与铅垂圆柱相交，求其截交线。

（1）分析

本图例中，圆柱是被倾斜于轴的正垂面 P 所截，截交线的空间形状为椭圆。由于截平面 P 为正垂面，圆柱为铅垂圆柱，因此截交线的正面投影积聚在截平面的正面投影上。其水平投影积聚在圆柱面的水平投影（圆）上，只有其侧面投影待求。

从以上分析可知，由于截交线的两面投影已知，截交线的空间位置和形状已定。因此，可根据截交线有积聚性的两面投影，求出第三面投影。

（2）作图

作图步骤如下：

1）在截交线上先取其特殊点，如图 3-22（b）所示。A、B 为椭圆长轴的端点，C、D 为椭圆短轴的端点。以上 4 个点分别是特殊位置的轮廓素线与截平面的交点，可方便地在水平投影（圆）上确定其位置 a、b、c、d。再在正面投影和侧面投影上对应地求出 $a'b'c'd'$ 和 $a''b''c''d''$。

2）为了较准确地画出椭圆的侧面投影，可在截交线有积聚性的投影上，适当选取 4 个点 M、N、M_1、N_1（这些点可视为圆柱面上的一般位置素线与截平面的交点，故称为截交线的一般点）。重复前面的作图步骤，可先求出它们的水平投影，再求出其侧面投影，如图 3-22（c）所示。

3）依次光滑地连接所求各共有点的同面投影，并区分可见性，完成椭圆的作图，如

图 3-22（d）所示。

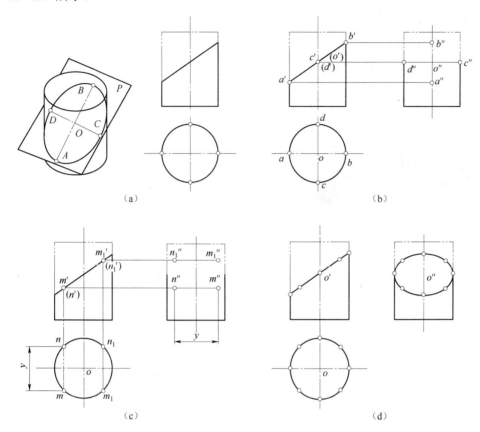

图 3-22　截切圆柱体
（a）题目分析；（b）求特殊点；（c）求一般点；（d）完成截交线

最后特别指明三点：

1）A、B、C、D 4 个点为截交线特殊位置上的点，也是椭圆长、短轴的端点。特殊点一般位于回转体的转向轮廓线上，应尽可能求全。

2）M、N、M_1、N_1 是截交线上的一般位置点，在选取时，位置要适当、个数要适量。

3）作图时还应注意截交线的对称性特点，以简化作图，并使作图准确。

【例 3-11】图 3-23 所示为一切口圆柱，求其截交线的未知投影。

（1）分析

1）由于圆柱轴线为侧垂线，因此为侧垂圆柱，所以截交线的侧面投影积聚在圆柱的侧面投影（圆）上。

2）切口是由侧平面 P、正垂面 Q 和水平面 R 截切圆柱而成的。由于各截平面的正面投影均具有积聚性，因此各截交线的正面投影分别积聚在对应截平面的正面投影上。各截交线的侧面投影均积聚在圆柱面的侧面投影（圆）上。待求的是切口的水平投影。

3）截平面 R 与截平面 P、Q 分别交于正垂线 AA_1、DD_1，且截交线前、后具有对称性。

（2）作图

作图步骤请读者自行分析。

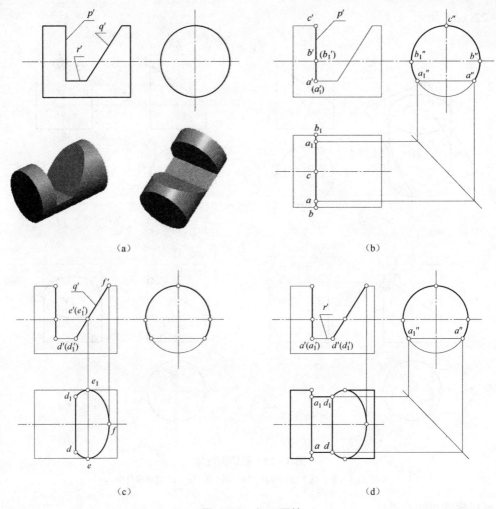

图 3-23　切口圆柱

（a）题目分析；（b）求截平面 P 的交线；（c）求截平面 Q 的交线；（d）求截平面 R 的交线并完成作图

2. 平面与圆锥面的交线

如表 3-2 所示，由于截平面与圆锥轴线位置的不同，其截交线的形状有五种：两相交直线（过锥顶）、圆（垂直于轴线）、椭圆（倾斜于轴并与所有素线相交）、双曲线（平行于轴并平行于两条素线）及抛物线（倾斜于轴并平行一条素线）。这类交线数学上称为圆锥曲线。

表 3-2　平面与圆锥面的交线

截平面位置	过锥顶	垂直于轴线	倾斜于轴并与所有素线相交	平行于轴并平行于两条素线	倾斜于轴并平行于一条素线
立体图					

续表

截平面位置	过锥顶	垂直于轴线	倾斜于轴并与所有素线相交	平行于轴并平行于两条素线	倾斜于轴并平行于一条素线
投影图	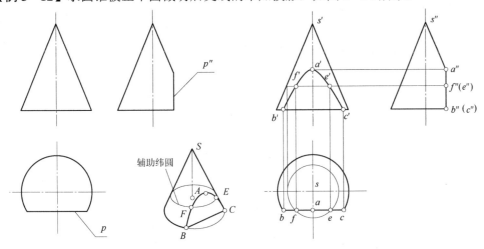				

【例 3-12】 求圆锥被正平面截切后交线的未知投影，如图 3-24 所示。

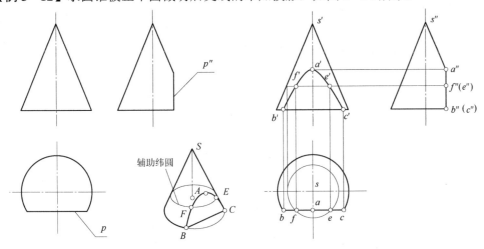

图 3-24　正平面与圆锥截交

（1）分析

1）该圆锥为铅垂圆锥，截平面 P 为正平面，因此截交线为双曲线。其水平投影和侧面投影均积聚在截平面有积聚性的投影上，不需要求，只有截交线的正面投影待求。

2）截平面与圆锥底面相交为一条侧垂线段 BC，该线段的两个端点 B、C 在底圆上。

（2）作图

作图步骤如下：

1）先求决定双曲线轮廓范围的特殊点。截平面与圆锥最前转向轮廓线的交点 A 是双曲线的最高点，与圆锥底圆的交点 B、C 是双曲线的最低点，也是最左、最右点，这些特殊点一般可直接求出。

2）再求截交线上适量的一般点，如 F、E 及其正面投影 f'、e'。f'、e'两点的求法可通过在圆锥表面上直接引辅助圆（或作水平辅助面求得辅助圆），求此辅助圆与截平面的交点 F、E 的水平投影 f、e 而定位。将以上所求的特殊点和一般点的同面投影 b'、f'、a'、e'、c'光滑连接成双曲线的投影即成。注意：一般点取的个数视具体情况而定，方法类同。

【例 3-13】 求圆锥被正垂面截切后的投影，如图 3-25（a）所示。

（1）分析

圆锥的轴线为铅垂线，该圆锥为铅垂圆锥。截平面为正垂面且与圆锥轴线倾斜，其截交线为正垂椭圆，椭圆的正面投影积聚在截平面的正面投影上，水平投影与侧面投影待求。

（2）作图

作图步骤如下：

1）求圆锥正视、侧视转向轮廓线与截平面交点的正面投影 a'、b'、m'、n'，侧面投影 a''、b''、m''、n'' 和水平投影 a、b、m、n。

2）确定椭圆长轴和短轴的四个端点，长轴应位于截平面内且过椭圆中心的正平线上。A、B 为椭圆长轴之端点。根据椭圆长、短轴相互垂直平分的几何关系，可知短轴为正垂线，其正面投影积聚在长轴正面投影的中点上。过长轴中点作一辅助圆，便可求出短轴端点的水平投影 c、d 和侧面投影 c''、d''，如图 3-25（b）所示。

3）再求椭圆上适量的一般点如 E、F、G、H 的三面投影，并光滑连接。一般点的求法还是用"辅助线"法，如图 3-25（c）中 E、F 的求法。也可用"辅助面"法，例如 G、H 的求法。注意：一般点的个数要适量、位置要适当。

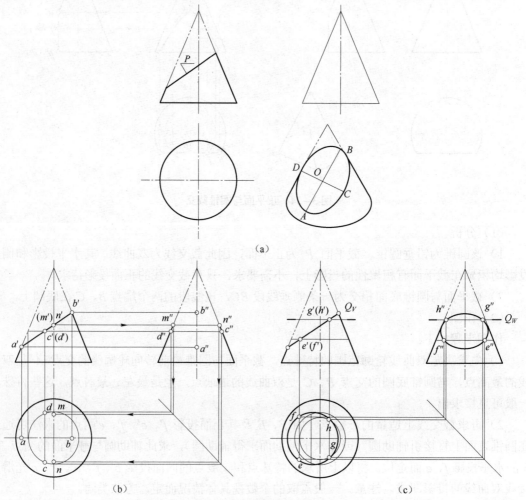

（a）

（b）   （c）

图 3-25　正垂面与圆锥截交

3. 平面与球面的交线

平面与球面相交其截交线都是圆，如图3-26所示。但由于截平面对投影面的位置不同，截交线（圆）的投影可以是圆、椭圆或直线段。当截平面平行于投影面时，截交线在该投影面上的投影反映圆的实形。当截平面倾斜于投影面时，截交线（圆）在该投影面上的投影为椭圆，长轴 CD 的投影为 cd、$c''d''$，短轴 AB 的投影为 ab、$a''b''$。

【例3-14】求球体被正垂面 P 和水平面 Q 截切后的投影，见图3-26。

（1）分析

1）截平面 P 为正垂面，截交线的正面投影具有积聚性，水平投影和侧面投影为椭圆的一部分。

2）截平面 Q 为水平面，截交线的正面投影和侧面投影均具有积聚性，水平投影为圆的一部分。

3）截平面 P、Q 的交线 FE 为正垂线，该正垂线与球面之交点 F、E 是两截交线的连接点。

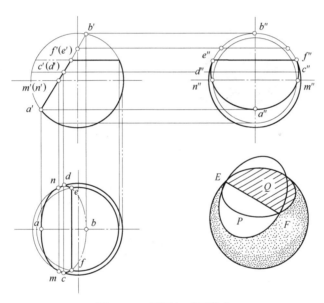

图3-26 平面与球面截交

（2）作图

作图步骤如下：

1）求截平面 P 与圆球的截交线。AB 的水平投影 ab 为水平投影椭圆的短轴，$a''b''$ 为侧面投影椭圆的短轴。CD 的水平投影 cd 和侧面投影 $c''d''$ 分别是水平投影椭圆和侧面投影椭圆的长轴。M、N 两点是球的水平轮廓圆（最大的水平圆）与截平面的交点，也是截交线上的特殊点，正面投影 m'、n' 可直接定位，水平投影 m、n 可由 m'、n' 通过投影连线与最大水平圆的交点求得，然后求其侧面投影 m''、n''。

2）求水平截平面 Q 与圆球的截交线的水平投影（圆），该圆与截平面 P 与球的截交线的水平投影（椭圆）的交点 F、E 为两截交线的连接点。

3）为了准确作图，可用辅助圆法（或辅助面法）求出截交线上适量的一般点，方法同上。

4）用实线画出截交线及应保留的球体轮廓圆的可见投影，完成全部作图。

【例3–15】求半球头螺钉开启槽截交线的投影，如图3–27所示。

（1）分析

1）半球头螺钉的开启槽是由两侧平面 P、P_1 和水平面 Q 对称切割半球而形成的。截平面 P、Q 与半球面的截交线均为圆的一部分。截平面 P 和 Q 相交为一直线段，此线段与半球面的交点 A、C、A_1、C_1 为截交线的侧平圆弧和水平圆弧的连接点。

2）开启槽的正面投影分别积聚在截平面 P 和 Q 有积聚性的投影上，待求的是水平投影和侧面投影。

（2）作图

作图步骤略。

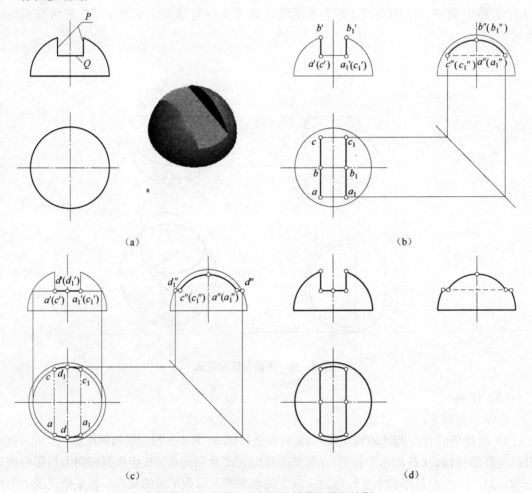

图3–27　半球头螺钉开启槽截交线的投影

（a）题目分析；（b）求两截平面 P 的交线；（c）求截平面 Q 的交线；（d）完成截交线的投影

4. 平面与组合回转体表面的交线

如图3–28所示，当截平面与组合回转体表面相交时，截交线是由截平面与各回转体表面交线组成的复合平面曲线。截交线的连接点应在相邻两回转体的分界（圆）处。为了较准确地画出组合回转体的截交线，应对组合回转体进行形体分析，搞清各段回转体的形状，并求出分界（圆）的位置，然后按形体分析逐个求出它们的截交线，并光滑连接。

【例3-16】求作如图3-28（a）所示机床顶尖头被平面截切后的投影。

（1）分析

1）顶尖头是由侧垂圆锥与圆柱组成的同轴回转体，圆锥底圆与圆柱左端圆重合，该圆是两回转体的分界圆。

2）顶尖头的切口是由平行于轴线的水平面 P 和垂直于轴线的侧平面 Q 截切而成的。由于 P、Q 的正面投影及圆柱的侧面投影均具有积聚性，对应的截交线也具有积聚性，待求的是截交线的水平投影。

3）截平面 P 与 Q 相交于一正垂线，截交线前后具有对称性。

（2）作图

作图步骤如图3-28（b）所示。

① 截平面 P 与圆锥面的交线为双曲线，可先求出其特殊点以确定其形状范围。A 点是圆锥最高轮廓转向线与截平面的交点，可由其正面投影 a' 确定之，再求其水平投影 a 和侧面投影 a''。C、C_1 两点可先求其侧面投影 c''、c''_1，再求其他投影 c、c_1 和 c'、c'_1。可先确定一般点 B、B_1 的正面投影 b'（b'_1），再用辅助圆法求出侧面投影 b''、b''_1，再求其水平投影 b、b_1。

② 截平面 P 与圆柱面的交线是平行于轴线的两条平行线段，可由 C、C_1 两点的水平投影 c、c_1 定位画出，C、C_1 两点为两截交线的分界点。

③ 截平面 Q 与圆柱面的交线是一段侧平圆弧，该圆弧的正面投影和水平投影积聚在截平面上，侧面投影积聚在圆柱面的侧面投影上，作图从略。

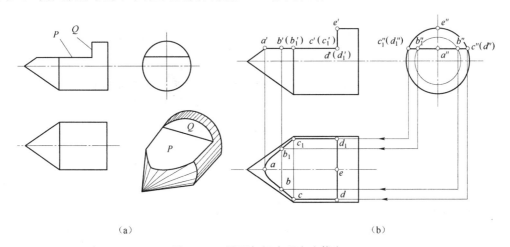

（a）　　　　　　　　　　　　　　　（b）

图3-28　平面与机床顶尖头截交

3.5　两立体表面的交线

两立体表面相交称为相贯，其交线称为相贯线。图3-29所示为机械零件表面上的相贯线。

本节重点研究工程上常见的回转曲面立体之间相贯线的求法。

3.5.1　两曲面立体相贯

两回转曲面立体表面的相贯线，其空间形状一般取决于两回转曲面本身的形状、尺寸大小及其轴线间的相对位置。一般情况下，相贯线是闭合或不闭合的高次空间曲线；而在特殊情况下，相贯线是平面曲线（圆、椭圆或是两条直线）。

图 3-29　立体表面上的相贯线

求作相贯线的方法有表面取线定点法和辅助平面法。

为了准确绘制相贯线的投影，应先求特殊点，如可见与不可见的分界点，以及最高、最低、最前、最后、最左、最右等特征点。求得这些点后，便可在适当的位置上求得相贯线上适量的一般点，然后依次光滑地连接并区分可见性。下面通过实例分别加以介绍。

下面举例说明表面取线定点法求相贯线。

【例 3-17】求轴线正交两圆柱的相贯线，如图 3-30 所示。

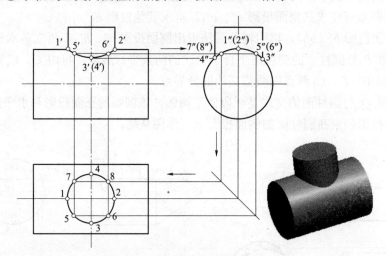

图 3-30　正交两圆柱相贯

（1）分析

由图示可知，小圆柱轴线铅垂，大圆柱轴线侧垂，相贯线的水平投影积聚在小圆柱的圆周上；相贯线的侧面投影积聚在大圆柱的圆周上。又根据相贯线为两曲面所共有的原则，相贯线的侧面投影一定是小圆柱侧视转向轮廓线之间的圆弧部分。相贯线两面投影已知，正面投影待求。由于两圆柱轴线正交，轴线所在的平面为正平面，相贯线前后部分正面投影重合。相贯线上各点的正面投影只要依据三面投影规律便可求出。

（2）作图

作图步骤如下：

1）确认特殊点，并完成其正面投影。在相贯线已知的 H 面与 W 面的两面投影中，依据

"宽相等"的两面投影规律可以确认：Ⅰ（1，1″）、Ⅱ（2，（2″））两点，既是相贯线最左、最右两点，又都是最高点；Ⅲ（3，3″）、Ⅳ（4，4″）两点既是相贯线最前、最后两点，又都是最低点。点的 H 面、W 面投影已经确认，可利用"长对正""高平齐"的投影规律来完成各点的正面投影。Ⅰ、Ⅱ两点的正面投影 1′、2′还可由 V 面投影直接确认，无须作图，因为它们是两圆柱正视转向轮廓线正面投影的交点。

2）一般点的正面投影。在最高与最低点之间的适当位置上取一般点，可根据"高平齐"的投影规律，先找到它们的 W 面投影，如一般点Ⅴ、Ⅵ的 W 面投影 5″、（6″），再根据"宽相等"的投影规律找到Ⅴ、Ⅵ两点的 H 面投影 5、6，然后完成其 V 面投影 5″、6″。

3）光滑地连接各相贯点的正面投影，本题可见性无须判别。

（3）讨论

轴线正交的两圆柱相贯有三种基本形式：

1）两个圆柱外表面相交，见图 3－30。

2）圆柱外表面与圆柱孔内表面相交，如图 3－31 所示的相贯线 A。

3）两个圆柱孔内表面相交，如图 3－32 所示的相贯线 B。

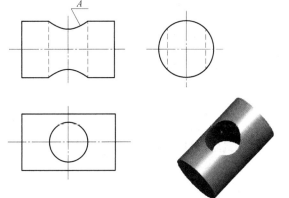

图 3－31　圆柱外表面与圆柱孔内表面相交

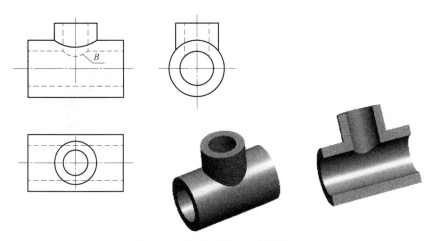

图 3－32　两个圆柱孔内表面相交

实际上，任何平面立体、曲面立体相贯均有上述三种基本形式，在此不一一列举。

【例 3－18】求作轴线垂直交叉两圆柱的相贯线，如图 3－33 所示。

（1）分析

本题与上例的主要区别是两圆柱轴线的相对位置发生了变化，轴线垂直交叉，两圆柱前后偏交，相贯线前后不对称。其余的分析与上例类同。

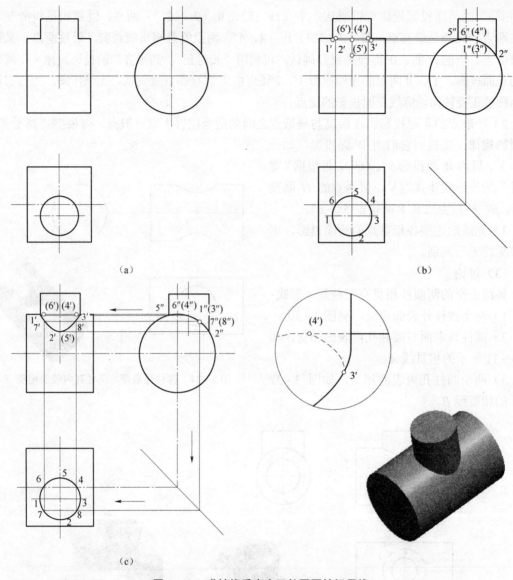

(a)

(b)

(c)

图 3—33   求轴线垂直交叉的两圆柱相贯线

（2）作图

作图步骤如下：

1）确认特殊点并完成其正面投影。了解相贯线的 H 面和 W 面投影，并注意两圆柱前后偏交对相贯线的影响。不难确认，本例有 6 个特殊点 Ⅰ、Ⅱ、Ⅲ、Ⅳ、Ⅴ、Ⅵ，其中，Ⅰ（1，1″）、Ⅲ（3，（3″））两点是铅垂圆柱正视转向轮廓线与侧垂圆柱的贯穿点，是相贯线正面投影可见与不可见的分界点，又分别是最左和最右点；Ⅱ（2，2″）点既是最低点又是最前点；Ⅳ（4，（4″））、Ⅵ（6，6″）两点同是最高点；Ⅴ（5，5″）点是最后点；确认各特殊点两面投影之后，再由三面投影规律完成它们的正面投影，见图 3—33（b）。

2）完成一般点的正面投影。先在相贯线正面投影特殊点之间的适当位置上取线，如在 W 面投影中找到一般点 Ⅶ、Ⅷ 的侧面投影 7″、（8″），继而在 H 面投影中找到这两点的水平投影

7、8，通过这条路线去完成其正面投影 7′、8′，见图 3 − 33（c）箭头所指。

3）连接相贯线并判别可见性。由于铅垂圆柱的遮挡，相贯线正面投影 3′（5′）1′部分不可见，画成虚线。注意，侧垂圆柱正视转向轮廓线被铅垂圆柱遮挡的部分不可见，也画成虚线，见放大图。

（3）讨论

1）若曲面形状及其相对位置不变，而尺寸大小相对变化时，相贯线的形状和位置也将随之发生变化。图 3 − 34 所示为轴线正交的两个圆柱其直径发生变化时，相贯线的形状和位置产生变化的几种情况。

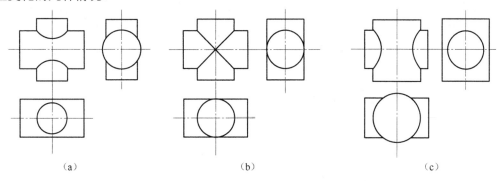

（a）　　　　　　　　　　（b）　　　　　　　　　　（c）

图 3 − 34　直径大小的相对变化对相贯线的影响

2）当回转面轴线之间的相对位置发生变化时，其相贯线的形状和位置也要发生变化。图 3 − 35 所示为位置的相对变化对相贯线的影响情况。

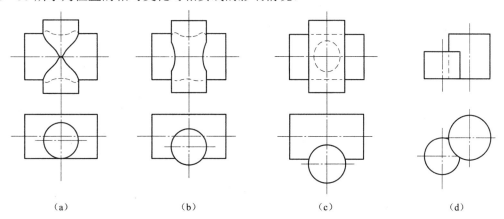

（a）　　　　　　　（b）　　　　　　　（c）　　　　　　　（d）

图 3 − 35　相交的两圆柱，轴线相对位置变化时对相贯线的影响

3.5.2　相贯线的特殊情况

1）共顶的两个锥面或素线相互平行的两个柱面，其相贯线一般是两条直线，如图 3 − 36 和图 3 − 37 所示。

2）当回转面轴线通过球心或两同轴回转面相交时，其相贯线为垂直于轴线的圆，如图 3　38 所示。

3）当两个二次曲面（能用二次方程式表达的曲面）复切（即具有一对公共切点）共切于

第三个二次曲面时，其相贯线一般为两条平面曲线。

相贯的两个二次曲面公共内切于一个球面时，其相贯线一般为两个椭圆，如图 3-39 所示。

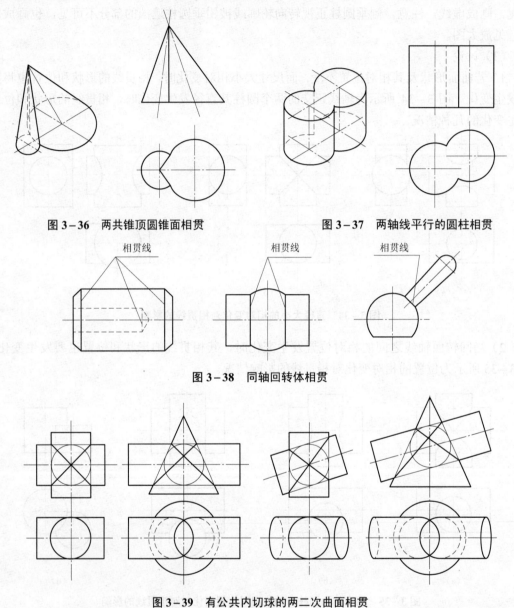

图 3-36 两共锥顶圆锥面相贯   图 3-37 两轴线平行的圆柱相贯

相贯线   相贯线   相贯线

图 3-38 同轴回转体相贯

图 3-39 有公共内切球的两二次曲面相贯

3.5.3 复合相贯

三个或三个以上的立体相交，称为复合相贯。立体表面两两相交所形成相贯线的综合称为复合相贯线，如图 3-40 和图 3-41 所示。

【例 3-19】求作三个圆柱体相贯的相贯线。

（1）分析

图 3-40 所示形体由三个圆柱前后对称组合而成，其中轴线侧垂的 *A*、*B* 圆柱同轴、不等

径、左右叠加，并与铅垂圆柱 C 等 4 个面复合相贯，复合相贯线由 4 条交线、两对复合点复合而成，其中，两条截交线是 A 圆柱左端面 D 与圆柱 C 的截交线。

（2）作图

作图求解过程如图 3-41 所示，作图步骤如下：

① 先求作圆柱 A 左端面 D 与圆柱 C 的截交线 Ⅰ、ⅢⅣ。它们都是铅垂线，水平投影积聚，由圆柱 C 与圆柱 A 左端面 D 的水平投影相交得（1）2、（3）4；其正面投影 1′2′、（3′）（4′）与左端面 D 投影积聚；其侧面投影不可见，画成虚线（1″）（2″）、（3″）（4″）。

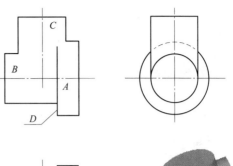
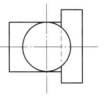

图 3-40　三个圆柱体相贯

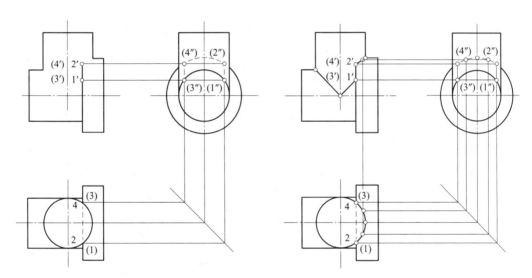

图 3-41　三个圆柱体相交的复合相贯线

② 求复合点。根据三面共点原理，两条截交线与圆柱 A 以及圆柱 B 底圆棱线的交点，必为相贯线的两对复合点 Ⅰ 和 Ⅱ、Ⅲ 和 Ⅳ。

③ 求作圆柱 C 与圆柱 B 的相贯线。由于圆柱 C 与圆柱 B 等径正交，相贯线为两段椭圆弧，正面投影是两段直线，把圆柱 C 与圆柱 B 正视转向轮廓线的交点与公切点的正面投影相连接，便是左半椭圆弧的正面投影；复合点 Ⅰ、Ⅲ 的正面投影与公切点正面投影相连，便是右半椭圆弧的正面投影。

④ 求作圆柱 C 与圆柱 A 的相贯线。由于是两圆柱正交，具体作图方法前面已经讨论过，这里的相贯线只剩下复合点 Ⅱ、Ⅳ 至最高点之间的一小部分，留给读者完成。

⑤ 注意：A 圆柱侧面投影及其水平投影被 C 圆遮挡的部分不可见，应为虚线。

第 4 章

组合体

由基本几何体（如棱柱、棱锥、圆柱、圆锥、圆球、圆环等）通过叠加和切割方式组合而成的立体，称为组合体。

组合体画图、读图及尺寸标注的基本方法是基于对组合体的构形分析。

4.1 组合体的构形分析

任何机器零件，都可以看作组合体。例如轴承座（见图 4-1），可以看作由轴承（圆筒）、支承板、肋板和底板组合而成。

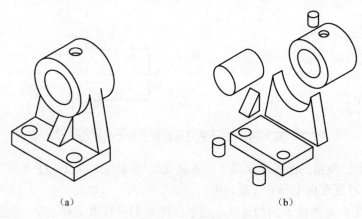

（a）　　　　　　　　　　　　　　（b）

图 4-1　轴承座

4.1.1　组合体的构成方式

组合体的构成方式分为两种基本类型：叠加类和切割类，如图 4-2 所示。图 4-2（a）所示组合体由一个长方体、一个圆柱体和两个三棱柱叠加而成。图 4-2（b）所示组合体由长方体先挖去一大的半圆柱，再挖去一个小的半圆柱，最后切去两个矩形小角而成。图 4-2（c）所示为较复杂的组合体，这类组合体的组合方式往往是叠加和切割两种基本形式的综合。

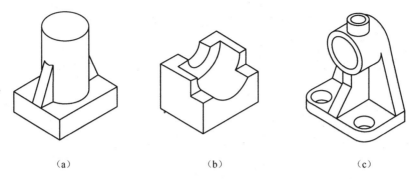

（a）　　　　　　　　（b）　　　　　　　　（c）

图 4-2　组合体的构成方式
（a）叠加；（b）切割；（c）综合

4.1.2　形体间的表面连接关系

根据组成组合体各形体之间的相对位置不同，其表面连接形式可归纳为相接不平齐、相接平齐、相切和相交等 4 种情况，见表 4-1。

表 4-1　组合体各形体结合处的画法

组合方式		直观图	正确画法	错误画法
相接	表面平齐			平齐无线
	表面不平齐			不平齐有线
				应有线

组合方式	直观图	正确画法	错误画法
相切	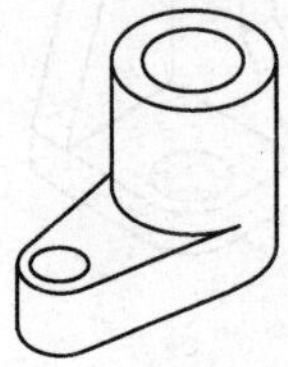	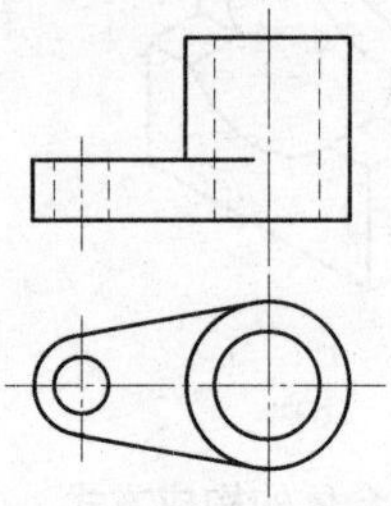	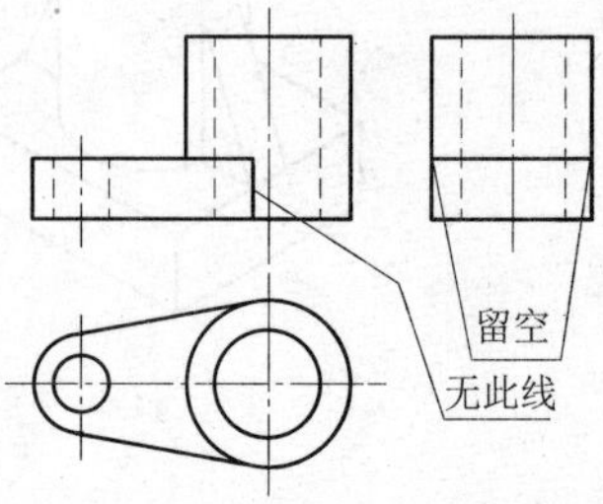 留空 无此线
相交	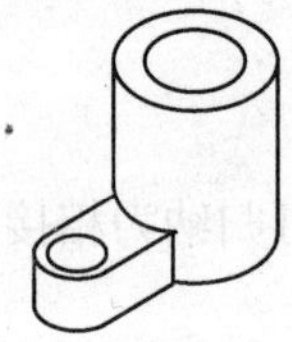	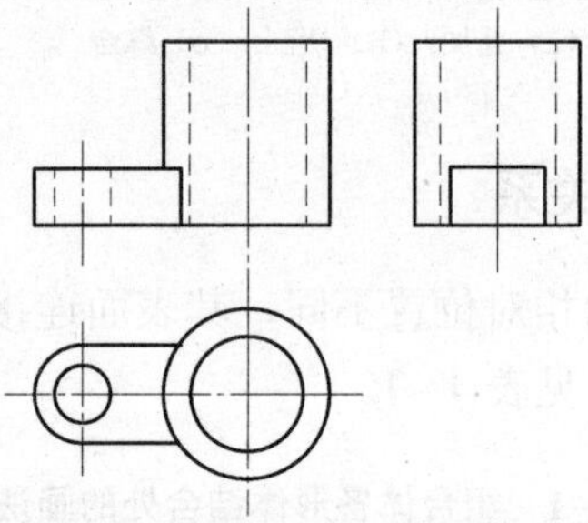	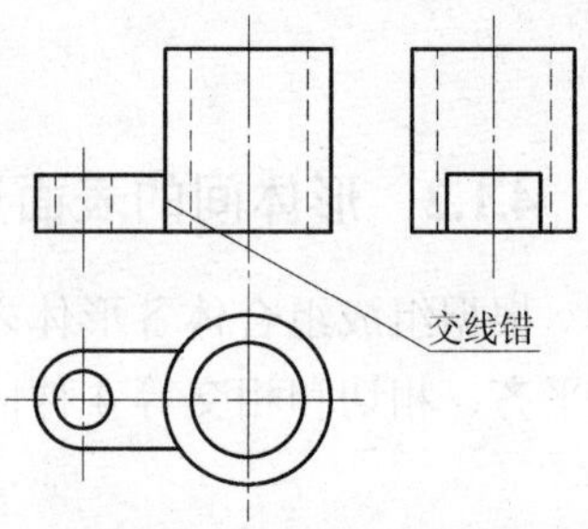 交线错
	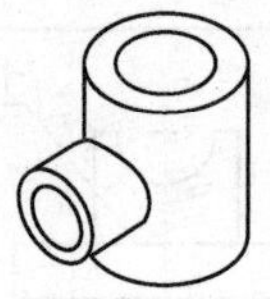	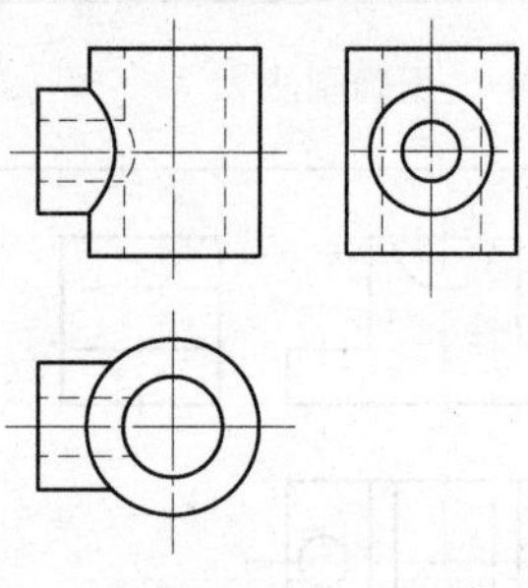	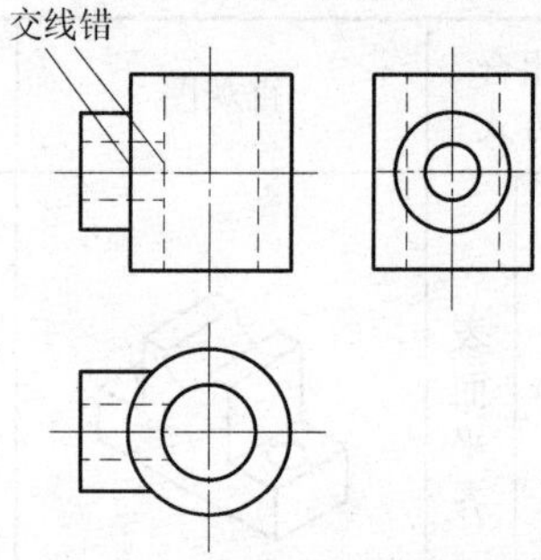 交线错

1. 相接不平齐

当两形体表面不平齐时，中间应有线隔开。

2. 相接平齐

当两形体表面平齐时，中间不应有线隔开。

3. 相切

当两形体表面相切时，画出切点，在相切处不应画切线。

4. 相交（相贯）

当两形体表面相交时，在相交处应画出表面交线。

4.1.3 形体分析法

按照形体特征，假想把组合体分解为若干基本形体，并分析其构成方式和相对位置以及相邻表面间连接形式的方法，称为形体分析法。形体分析法是画图、读图和标注尺寸的基本方法。在画图、读图时使用形体分析法，就能将组合体化繁为简、化难为易。如图4-1所示的轴承座，可把它分为空心圆柱、底板和互相垂直的支承板、肋板等 4 个部分。其中，空心圆柱与底板之间靠支承板连接，该板与空心圆柱的连接方式是相切；肋板和底板是相接，与空心圆柱是相交等。

4.1.4　线面分析法

对于较复杂的组合体，特别是切割后的平面立体，在运用形体分析法的基础上，对局部不易看懂的结构，要按照线面的投影规律来逐个分析表面形状、交线等，这种运用线面的投影性质，分析、确定局部结构的方法，即为线面分析法。如图 4-3 所示的平面立体，被正垂面 Q 和铅垂面 P 切割后，产生一般位置交线 AB，这条交线的投影，需用线面分析法求得。

形体分析法和线面分析法是相辅相成、缺一不可的。在组合体的画图、读图过程中，以形体分析法为主，线面分析法为辅，综合运用才能有效地进行组合体的画图和读图。

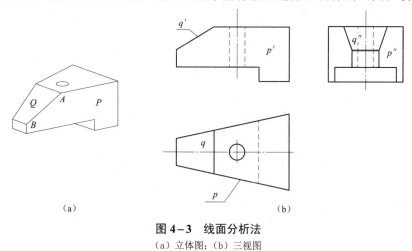

（a）　　　　　　　　　　　　　　　　　　（b）

图 4-3　线面分析法

（a）立体图；（b）三视图

4.2　组合体三视图的画法

画组合体三视图的基本方法是形体分析法。通过构形分析，确定各形体之间的相对位置关系及表面连接关系，逐个画出各形体的投影。

4.2.1　组合体三视图的画图步骤

画组合体三视图的方法和步骤如下：

1. *构形分析*

如前所述，运用形体分析法及线面分析法对组合体进行构形分析。

2. *确定主视图*

组合体应自然安放或使尽可能多的面在投影体系中处于特殊位置。常选择较多地反映组合体形状特征的方向为主视图投影方向。

3. *选比例、定图幅、画图形定位线*

尽量选用 1:1 的比例绘图。常选用形体的对称面、圆的中心线、回转体的轴线或较大的平面作为图形定位线。

4. 逐个画出形体的三视图

要先画主要形体的三视图。画形体的顺序为：先画实形体、后画空形体，先画大形体、后画小形体，先画轮廓、后画细节，三个视图联系起来画。

5. 检查、描深、确认

底稿画完后，按形体逐个检查、纠正和补充遗漏。按标准图线描深，对称图形、半圆或大于半圆的圆弧要画出对称中心线，回转体一定要画出轴线，对称中心线和轴线用细点画线画出。有时，几种图线有可能重合，一般按粗实线、细虚线、细点画线和细实线的顺序取舍。由于细点画线要超出图形轮廓 2～5 mm，故当它与其他图线重合时，在图线外的那段不可忽略。描深后，要再一次检查确认。

4.2.2　组合体三视图画图举例

画组合体三视图时，首先要进行形体分析，在形体分析的基础上选择主视图的投影方向。画图时，先画出可以直接确定的主要形体和位置；然后画出其他形体的形状和位置，并确定各个基本形体之间的相对位置及表面连接关系，正确画出它们的投影；最后检查描深，完成组合体的三视图。下面通过实例说明画组合体三视图的方法和步骤。

【例4-1】轴承座如图4-4所示，试画出其三视图。

（1）形体分析

对组合体进行形体分析时，应弄清楚该组合体是由哪些基本体组成的，它们的组合方式、相对位置和连接关系是怎样的，对该组合体的结构有一个整体的概念。如图4-5所示，按形体分析轴承座可以看作是由凸台1、轴承2、支承板3、肋板4和底板5组成。凸台与轴承垂直相交，轴承与支承板两侧相切，肋板与轴承相交，底板与肋板、支承板叠加。

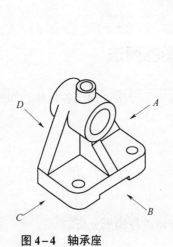

图4-4　轴承座　　　　　　　　图4-5　轴承座的形体分析

1—凸台；2—轴承；3—支承板；4—肋板；5—底板

（2）选择主视图

选择主视图时，首先考虑形体的安放位置，一般尽量使形体的主要平面与投影面平行，或按自然位置安放，然后选择适当的投射方向作为主视图方向。主视图应能最多地反映形体的形状特征，同时使其他视图的可见轮廓线越多越好。因此，一般要通过几种方案的比较，才能确定出最佳的方案。图4-6所示为图4-4中的 A、B、C、D 4 个方向的投影，现在通过比较选择主视图。

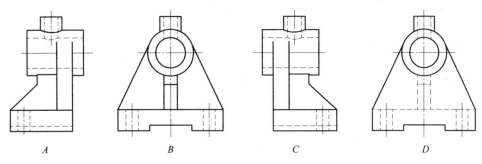

图4-6 轴承座主视图的选择

如果将 D 作为主视图方向，虚线较多，显然没有 B 清楚；C 与 A 的视图都比较清楚，但是，当选 C 作为主视图方向时，它的左视图 D 的虚线较多，因此，选 A 比选 C 好。综合上述，A 和 B 都能反映形体的形状特征，都可以作为主视图方向，在此选用 B 作为主视图方向。主视图一经选定，其他视图也就相应确定了。

（3）画图步骤

画图前，先选择适当的比例，确定图纸的幅面。一般情况下，尽可能选用 1:1 的比例，这样可以方便地画图和看图。画图时，先画出各视图中的主要中心线和定位线的位置；然后按形体分析法分解出各个基本体并确定它们之间的相对位置，用细线逐步画出它们的视图。注意，当画单个基本体的视图时，最好三个视图联系起来画。底稿打完后，认真检查、修改并描深，完成组合体的三视图。具体作图步骤见表4-2。

表4-2 轴承座三视图的具体作图步骤

① 画出各视图的作图基准线，对称轴线，大圆孔中心线和底面、后面的位置线	② 画底板的三视图

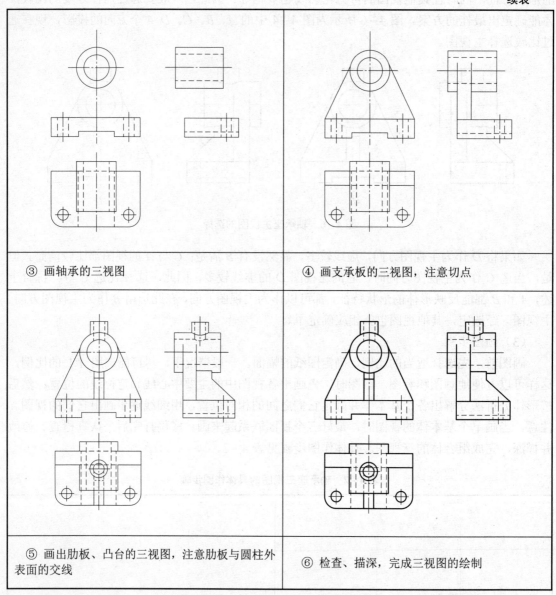

③ 画轴承的三视图

④ 画支承板的三视图，注意切点

⑤ 画出肋板、凸台的三视图，注意肋板与圆柱外表面的交线

⑥ 检查、描深，完成三视图的绘制

【例4-2】切割型平面立体（见图4-3）三视图的画法。

（1）构形分析

该形体的原形为四棱柱。先被正垂面 Q 切割掉一个三棱柱，见图4-3（b）中的主视图。然后被两个前后对称的铅垂面 P 切割掉两个角，不同投影面的垂直面 P、Q 产生一般位置交线 AB，见图4-3（b）中的俯视图。最后被水平面和侧平面切割掉左下角，其中侧平面和 P 又产生交线见图4-3（b）中的左视图。

（2）画图步骤

具体画图步骤如图4-7所示。

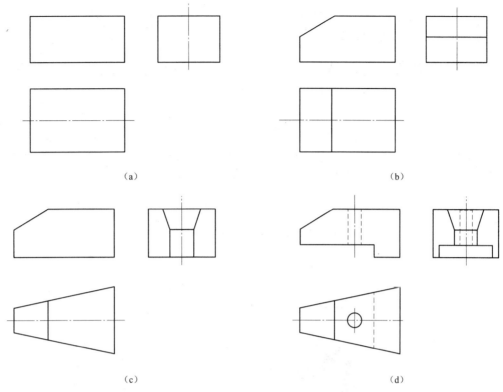

图 4-7 平面切割体三视图的画图步骤

4.3 组合体读图

画图是把空间的组合体用正投影法表示在平面上，是一个由三维空间立体到二维平面图形的表达过程。而读图则是画图的逆过程，是对给定的组合体视图进行分析，按照正投影原理，应用形体分析法和线面分析法从图上逐个识别出形体，进而确定各形体间的组合形式和相邻表面间的连接关系，最后综合想象出完整的组合体形状的思维过程。

4.3.1 读图的基本方法和要点

1. 读图的基本方法

形体分析法和线面分析法是读图的两种基本方法。通常读图多以形体分析法为主，辅以线面分析法。

2. 读图的要点

读图的要点主要包括以下几方面。

（1）从主视图入手，几个视图联系起来看

由于主视图较多地反映组合体的基本形状特征以及各形体之间的相对位置关系，因此，读图时，一般从主视图入手。而通常单一视图不能反映物体的真实形状，因此，只有对照其他的视图，几个视图联系起来看，才能确定物体的真实形状和形体间的相对位置，如图 4-8 所示。

有时两个视图也不能唯一确定物体的形状，如图 4-9 所示的视图，它们的主、俯视图均相同，却表示了不同形状的物体。

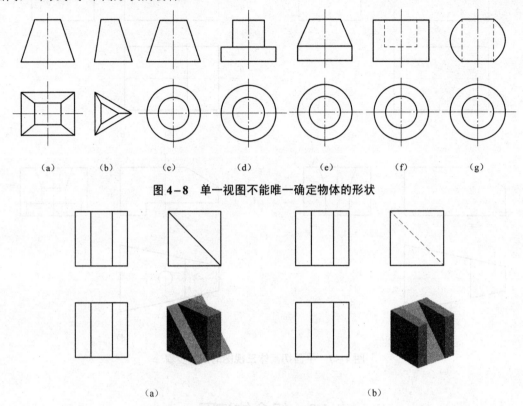

图 4-8　单一视图不能唯一确定物体的形状

图 4-9　有时两个视图也不能确定物体的形状

由此可见，看图时不能只看某一个视图，而应以主视图为主，运用正确的读图方法对照其他几个视图进行分析、判断，才能想象出这组视图所表示的物体形状。

（2）弄清视图中图线和线框的含义

视图是由图线构成的，图线又组成了一个个封闭的线框。视图中每一条线和线框都有它的具体含义。

视图中图线的含义：① 具有积聚性面的投影；② 交线的投影；③ 转向线的投影。

视图中线框的含义：① 一个封闭的线框是一个面的投影；② 相邻两个封闭的线框是位置不同的两个面的投影。

（3）熟悉基本体及常见结构的投影

画图是读图的基础，只有通过画图，熟悉基本体及常见结构的投影，才能快速地由平面视图想象出空间立体。

（4）对照视图反复修改想象中的组合体

读图的过程是不断地对照视图修改想象中组合体的思维过程。只有通过从平面图形到空间立体的反复对照、修改，才能逐渐培养空间想象能力与分析能力，从而提高读图能力。

下面以图 4-10 为例，说明用形体分析法读图的方法和步骤。

1）分线框，对投影。从主视图入手，按照三视图的投影规律，将几个视图联系起来看。

把组合体大致分为几个部分，见图 4-10（a），该组合体可分为Ⅰ、Ⅱ、Ⅲ三个部分。

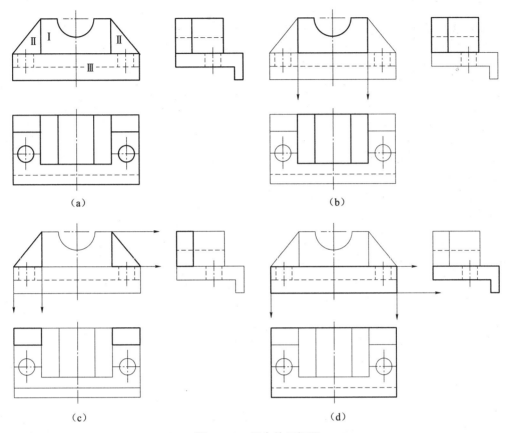

图 4-10　组合体三视图

2）识形体，定位置。根据每一部分的视图想象出形体，并确定它们的相互位置，分别见图 4-10（b）、（c）、（d）。例如，部分Ⅰ为四棱柱上面挖去一个半圆柱；部分Ⅱ为形体相同的两个三棱柱；部分Ⅲ为四棱柱下面挖去一个小棱柱，如图 4-11（a）所示。各部分相对位置关系如下：如以部分Ⅲ为基础，部分Ⅰ位于部分Ⅲ长度方向的中部，与部分Ⅲ的后表面靠齐；部分Ⅱ位于部分Ⅰ的两侧，与部分Ⅲ的后表面靠齐。

3）综合起来想整体。根据各部分的形体分析及其相对位置关系的确定，由此想象出该组合体的空间形状，如图 4-11（b）所示。

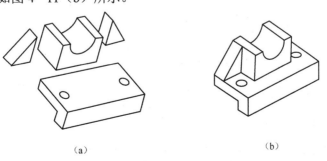

图 4-11　组合体空间形状

4.3.2 读图举例

【例4-3】补全三视图中所缺漏的图线，如图4-12（a）所示。

（1）构形分析

由图4-12（a）可以看出，该物体由4部分组成：中间主体部分是轴线正垂的半个空心圆柱，上部有一铅垂小圆柱，中心钻通孔，主体空心圆柱两旁各有一个半圆形耳板。初步想象出它的空间形状如图4-12（c）所示。

（2）作图过程

按想象的物体形状，分析三视图，可知主要是漏画了截交线、相贯线等。补画出这些交线，如图4-12（b）所示。

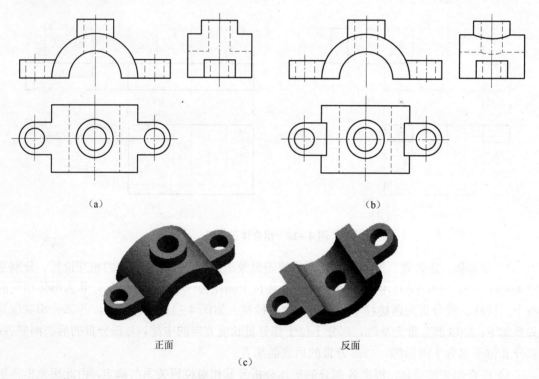

（a）   （b）

正面   反面

（c）

图4-12 补画视图上的漏线

【例4-4】已知物体的主、俯视图［见图4-13（a）］，补画其左视图。

（1）构形分析

俯视图两实线框，分别对应主视图的大、小两个半圆，可知该物体由大、小两个圆柱叠加而成。大半圆柱上面左右挖去两个小圆孔，小半圆柱中间挖去一个圆柱孔，是一个空心半圆柱。在空心半圆柱前方开槽，如图4-13（e）所示。

（2）补画左视图

根据投影规律，逐个画出各基本形体的左视图，步骤如下：

1）画出前后两个半圆柱的投影，如图4-13（b）所示。

2）画出空心半圆柱及两个小孔，如图 4－13（c）所示。

3）画出空心半圆柱前端的切口，如图 4－13（d）所示。

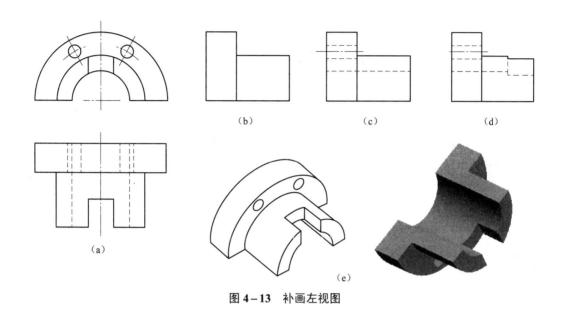

（b）　　　　　　（c）　　　　　　（d）

（a）

（e）

图 4－13　补画左视图

4.4　组合体的尺寸标注

4.4.1　标注尺寸的基本要求

组合体的视图只能表达形体的形状，各形体的真实大小及其相对位置必须由尺寸来确定。因此，标注尺寸应做到以下几点：

1. 正确

尺寸注写要符合国家标准《机械制图》中有关"尺寸注法"的规定。

2. 完整

尺寸必须注写齐全，不遗漏、不重复。

3. 清晰

尺寸的注写布局要整齐、清晰，便于看图。

4.4.2　常见基本体的尺寸标注

组合体的尺寸标注是按照形体分析法进行的，因此必须先熟悉和掌握基本体的尺寸标注方法。对于一些基本体，一般应注出它的长、宽、高三个方向的尺寸，但并不是每一个立体都需要在形式上注全这三个方向的尺寸。例如标注圆柱、圆锥的尺寸时，在其视图上注出直径方向（简称径向）尺寸 ϕ 后，不仅可以减少一个方向的尺寸，而且还可以省略一个视图，因为尺寸 ϕ 具有双向尺寸功能。从表 4－3 中可以了解标注基本体尺寸的　般规律和方法。

表4-3 常见基本体的尺寸标注

正四棱柱	正六棱柱	正四棱台
标注长、宽、高三个尺寸	标注对边距离及高度尺寸	标注上下底面的长、宽及高度尺寸
圆柱	圆台	球
标注直径及高度尺寸	标注上下底圆直径及高度尺寸	标注直径
底板	底板	支承板
标注长、宽、高及圆角半径	标注长、宽、高三个尺寸	标注长、宽、中心高及圆弧半径

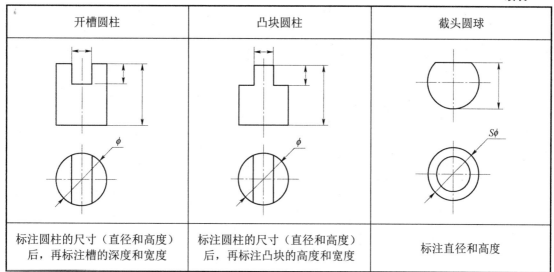

续表

开槽圆柱	凸块圆柱	截头圆球
标注圆柱的尺寸（直径和高度）后，再标注槽的深度和宽度	标注圆柱的尺寸（直径和高度）后，再标注凸块的高度和宽度	标注直径和高度

4.4.3　组合体的尺寸标注

1. 尺寸标注要完整

尺寸标注要完整，就必须应用形体分析法，把组合体分解为若干基本形体，逐个注全各基本形体的定形尺寸、定位尺寸，并恰当地处理组合体的总体尺寸。

关于定形尺寸、定位尺寸和尺寸基准的概念，和前述平面图形的相同。值得注意的是，组合体是三维的。

组合体中每个基本体都有三个方向（长、宽和高）的尺寸和相对位置，故每个方向至少要选定一个标注尺寸的起始点作为基准。在同一方向上根据需要可以有若干个基准，但以其中一个为主要基准，通常选择组合体的底面、顶面、对称中心线、轴线或较重要的端面。图 4-14 中的尺寸基准用箭头"➡"表示。

在研究组合体时，总希望知道组合体所占空间的大小，因此，一般需要标注组合体的总长、总宽和总高。由于组合体的尺寸总数是所有定形尺寸和定位尺寸的数量之和，若再加注总体尺寸就会出现多余尺寸。因此，为了保持尺寸数量的完整，在加注一个总体尺寸的同时，应减少一个同向的定形尺寸，如图 4-15 所示的高度尺寸。有时，为了考虑制作方便，必须标注出对称中心线之间的定位尺寸和回转体的半径（或直径），而不必标注总体尺寸，如图 4-16 所示。另外，带圆角的长方体只标注总体尺寸，而不标注圆弧的定位尺寸，如图 4-17 所示。

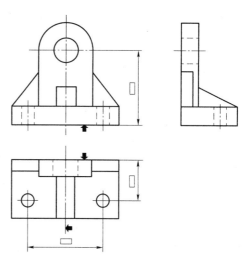

图 4-14　组合休定位尺寸

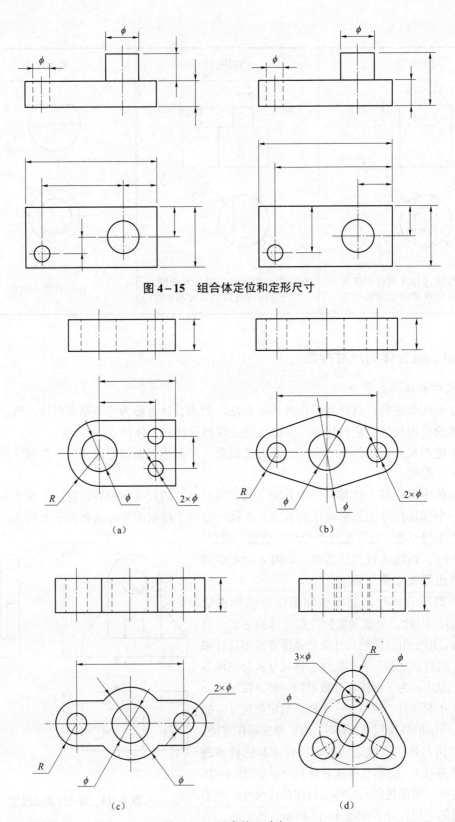

图 4-15　组合体定位和定形尺寸

（a）　　　　　　　　　　　　　（b）

（c）　　　　　　　　　　　　　（d）

图 4-16　组合体尺寸之一

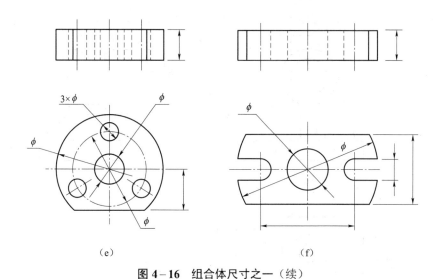

（e）　　　　　　　　　　　（f）

图 4-16　组合体尺寸之一（续）

2. 标注尺寸要清晰

清晰地标注尺寸，是保证尺寸标注完整的前提。在标注尺寸时，除应遵守国标有关"尺寸注法"的规定外，还应注意尺寸的配置要清楚、整齐和便于阅读。为此，在标注尺寸时，应注意以下几点（以图 4-18 为例）：

1）尺寸尽量标注在形体明显的视图上。如直径尺寸尽量标注在投影为非圆的视图上，而圆弧的半径应标注在投影为圆弧的视图上。如轴承座空心圆柱内、外壁的直径 $\phi26$、$\phi40$，凸台内、外壁的直径 $\phi14$、$\phi26$，底板上的圆角 $R16$，支承板和肋板的厚度 12 等。

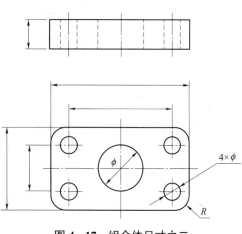

图 4-17　组合体尺寸之二

2）两视图的共同尺寸尽量标注在两视图之间，并标注在视图的外部。为便于按投影规律读图，长度方向尺寸标注在主、俯视图之间，宽度方向尺寸标注在俯、左视图之间，高度方向尺寸标注在主、左视图之间。图 4-18 的大部分尺寸都标注在视图之外。但是，为了避免尺寸界线过长或与其他图线相交，也可标注在视图内部，如肋板的定形尺寸 26、12 和 20 等。

3）同一基本体的尺寸尽量集中标注。如轴承座空心圆柱的定形尺寸 $\phi26$、$\phi40$，集中标注在左视图上；底板的定形尺寸 80、60 和 $2\times\phi15$、$R16$ 以及圆孔的定位尺寸 48、44 等，都集中标注在俯视图上。这样，便于在看图时查找尺寸。

4）尺寸尽量不标注在虚线上。如底板上两小圆孔的尺寸 $\phi15$ 标注在俯视图上，但是凸台的小圆孔 $\phi14$ 如果标注在俯视图上，则因图线太多、地方太窄，不如标注在主视图的虚线上清晰；左视图的尺寸 $\phi26$，为了看图方便而将轴承尺寸集中在一起标注，因而标注在虚线上。

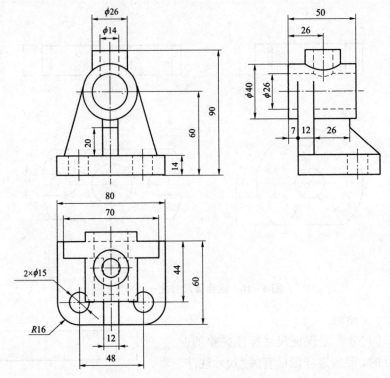

图 4-18 轴承座

5）标注同一方向的尺寸时，应该小尺寸在内，大尺寸在外，以免尺寸线和尺寸界线相交，如主视图上的尺寸 14、60、90 等。

6）交线上不标注尺寸。由于形体间的叠加（挖切）相交时，交线是自然产生的，所以，在交线上不标注尺寸。

4.4.4　组合体尺寸标注的方法和步骤

下面以轴承座（见图 4-18）为例，说明组合体尺寸标注的方法和步骤。

1. 形体分析

对组合体进行形体分析，将其分解成几个简单形体，逐个形体标注其定形尺寸和定位尺寸。这里将其分解为底板、空心圆柱、肋板、支承板和凸台五个形体。

2. 选尺寸基准

选择轴承座左右对称面、后端大面、底面分别为长、宽、高三个方向上的主要基准。

3. 标注各形体的定形尺寸和定位尺寸

（1）底板

定形尺寸有 80、60、14、$R16$、$2×\phi15$，定位尺寸有 44、48。

（2）空心圆柱

定形尺寸有 50、$\phi40$、$\phi26$，定位尺寸有 7、60。

（3）肋板

定形尺寸有 20、26、12。

（4）支承板

定形尺寸有 70、12。

（5）凸台

定形尺寸有 $\phi14$、$\phi26$，定位尺寸有 26。

注意：相同的孔在必要时可注明数量，如 2×$\phi15$；但相同的圆角如 $R16$ 一般不注明数量。

4. 标注总体尺寸

总长尺寸 80，总宽尺寸 60，总高尺寸 90。

4.5　组合体的构形设计

4.5.1　构形设计原则

1. 以基本体为主

几何体构形设计的目的，主要是通过对基本体构成组合体方法的训练，提高空间思维能力。所设计的组合体应尽可能地体现工程产品或零部件的结构形状和功能，以培养观察、分析和综合能力，但又不强调必须工程化。所设计的组合体可以是凭自己想象的，以有利于开拓思维路径，培养创造力和想象力为目的。如图 4-19 所示的组合体，其中图 4-19（a）基本上表现了一部卡车的车体形状，图 4-19（b）为一个简易飞机模型，图 4-19（c）是由圆柱、圆环和圆锥组成的组合体。

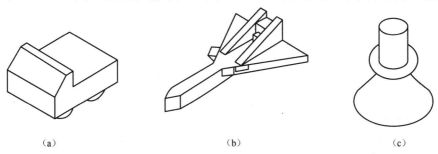

（a）　　　　　　　　　　（b）　　　　　　　　　　（c）

图 4-19　几何体构形示例

2. 构成实体和便于成形

组合体的各组成部分应牢固连接，任意两个形体组合时，不能出现点接触、线接触和面连接，如图 4-20 所示。

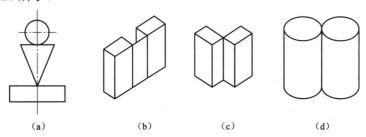

（a）　　　　　　（b）　　　　　　（c）　　　　　　（d）

图 4-20　形体间不能出现点接触、线接触和面连接

（a）点接触；（b）面连接；（c），（d）线接触为便于绘图、标注尺寸和制作，一般采用平面或回转曲面造型，没有特殊需要不用其他曲面。此外，封闭的内腔不便于成形，一般也不采用。

3. 多样化、变异性、新颖性

构成一个组合体所使用的基本体种类、组合方式和相对位置应尽可能多样化，并力求构想出打破常规、与众不同的新颖方案。如图4-21所示，由给定的一个视图可设计出多种组合体。

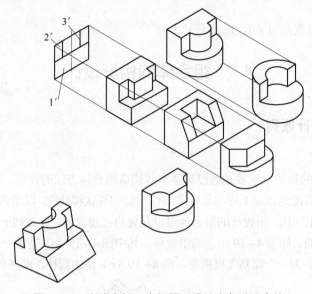

图4-21 由给定的一个视图可设计出多种组合体

4. 体现稳定、平衡等造型艺术法则

均衡和对称形体的组合体给人稳定和平衡感。

4.5.2 组合体构形设计的基本方法

1. 切割法

一个基本立体经数次切割，可以构成一个组合体，如图4-22所示。

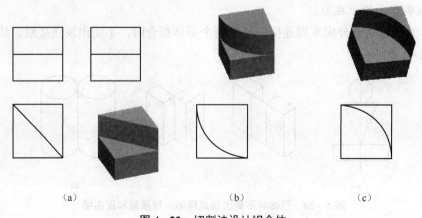

(a)   (b)   (c)

图4-22 切割法设计组合体

2. 叠加法

如给定组合体的某一个或某两个视图，可用叠加组合的方式设计出各种组合体，如图4-23所示。

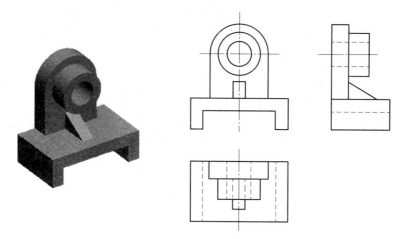

图4-23 叠加法设计组合体

4.5.3 组合体构形设计举例

【例4-5】根据图 4-24（a）所示的主视图、俯视图，试构思各种组合体，并补画左视图。

（1）视图分析

主视图的线框 1′、2′、3′与俯视图无类似形线框对应，必对应横向线 a、b、c，即三个封闭形线框均表示正平面。由于物体有厚度，因此，线框 1′、2′、3′可视为三部分的形体 I、II、III。但三个线框不能靠主、俯"长对正"的投影关系直接在俯视图中找到对应位置，分不清各基本形体之间的相对位置。

鉴于视图表达的形体比较有规则，是柱状类的凸凹形体，宜采用形体设想归谬法进行空间思维，使构思的形体不违背给定的已知条件。

（2）构思多种形体

【设想 I】如图4-24（c）所示，设想线框 1′在前，占前、中、后三层；线框 2′居中，占中、后两层；线框 3′在后，占后层。设想形体的三个部分能组成整体，物体轮廓形状的投影也符合主、俯视图的要求，构思的形体能成立。

【设想 II】如图 4-24（d）所示，在设想 I 形体的基础上，设想在后层挖去与线框 1′所示形状相同的形体，构思的形体也能成立。

【设想 III】如图4-24（e）所示，设想线框 1′和 3′均居中，前者占中、后两层，后者只占中层，线框 2′在前，占前、中两层。设想形体符合视图要求，构思形体也能成立。

【设想 IV】如图 4-24（f）所示，线框 1′居中，占两层；线框 2′在前，占三层；线框 3′居中，占中层。设想形体符合视图要求，构思形体能成立。

【设想 V】如图 4-24（g）所示，在设想 IV 的形体的基础上，设想在后层挖去与线框 1′

所示形状相同的形体，构想形体也能成立。

（3）求作左视图

在补画左视图时，根据该形体是三层结构，均是柱状类形状，因而其左视图都是矩形线框。先画三个线框表示正平面的投影，在左视图中画出表示这三个面凸凹关系的竖向线；然后根据凸凹形体，完成轮廓线的投影，并判断左视图图线的可见性，如图4－24（b）所示。

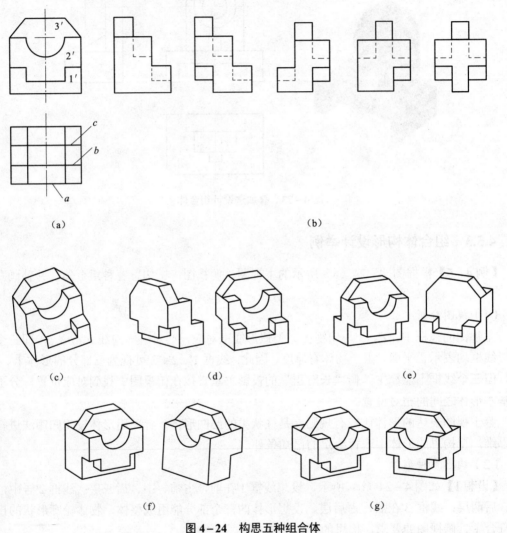

图4－24　构思五种组合体

轴测图

在工程上应用正投影法绘制的多面正投影图，可以完全确定物体的形状和大小，且作图简便，度量性好，依据这种图样可制造出所表示的物体。但它缺乏立体感，直观性较差，要想象物体的形状，需要运用正投影原理把几个视图联系起来看，对缺乏读图知识的人难以看懂。

轴测图是一种单面投影图，在一个投影面上能同时反映出物体三个表面的形状，并接近于人们的视觉习惯，形象、逼真，富有立体感。但是轴测图一般不能反映出物体各个表面的实形，因而度量性差，同时作图较复杂。因此，在工程上常把轴测图作为辅助图样，来说明机器的结构、安装、使用等情况；在设计中，用轴测图帮助构思、想象物体的形状，以弥补正投影图的不足。

多面正投影图与轴测图的比较如图 5－1 所示。

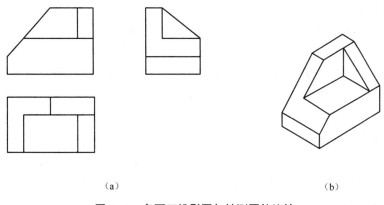

（a）　　　　　　　　　　　　　　　（b）

图 5－1　多面正投影图与轴测图的比较

（a）多面正投影图；（b）轴测图

5.1　轴测图的基本知识

5.1.1　轴测图的形成

轴测图是把空间物体和确定其空间位置的直角坐标系按平行投影法沿不平行于任何坐标

面的方向投射到单一投影面上所得的图形,如图 5-2 所示。

当投射方向 S 垂直于投影面时,形成正轴测图,见图 5-2(a);当投射方向 S 倾斜于投影面时,形成斜轴测图,见图 5-2(b)。

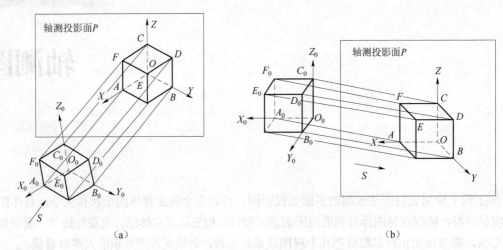

图 5-2 轴测图的形成

(a)正轴测图;(b)斜轴测图

5.1.2 轴测图的基本术语

轴测图的基本术语主要有以下几个。

1. 轴测投影面

被选定的单一投影面称为轴测投影面,用大写拉丁字母表示,如图 5-2 中的 P 面。

2. 轴测轴

空间坐标轴 O_0X_0、O_0Y_0、O_0Z_0 在轴测投影面 P 上的投影 OX、OY、OZ 称为轴测投影轴,简称轴测轴。

3. 轴间角

两个轴测轴之间的夹角 $\angle XOY$、$\angle YOZ$、$\angle ZOX$ 称为轴间角。

4. 点的轴测图

空间点在轴测投影面 P 上的投影,空间点记为 A_0,其轴测投影记为 A。

5. 轴向伸缩系数

直角坐标轴轴测投影的单位长度与相应直角坐标轴上单位长度的比值称为轴向伸缩系数。X 轴的轴向伸缩系数为

$$p_1 = \frac{OA}{O_0A_0}$$

Y 轴的轴向伸缩系数为

$$q_1 = \frac{OB}{O_0B_0}$$

Z 轴的轴向伸缩系数为

$$r_1 = \frac{OC}{O_0C_0}$$

轴间角和轴向伸缩系数是绘制轴测图的重要依据。

5.1.3　轴测图的特性和基本作图方法

1. 轴测图的特性

由于轴测图是使用平行投影法形成的，所以在原物体和轴测图之间必然保持如下关系：

1）若空间两直线相互平行，则在轴测图上仍互相平行。如图 5-2 中，若 $A_0F_0/\!/B_0D_0$，则 $AF/\!/BD$。

2）凡是与坐标轴平行的线段，在轴测图上必平行于相应的轴测轴，且其伸缩系数与相应的轴向伸缩系数相同。

如图 5-2 所示，$DE = p_1 \cdot D_0E_0$，　$EF = q_1 \cdot E_0F_0$，　$BD = r_1 \cdot B_0D_0$。

凡是与坐标轴平行的线段，都可以沿轴向进行作图和测量，"轴测"一词就是沿轴测量的意思。而空间不平行于坐标轴的线段在轴测图上的长度不具备上述特性。

2. 轴测图的基本作图方法

如图 5-3（a）所示，已知点 A_0 的两面投影、轴测轴和轴向伸缩系数，求作点 A_0 的轴测投影。作图方法如图 5-3（b）所示。

1）沿轴测轴 OX 截取 $Oa_x = x \cdot p_1$，得点 a_x。

2）过点 a_x 作平行于 OY 的直线，并在该直线上截取线段 $a_xa_1 = y \cdot q_1$，得点 a_1。

3）过点 a_1 作平行于 OZ 轴的直线，并在该直线上截取线段 $a_1A = z \cdot r_1$，得点 A，点 A 即为点 A_0 的轴测投影。

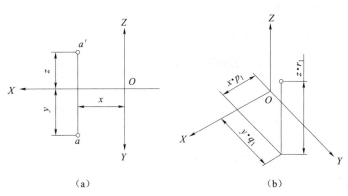

图 5-3　点的轴测投影的基本作图方法

（a）点的投影；（b）用坐标法求作点的轴测图

上述根据点的坐标，沿轴测轴方向确定点的轴测投影的作图方法，叫作坐标法。坐标法是作轴测图的基本方法，掌握点的轴测投影的画法，即可作直线、平面、立体的轴测投影。

5.1.4 轴测图的分类

1. 按投射方向分类

按投射方向对轴测投影面相对位置的不同，轴测图可分为两大类。

（1）正轴测图

投射方向垂直于轴测投影面时，得到正轴测图，见图 5-2（a）。

（2）斜轴测图

投射方向倾斜于轴测投影面时，得到斜轴测图，见图 5-2（b）。

2. 按轴向伸缩系数的不同分类

在上述两类轴测图中，按轴向伸缩系数的不同，每类又可分为以下三种。

（1）正（或斜）等轴测图

正（或斜）等轴测图简称正等测或斜等测，$p_1 = q_1 = r_1$。

（2）正（或斜）二（等）轴测图

正（或斜）二（等）轴测图简称正二测或斜二测，$p_1 = r_1 \neq q_1$，$p_1 = q_1 \neq r_1$，$r_1 = q_1 \neq p_1$。

（3）正（或斜）三轴测图

正（或斜）三轴测图简称正三测或斜三测，$p_1 \neq q_1 \neq r_1$。

国家标准 GB/T 14692—1993 中规定，一般采用正等测、正二测、斜二测三种轴测图，工程上使用较多的是正等测和斜二测，本章主要介绍这两种轴测图的画法。

5.2 正等轴测图

如图 5-4 所示，使空间坐标轴 O_0X_0、O_0Y_0、O_0Z_0 对轴测投影面 P 处于倾角都相等的位置，即各坐标对 P 面的倾角均为 35°16′，并以垂直于轴测投影面 P 的 S 方向为投射方向，这样所得到的正轴测图称为正等轴测图。

5.2.1 正等轴测图的轴间角和轴向伸缩系数

如图 5-5（a）所示，在正等轴测图中，轴间角均为 120°，一般将轴测图 OZ 化成垂直方向，即 OX、OY 都和水平方向成 30°，各轴向伸缩系数均为 $\cos 35°16′ \approx 0.82$。

为了作图简便，将轴向伸缩系数简化为 1，即 $p = q = r = 1$。采用简化轴向伸缩系数作图时，沿各轴向的所有尺寸都可以用实长度量，作图比较方便，但画出的轴测图比原投影放大了1.22 倍（1/0.82=1.22），如图 5-5（b）所示。

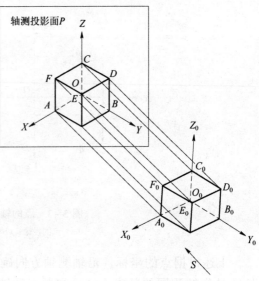

图 5-4　正等轴测图的形成

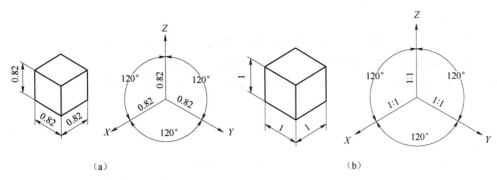

图 5-5 正等轴测图的轴间角和轴向伸缩系数

（a）轴间角；（b）轴向伸缩系数

5.2.2 平面立体正等轴测图的画法

作平面立体正等轴测图的最基本的方法是坐标法。对于复杂的物体，可以根据其形状特点，灵活运用叠加法、切割法等作图方法。

1. 坐标法

根据物体的特点，建立合适的坐标轴，然后按坐标法画出物体上各顶点的轴测投影，再由点连成物体的轴测图。

【例 5-1】如图 5-6（a）所示，已知正六棱柱的两视图，试画其正等轴测图。

作图方法和步骤如下：

1）在视图上确定坐标原点和坐标轴，见图 5-6（a）。

2）作轴测轴，然后按坐标分别作出顶面各点的轴测投影，依次连接起来，即得顶点的轴测图 Ⅰ Ⅱ Ⅲ Ⅳ Ⅴ Ⅵ，如图 5-6（b）所示。

3）过顶面各点分别作 OZ 的平行线，并在其上向下量取高度 H，得各棱的轴测投影，如图 5-6（c）所示。

4）依次连接各棱端点，得底面的轴测面，擦去多余的作图线并加深，即完成了正六棱柱的正等轴测图，如图 5-6（d）所示。

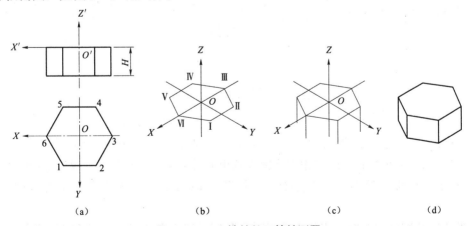

图 5-6 正六棱柱的正等轴测图

（a）视图；（b）作顶面的轴测投影；（c）作棱线的轴测投影；（d）结果

2. 叠加法

对于叠加型物体，运用形体分析法将物体分成几个简单的形体，然后根据各形体之间的相对位置依次画出各部分的轴测图，即可得到该物体的轴测图。

【例5-2】根据图5-7所示平面立体的三视图，用叠加法画其正等轴测图。

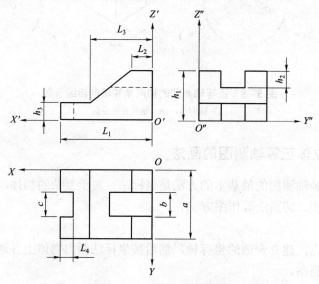

图5-7 平面立体的三视图

将物体看作由Ⅰ、Ⅱ两部分叠加而成。作图步骤如图5-8所示。

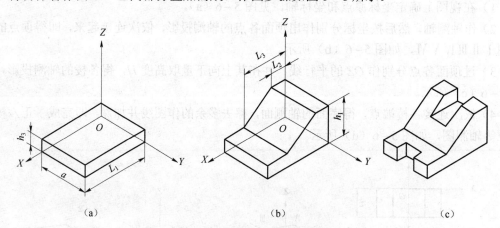

图5-8 用叠加法画正等轴测图

(a) 画形体Ⅰ；(b) 画形体Ⅱ；(c) 画切割部分，整理、加深

1）画轴测轴，定原点位置，画出Ⅰ部分的正等轴测图，见图5-8（a）。

2）在Ⅰ部分的正等轴测图的相应位置上画出Ⅱ部分的正等轴测图，见图5-8（b）。

3）在Ⅰ、Ⅱ部分分别开槽，然后整理、加深，即得到这个物体的正等轴测图，见图5-8（c）。

用折叠法绘制轴测图时，应首先进行形体分析，并注意各形体在折叠时的定位关系，保证形体之间的相对位置正确。

3. 切割法

对于切割型物体，首先将物体看成是一定形状的整体，并画出其轴测图，然后再按照物体的形成过程，逐一切割，相继画出被切割后的形状。图 5-7 所示的物体可以用切割法绘制其轴测图，作图步骤如图 5-9 所示。

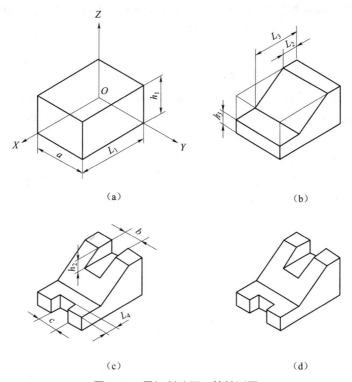

（a）　　　　　　　　　　　　　（b）

（c）　　　　　　　　　　　　　（d）

图 5-9　用切割法画正等轴测图
（a）画切割前长方体；（b）切去左上角四棱柱；（c）在左下侧、右上侧开槽；（d）整理、加深

1）在正投影图中确定坐标原点和轴坐标，此物体可视为由长方体切割而成，因此首先画出切割前长方体的正等轴测图，见图 5-9（a）。

2）在长方体上截去左侧一角，见图 5-9（b）。

3）分别在左下侧、右上侧开槽，见图 5-9（c）。

4）擦去作图线，整理、加深，即完成作图，见图 5-9（d）。

画轴测图时必须注意：由于与坐标不平行的线段，在轴测图上的伸缩系数与轴向伸缩系数不同，因此，画倾斜线时，不能直接量取线段长度，必须先根据端点的坐标画出各端点的轴测投影，然后用线段把它们依次连接起来。

5.2.3　平行于坐标面的圆的正等轴测图

坐标面或其平行面上的圆的正等轴测图是椭圆。三个坐标面上直径相等的圆的正等轴测图是大小相等、形状相同的椭圆，只是它们的长、短轴的方向不同。用坐标法可以精确作出该椭圆，即按坐标定出椭圆上一系列的点，然后光滑连接成椭圆。但为了简化作图，工程上常采用菱形法绘制椭圆。

现以水平面（平行于 XOY 坐标面）上圆的正等轴测图为例，说明用菱形法近似作椭圆的方法，作图步骤如图 5-10 所示。

1）在正投影图上作该圆的外切正方形，见图 5-10（a）。

2）画轴测轴。根据圆的直径 d 作圆的外切正方形的正等轴测图——菱形。菱形的长、短对角线方向即为椭圆的长短轴方向，两顶点 3、4 为大圆弧圆心，见图 5-10（b）。

3）连接 $D3$、$C3$、$A4$、$B4$，两两相交得点 1 和点 2，点 1、2 即为小圆弧的圆心，见图 5-10（c）。

4）以点 3、4 为圆心，以 $D3$、$A4$ 为半径画大圆弧 $\overset{\frown}{DC}$ 和 $\overset{\frown}{AB}$；然后以点 1、2 为圆心，以 $D1$ 和 $B2$ 为半径画小圆弧 $\overset{\frown}{AD}$ 和 $\overset{\frown}{CB}$，即得近似椭圆，见图 5-10（d）。

菱形法绘制椭圆，是用 4 段圆弧代替椭圆，关键是先作出 4 段圆弧的圆心，故此方法也称四心椭圆法。

图 5-11 所示为正方体表面上 3 个内切圆的正等轴测图——椭圆。凡平行于坐标面的圆的正等轴测图均为椭圆，都可以用菱形法作出，只不过椭圆长、短轴的方向不同。椭圆长轴方向是菱形的长对角线方向，短轴方向是菱形的短对角线方向。椭圆的长、短轴与轴测轴有如下关系：

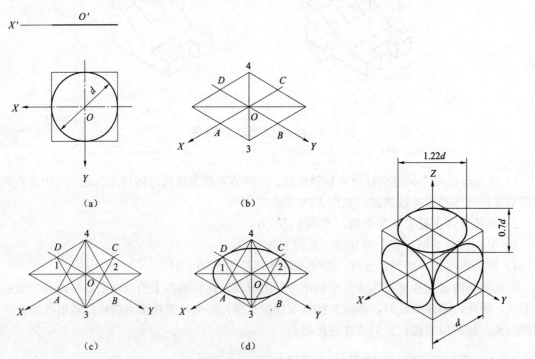

图 5-10　用菱形法绘制水平圆的正等轴测图　　　　**图 5-11　平行于各坐标面圆的正等轴测图**
（a）画外切正方形；（b）画外切正方形的轴测图；
（c）确定圆弧的圆心；（d）画 4 段圆弧

平行于坐标面 XOY 的圆，其正等轴测椭圆的长轴垂直于 Z 轴，短轴平行于 Z 轴。

平行于坐标面 *XOZ* 的圆，其正等轴测椭圆的长轴垂直于 *Y* 轴，短轴平行于 *Y* 轴。

平行于坐标面 *YOZ* 的圆，其正等轴测椭圆的长轴垂直于 *X* 轴，短轴平行于 *X* 轴。

【例 5-3】作如图 5-12（a）所示圆柱的正等轴测图。

作图步骤如图 5-12 所示。

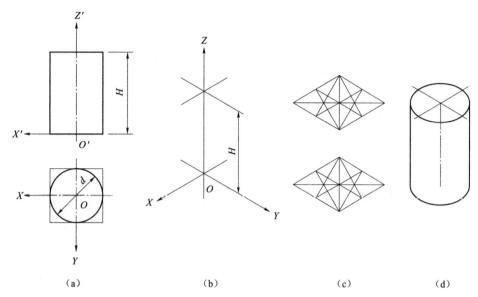

|（a）|（b）|（c）|（d）|

图 5-12　圆柱的正等轴测图

（a）确定坐标轴；（b）画轴测轴，确定顶面、底面位置；（c）画顶圆、底圆轴测图；

（d）作顶圆、底圆公切线，擦去多余图线

1）在圆柱的正投影图上确定坐标原点和坐标轴，并作底面圆的外接正方形。

2）画 *Z* 轴，使其与圆柱轴线重合，定出坐标原点 *O*，截取圆柱高度 *H*，画圆柱顶圆、底圆轴测轴。

3）用菱形法画圆柱顶面、底面的正等轴测椭圆。

4）作两椭圆的公切线，并整理、加深，完成全图。

如图 5-13 所示为三个方向的圆柱的正等轴测图，它们的轴线分别平行于相应的轴测轴，作图方法与上例相同。

5.2.4　圆角正等轴测图的画法

连接直角的圆弧为整圆的 1/4 圆弧，其正等轴测图是 1/4 椭圆弧，可用近似画法作出，如图 5-14 所示。

1）根据已知圆角半径 *R*，找出切点 *A*、*B*、*C*、*D*。

2）过切点分别作圆角邻边的垂线，两垂线的交点即为圆心。

3）以此圆心到切点的距离为半径画圆弧，即得圆角的正等轴测图。

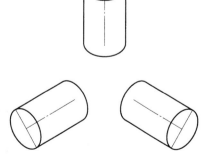

图 5-13　三个方向圆柱的正等轴测图

4）从圆心 O_1、O_2 向下量取板的厚度，得到底面的圆心，分别画出两段圆弧。

5）作右端上、下两圆弧的公切线，整理、加深，完成作图。

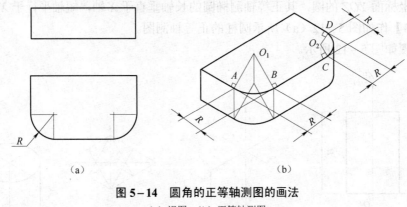

（a） （b）

图 5-14 圆角的正等轴测图的画法

（a）视图；（b）正等轴测图

5.2.5 综合举例

【例 5-4】 图 5-15 所示为一个直角支板的正投影图，试画其正等轴测图。

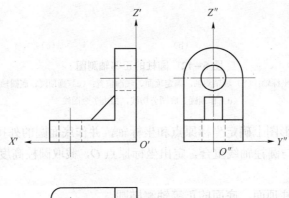

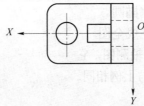

图 5-15 直角支板的正投影图

作图步骤如图 5-16 所示。

1）在正投影图上确定坐标原点和坐标轴，见图 5-15。

2）画底板和侧板的正等轴测图，见图 5-16（a）。

3）画底板上圆孔、侧板上圆孔及上半圆柱面的正等轴测图，见图 5-16（b）。

4）画底板上的圆角和中间肋板的正等轴测图，见图 5-16（c）。

5）擦去作图线，整理、加深，即完成了直角支板的正等轴测图，见图 5-16（d）。

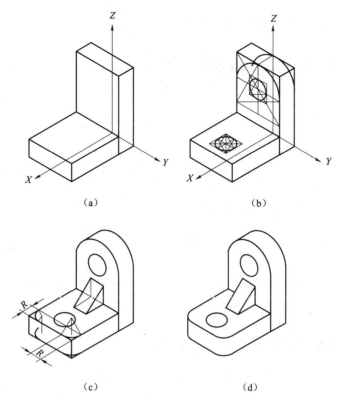

（a）　　　　　　　　　　　　　（b）

（c）　　　　　　　　　　　　　（d）

图 5-16　直角支板正等轴测图的作图步骤

（a）画底板和侧板的正等轴测图；（b）画底板上圆孔、侧板上圆孔及上半圆柱的正等轴测图；

（c）画底板上的圆角和中间肋板的正等轴测图；（d）整理、加深

5.3　斜二轴测图

如图 5-17（a）所示，如果确定立方体空间位置的直角坐标的一个坐标面 *XOZ* 与轴测投影面 *P* 平行，而投影方向 *S* 倾斜于轴测投影面 *P*，这时投射方向与三个坐标面都不平行，得到的轴测图叫（正面）斜轴测图。本节只介绍其中一种常用的（正面）斜二（等）轴测图，简称斜二测。

5.3.1　斜二轴测图的轴间角和轴向伸缩系数

从图 5-17（a）可以看出，由于坐标面 *XOZ* 与轴测投影面 *P* 平行，因此不论投射方向如何，根据平行投影的特性，*X* 轴和 *Z* 轴的轴向伸缩系数都等于 1，*X* 轴和 *Z* 轴间的轴间角为直角，即 $p_1 = r_1 = 1$，$\angle XOZ = 90°$。

一般将 *Z* 轴画成铅直位置，物体上凡是平行于坐标面 *XOZ* 的直线、曲线、平面图形的斜二测图均反映实形。

Y 轴的轴向伸缩系数和相应的轴间角是随着投射方向 *S* 的变换而变化的，为了作图简便，增强投影的立体感，通常取轴间角 $\angle XOY = \angle YOZ = 135°$，*Y* 轴与水平方向成 45°，选 *Y* 轴的

轴向伸缩系数 $q_1 = 0.5$，即斜二测各轴向伸缩系数的关系为

$$p_1 = r_1 = 2q_1 = 1$$

斜二测的轴间角和轴向伸缩系数如图 5-17（b）所示。

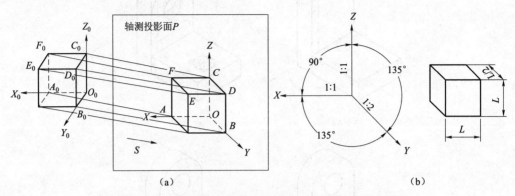

图 5-17　斜二轴测图的形成以及轴间角和轴向伸缩系数

（a）斜二测的形成；（b）斜二测的轴间角和轴向伸缩系数

5.3.2　平行于坐标面的圆的斜二轴测图

如图 5-18 所示，平行于坐标面 XOZ 的圆的斜二测反映实形。平行于另外两个坐标面 XOY、YOZ 的圆的斜二测为椭圆。椭圆的长轴与相应轴测轴的夹角为 $7°10'$，长度为 $1.06d$；其短轴与长轴垂直等分，长度为 $0.33d$。

斜二测的椭圆可用近似画法作出，图 5-19 所示为平行于坐标面 XOY 的圆的斜二测椭圆的画法。作图步骤如下：

1）画圆外切正方形的斜二测，$12=d$，$34=0.5d$，得到一平行四边形。过 O 作直线 AB 与 X 轴成 $7°10'$，AB 即为椭圆的长轴方向，过 O 作 CD 垂直于 AB，CD 即为椭圆的短轴方向，见图 5-19（a）、（b）。

2）在短轴方向线 CD 上截取 $O5=O6=d$，点 5、6 即为大圆弧的圆心，连接 5、2 及 6、1 并与长轴交于 7、8 两点，点 7、8 即为小圆弧的圆心，见图 5-19（c）。分别作大圆弧和小圆弧即得所求椭圆，见图 5-19（d）。

平行于 YOZ 坐标面的椭圆画法类推，只是长、短轴方向不同。

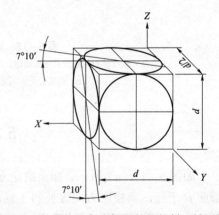

图 5-18　平行于各坐标面的圆的斜二轴测图

5.3.3　斜二轴测图的画法

当物体的正面（坐标面 XOZ）形状比较复杂时，采用斜二轴测图较合适。斜二轴测图与正等轴测图作图步骤相同。

【例 5-5】 根据物体的正投影图（见图 5-20（a））作其斜二轴测图。

作图步骤见图 5－20。

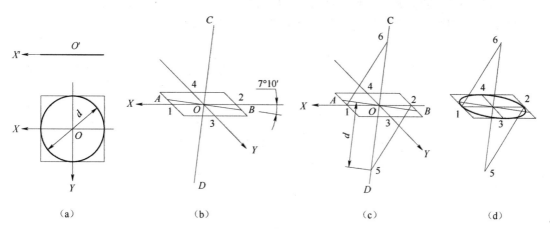

图 5－19　水平圆的斜二轴测图的画法

（a）画外切正方形；（b）画外切正方形的斜二测并确定椭圆长、短轴方向；

（c）确定圆弧的圆心；（d）画 4 段圆弧

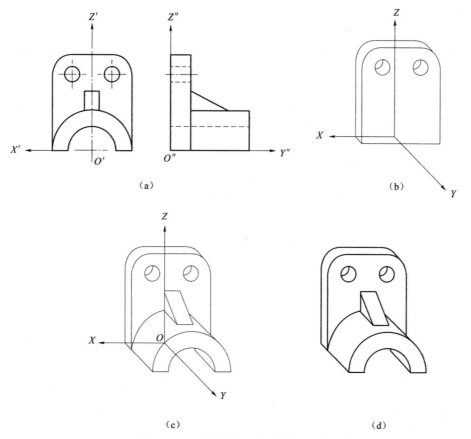

图 5－20　支架的斜二轴测图的画法

（a）已知视图；（b）画竖板及竖板上圆孔；（c）画半圆柱及肋板；（d）整理、加深

1）确定坐标系，见图 5-20（a）。

2）画轴测图，并作出物体上竖板的斜二测，并在竖板上画圆孔的斜二测，见图 5-20（b）。

3）画半圆柱及肋板的斜二测，见图 5-20（c）。

4）擦去作图线，整理、加深，即完成全图，见图 5-20（d）。

第 6 章

机件的常用表达方法

为了使图样能完整、清晰地表达零件各部分的结构形状，便于看图和画图，国家标准《机械制图　图样画法　视图》（GB/T 4458.1—2002）、《机械制图　图样画法　剖视图和断面图》（GB/T 4458.6—2002）以及《技术制图　图样画法　视图》（GB/T 17451—1998）、《技术制图　图样画法　剖视图和断面图》（GB/T 17452—1998）规定了绘制机械图样的各种基本表达方法：视图、剖视图、断面图、局部放大图、简化画法以及其他规定画法等。这些画法是每个制图人员必须遵守的准则。本章主要介绍其中一些常用的表达方法。

6.1　视　　图

视图主要用来表达零件的外部结构形状，可分为基本视图、向视图、局部视图及斜视图。

6.1.1　基本视图

为了表达形状较为复杂的零件，仅限于主、俯、左三个视图，往往不够用。因此，制图标准规定，以正六面体的六个面为基本投影面，如图 6–1 所示，将零件分别向六个基本投影面投影所得到的视图称为基本视图。零件的六个基本视图是由前向后、由上向下、由左向右投影所得的主视图、俯视图和左视图，以及由右向左、由下向上、由后向前投影所得的右视图、仰视图和后视图。这时零件处于观察者和投影面之间，这种投影方法叫作第一角投影法。各基本投影面的展开方法如图 6–2 所示，展开后各视图的配置如图 6–3 所示。基本视图的配置要注意掌握投影规律及位置关系。

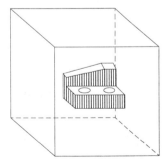

图6–1　六面投影箱

1. 投影规律

当六个基本视图按图 6–3 配置时，仍应保持"长对正、高平齐、宽相等"的投影规律，即主视图、俯视图和仰视图长对正，主视图、左视图、右视图和后视图高平齐，左、右视图与俯、仰视图宽相等。

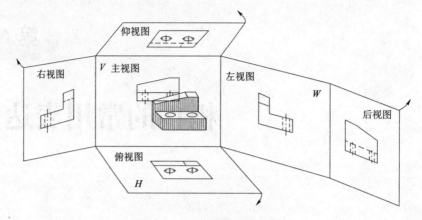

图6-2 六个基本视图的展开

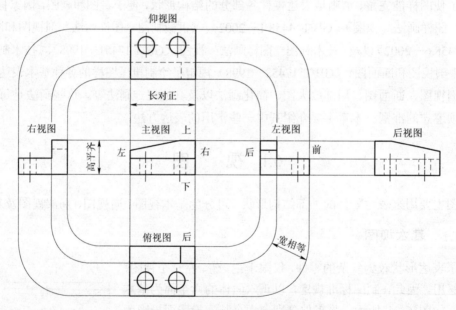

图6-3 六个基本视图的配置

2. 位置关系

六个基本视图的配置，反映了零件的上下、左右和前后的位置关系，见图6-3。特别应注意，左、右视图和俯、仰视图靠近主视图的一侧，反映零件的后面；而远离主视图的外侧，反映零件的前面。在同一张图纸内按图6-3配置视图时，不标注视图的名称。

6.1.2 向视图

向视图是可自由配置的视图。如果视图不能按图6-3配置时，则应在向视图的上方标注"×"（"×"为大写的拉丁字母），在相应的视图附近用箭头指明投射方向，并注上相同的字母，如图6-4所示。

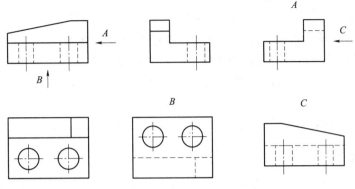

图 6-4　向视图的标注方法

6.1.3　局部视图

将零件的某一部分向基本投影面投影，所得的视图称为局部视图。它适用于表达零件上的局部形状，而又没有必要画出整个基本视图的情况。例如图 6-5 所示零件，采用了一个主视图为基本视图，并配合 A、B、C 等局部视图表达，比采用主、俯视图和左、右视图的表达来得简洁。

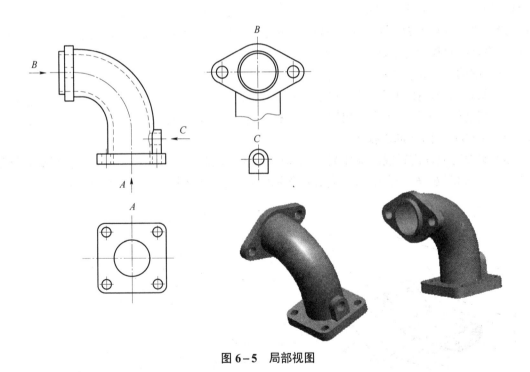

图 6-5　局部视图

局部视图的画法和标注：

1）画局部视图时，一般在局部视图上方标出局部视图的名称"×"，在相应视图的附近用箭头指明投射方向，并注上同样的字母，如图 6-5 中的局部视图。但当局部视图按投影关系配置，中间又没有其他图形隔开时，可省略标注，如图6-6中俯视方向的局部视图。

2）局部视图一般按投影关系配置，如图6-5中的B向局部视图，其视图名称一般省略标注；也可以配置在其他适当位置，如图6-5中的C向局部视图。

3）局部视图的断裂边界应以波浪线表示，见图6-5中的B向局部视图。当所表示的局部结构是完整的，且外轮廓线封闭时，波浪线可省略不画，如图6-5中的A向和C向局部视图。

局部视图A是按第三角投影配置法画出的，此时图名一般不标注。

6.1.4 斜视图

如图6-6（a）所示零件，由于其右方相对于水平投影面和侧投影面是倾斜的，故其俯视图和左视图都不反映实形，这两个视图表达得不清楚，画图比较困难，看图不方便。为了表示该零件倾斜表面的真形，可用换面法，设置一平面P平行于零件的倾斜表面，且垂直于另一基本投影面（V面），然后以垂直于倾斜表面的方向（A向）向P面投影，就得到反映零件倾斜表面真形的视图。

零件向不平行于任何基本投影面的平面投影所得到的视图称为斜视图。斜视图用来表达上倾斜表面的真实形状。将各投影面展开后，得到的各个视图，配置如图6-6（b）所示。应注意的是，由于平面P垂直于V面，这时P面与V面构成两投影面体系，所以，斜视图与主视图间存在"长对正"关系，而斜视图与俯视图存在"宽相等"关系。同理，当获得斜视图的投影平面垂直于H面时，则斜视图与俯视图、主视图存在"长对正""高平齐"的关系，这些关系是画斜视图的依据。

斜视图的画法和标注：

1）斜视图通常按向视图的配置形式配置并标注。

2）斜视图一般只要求表达出倾斜表面的形状，因此，斜视图的断裂边界以波浪线表示，如图6-6（b）中的A向斜视图。

3）必要时允许将斜视图旋转配置，这时表示该视图名称的大写拉丁字母应靠近旋转符号的箭头端（如图6-6（c）中的A向旋转斜视图），也允许将旋转角度标注在字母之后。

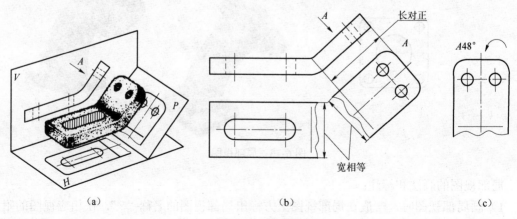

（a）　　　　　　　　　（b）　　　　　　　　　（c）

图6-6 斜视图

6.2　剖　视　图

视图中，零件的内部形状用细虚线来表示，如图 6-7 所示。当零件内部形状较为复杂时，视图上就出现较多细虚线，影响图形清晰度，给看图、画图带来困难，制图标准规定采用剖视的画法来表达零件的内部形状。

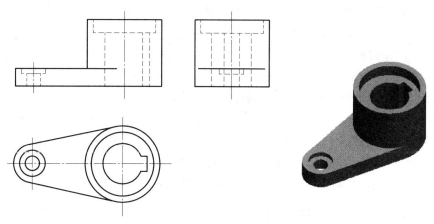

图 6-7　物体的视图与轴测图

6.2.1　剖视图的概念

假想用剖切平面剖开零件，将处在观察者和剖切平面之间的部分移去，而将其余部分向投影面投影所得到的图形称为剖视图，如图 6-8（a）所示。采用剖视后，零件内部不可见轮廓成为可见，用粗实线画出，这样图形清晰，便于看图和画图，如图 6-8（b）所示。

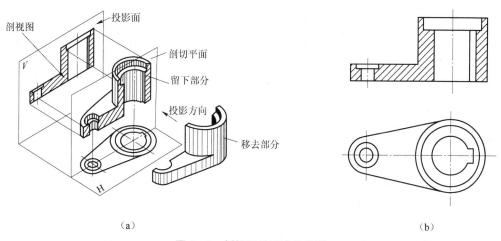

（a）　　　　　　　　　　　　　　　　　　　　　（b）

图 6-8　剖视图的概念和画法

6.2.2　剖视图的画法

按照制图标准规定，画剖视图的要点主要有以下几方面。

1. 确定剖切平面的位置

为了清晰地表示零件内部真实形状，一般剖切平面应平行于相应的投影面，并通过零件的轴线或零件的对称平面（见图 6-8（a））。

2. 剖视图的画法

用粗实线画出零件被剖切平面剖切后的断面轮廓和剖切平面后的可见轮廓。注意不应漏画剖切平面后方可见部分的投影。

剖视图应省略不必要的细虚线，只有在必要时，对尚未表示清楚的零件结构形状才画出细虚线。

由于剖视图是假想的，当一个视图取剖视后，其他视图不受影响，仍按完整的零件画出。

3. 剖面符号的画法

剖视图中，剖切平面与零件接触的部分称为剖面区域。在剖面区域上需按规定画出与机件材料相应的剖面符号，如图 6-9 所示。金属材料的剖面符号，应画成与水平线成 45° 的一组平行细实线。注意，同一零件的各剖视图，其剖面线应间隔相等、方向相同，如图 6-10 所示。当图形的主要轮廓线与水平线成 45° 或接近 45° 时，该图形的剖面线可画成与水平成 45° 或 60° 的平行线，其倾斜的方向仍与其他图形的剖面线一致，如图 6-11 所示。

金属材料（已有规定剖面符号者除外）		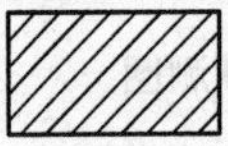	线圈绕组元件	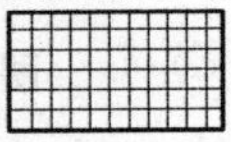	混凝土	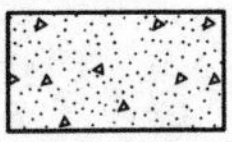
非金属材料（已有规定剖面符号者除外）		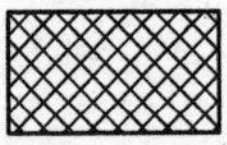	转子、电枢、变压器和电抗器等的叠钢片	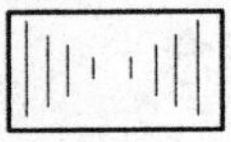	钢筋混凝土	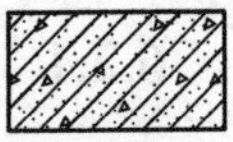
木材	纵剖面	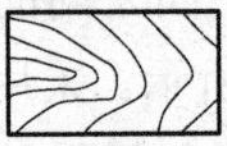	型砂、填砂、砂轮、陶瓷及硬质合金刀片、粉末冶金	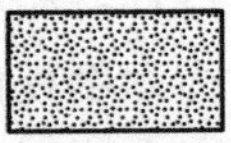	砖	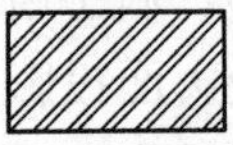
	横剖面	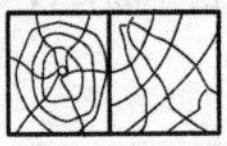	液体	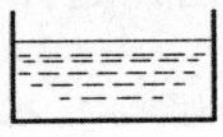	基础周围泥土	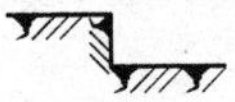
玻璃及供观察使用的其他透明材料		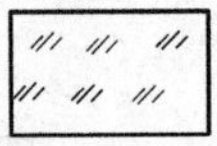	胶合板（不分层次）	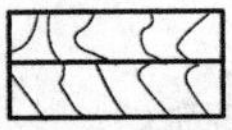	格网	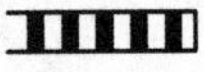

图 6-9　剖面符号

4. 剖视图的标注

为了表明剖视图与有关视图的对应关系，在画剖视图时，应将剖切平面位置、投射方向和剖视图名称标注在相应的视图上。标注内容包括剖切符号、剖视图名称等。

剖切符号：表示剖切平面的位置。在剖切面的起始、转折和终止处画上粗实线（线宽为 1～1.5d，线长为 5～10 mm），应尽可能不与图形的轮廓线相交。

箭头：指明投影方向，画在剖切符号的两端。

剖视图名称：在剖切符号的起始、转折、终止位置标注相同的字母，在剖视图正上方标注相应字母“×—×”，如图 6-10、图 6-11 中的 A—A 剖视图。

当剖视图按投影关系配置，中间又没有其他图形隔开时，可省略箭头，如图 6-10、图 6-11 中的 A—A 剖视表示投影方向的箭头均可省略。

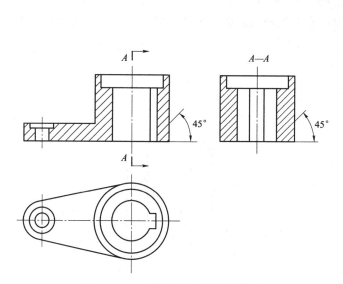

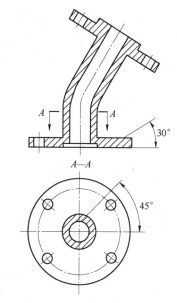

图 6-10 剖视图中的剖面符号画法　　　　**图 6-11 零件主要轮廓线与水平线成 45°**

当剖切平面与零件的对称平面完全重合，且剖切后的剖视图按投影关系配置，中间又没有其他图形隔开时，可省略标注，见图 6-8（b）。

6.2.3 剖视图的分类

制图标准将剖视图分为全剖视图、半剖视图和局部剖视图三类。

1. 全剖视图

用剖切平面完全地剖开零件所得到的剖视图称为全剖视图，见图 6-10。全剖视图运用于外形简单和内部形状复杂的不对称零件。如内外形状都较复杂的不对称零件，必要时可分别画出全剖视图和视图以表达其内外形状。对于空心回转体，且具有对称平面的零件，也常采用全剖视图。

全剖视图除符合上述省略箭头或省略标注的条件外，均应按规定标注。

2. 半剖视图

当零件具有对称平面时，以对称平面为界，用剖切面切开零件的一半所得到的剖视图称为半剖视图，如图 6-12 所示。

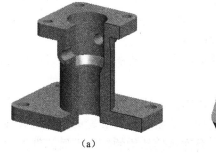

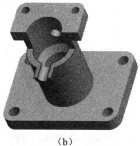

（a）　　　　　　　　　　　　　（b）

图 6-12 半剖视图的剖切

如图 6-13 所示，半剖视图适用于内、外形状都需要表达，且具有对称平面的零件。若零件的形状接近于对称，且不对称部分已有其他视图表达清楚时，也可画成半剖视图，如图 6-14 所示。

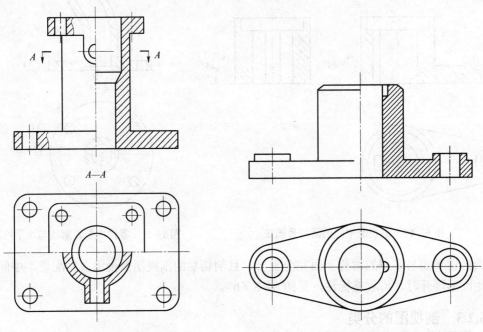

图 6-13　半剖视图　　　　　图 6-14　零件形状接近对称的半剖视图

半剖视图的标注方法与全剖视图标注方法相同。图 6-13 中，在主视图位置的半剖视图，符合省略标注的条件，所以未加标注；而在俯视图位置的半剖视图，剖切平面不通过零件的对称平面，所以应加标注，但可省略箭头。

画半剖视图时应注意：

1）半剖视图中剖与未剖部分的分界线规定画成点画线（见图 6-13），而不应画成粗实线。

2）半剖视图中，零件的内部形状已由剖开部分表达清楚，所以，另外未剖开部分图中表示内部形状的虚线不必画出（见图 6-13）。

3. 局部剖视图

用剖切平面局部地剖开零件所得到的剖视图称为局部剖视图。局部剖不受图形是否对称的限制，剖在什么地方和剖切范围多大，可根据需要决定，是一种比较灵活的表达方法。

当不对称机件的内外形状均需表达，而它们的投影基本上不重叠时，如图 6-15 所示，采用局部剖视，可把零件的内外形状都表达清晰。

局部剖视图运用的情况较广，但应注意，在同一视图中，过多采用局部剖视图会使图形显得凌乱。

局部剖视图中，剖与未剖部分的分界线为波浪线（见图 6-15、图 6-16），波浪线不应与图形中的其他图线重合，也不应画在机件的非实体部分和轮廓线的延长线上，如图 6-17 所示。当被剖切的局部结构为回转体时，允许将该结构的轴作为局部剖视图中剖与未剖部分的分界线，如图 6-18 所示。

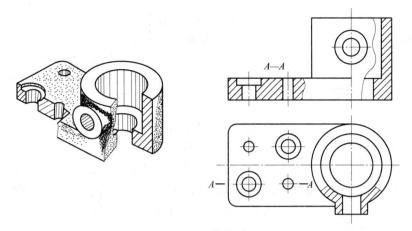

图 6-15　局部剖视图

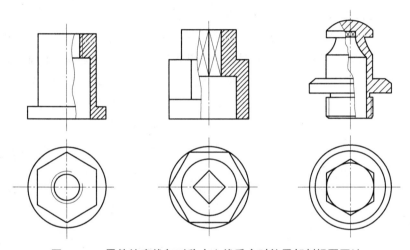

图 6-16　零件轮廓线与对称中心线重合时的局部剖视图画法

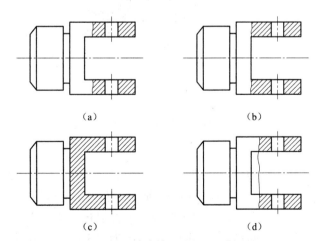

（a）　　　　　　　　　　　　（b）

（c）　　　　　　　　　　　　（d）

图 6-17　波浪线画法的正误对比

（a）正确；（b）波浪线不应画在轮廓线的延长线上；（c）波浪线不应与轮廓线重合；（d）波浪线不应画在非实体处

局部剖视图一般不标注。仅当剖切位置不明显或在基本视图外单独画出局部剖视图时，才需加标注，如图 6-15 中的局部剖视。

6.2.4 剖视图的剖切方法

由于零件的结构形状不同，画剖视图时，可采用不同的剖切方法，可用单一剖切平面剖开零件，也可用两个或两个以上剖切平面剖开零件。一般情况下，剖切平面平行于基本投影面，但也可倾斜于基本投影面。制图标准规定了不同的剖切方法，上面已介绍了用单一剖切平面剖开零件的方法，下面介绍用倾斜于基本投影面和两个以上剖切平面剖开零件的方法。

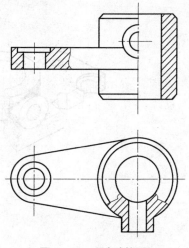

图 6-18　局部剖视图

1. **不平行于任何基本投影面的剖切平面**

用不平行于任何基本投影面的剖切平面剖开零件的方法称为斜剖视，用来表达零件倾斜部分的内部结构，如图 6-19 所示。斜剖获得的剖视图，一般按投影关系配置，并加以标注，在不致引起误解时，允许将图形旋转，这时应标注"×—×α ⌒ 或 ⌒"（α 为旋转的角度）。

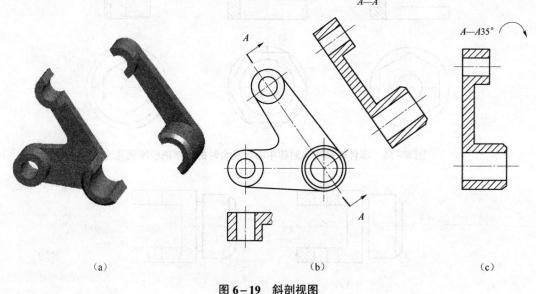

（a）　　　　　　　　　（b）　　　　　　　　　（c）

图 6-19　斜剖视图

2. **两相交剖切平面**

用两相交的剖切平面（交线垂直于某一基本投影面）剖开零件的方法称为旋转剖。它用来表达那些具有明显回转轴线，分布在两相交平面上，有内部结构的零件，如图 6-20 所示。应该注意，用这种方法画剖视图时，先假想按剖切位置剖开零件，然后将被剖切平面剖开的结构及有关部分旋转到与选定的投影面（图 6-20 中为水平面）一致后，一并进行投影。但是，在剖切平面后的其他结构，一般仍按原来位置投影，如图 6-20 中 A—A 剖视图中小圆孔的画法。

用旋转剖的方法获得的剖视图，必须加以标注，只有当剖视图按投影关系配置，中间又没有其他图形隔开时，可省略箭头，见图 6-20。

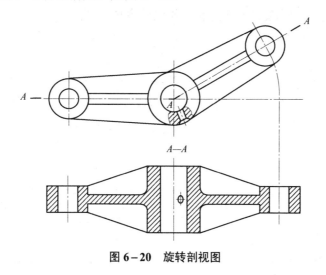

图 6-20　旋转剖视图

3. 几个平行的剖切平面

用几个平行的剖切平面剖开零件的方法称为阶梯剖，用来表达零件在几个平行平面不同层次上的内部结构。图 6-21 所示为用两个平行剖切平面剖开零件画出的剖视图。

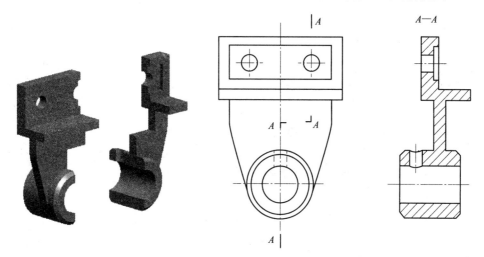

图 6-21　阶梯剖视图

应该注意：

1）剖切平面的转折处，不允许与零件上的轮廓线重合。在剖视图上，不应画出两个平行剖切平面转折处的投影。

2）用这种方法画剖视图时，在图形内不应出现不完整的要素，如半个孔、不完整肋板等。仅当两个要素在图形上具有公共对称中心线或轴线时，可以各画一半，这时应以对称中心线为界，如图 6-22 所示。

用阶梯剖的方法获得的剖视图，必须加以标注，省略箭头的条件同旋转剖。

4. 复合的剖切平面

除旋转剖、阶梯剖以外，用组合的剖切平面剖开零件的方法称为复合剖，如图 6-23 所示，用来表达内部结构较为复杂且分布位置不同的零件。

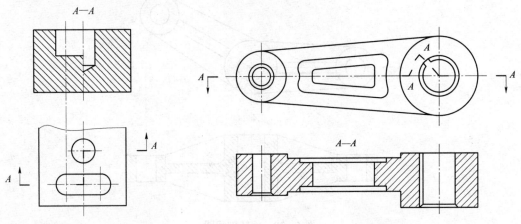

图 6-22　具有公共对称中心线　　　　　　图 6-23　复合剖视图

用复合剖方法获得的剖视图，必须加以标注，当剖视图采用展开画法时，应标注"×—×展开"，如图 6-24 所示。

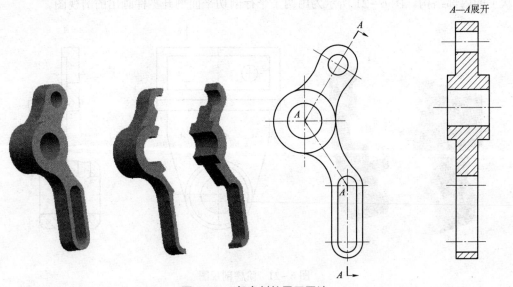

图 6-24　复合剖的展开画法

6.3　断　面　图

6.3.1　断面图的概念

假想用剖切平面将零件某处切断，仅画出截断面的图形称为断面图。断面图用来表达零件上某处的截断面形状，如图 6-25 所示为轴上键槽处的截断面形状，图 6-26 所示为角钢的截断面形状。应该指出，为了表示截断面的真形，剖切平面一般应垂直于所要表达零件结构的轴线或轮廓线。断面图中应画出与零件材料相应的规定剖面符号，当为金属零件时，剖面线应画成间隔相等、方向相同且与水平线成 45° 的平行细实线。

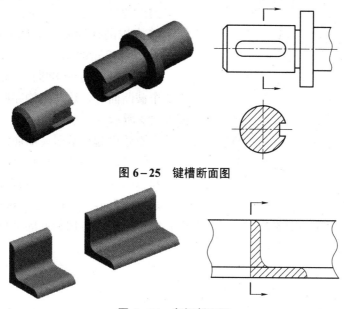

图 6-25 键槽断面图

图 6-26 角钢断面图

6.3.2 断面图的分类和画法

断面图分为移出断面图和重合断面图。

1. 移出断面图

把断面图画在零件切断处的投影轮廓外面称为移出断面，如图 6-27 所示。移出断面图的轮廓线用粗实线绘制，移出断面图应尽量配置在剖切线的延长线上。剖切线是剖切平面与投影面的交线，用细点画线表示。必要时，可将移出断面图配置在其他适当位置，见图 6-27。

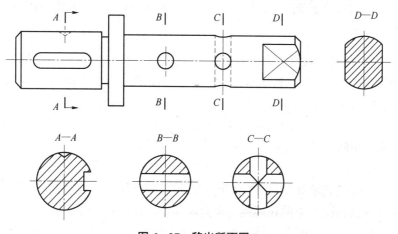

图 6-27 移出断面图 1

由两个或多个相交剖切平面剖切得出的移出断面图,中间一般应断开,如图 6-28(a)所示。对称的移出断面图也可画在视图的中断处,如图 6-28(b)所示。

当剖切平面通过回转面形成的孔或凹坑时,这些结构按剖视绘制,如图 6-27 中的 A—A、B—B 和 C—C 断面图。

当剖切平面通过非圆孔,导致出现完全分离的两个截断面时,这些结构亦应按剖视绘制,如图 6-29 所示。

在不致引起误解时,断面图及剖视图允许省略断面符号,如图 6-30 所示。

移出断面一般用剖切符号表示剖切位置,用箭头表示投影方向,并注上字母(一律水平书写),并在断面图的上方用相同的字母标出相应的名称"×—×"。

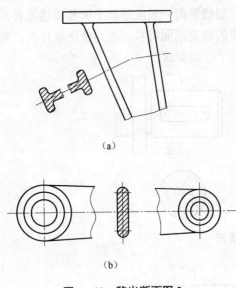

(a)

(b)

图 6-28 移出断面图 2

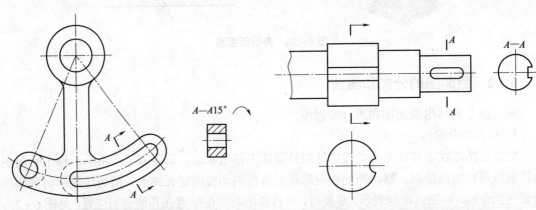

图 6-29 非圆孔移出断面图的画法

图 6-30 不画剖面线的移出断面图的画法

应当注意:

1)配置在剖切符号延长线上的不对称移出断面图,可省略字母,见图 6-25。

2)没有配置在剖切符号延长线上的对称移出断面图以及按投影关系配置的不对称移出断面图,均可省略箭头,见图 6-27 中的 C—C、D—D 断面图。

3)配置在剖切符号延长线上的对称移出断面图(见图 6-27 中的 B—B)以及配置在视图中断处的对称移出断面图(见图 6-28(b)),均不必标注。

2. 重合断面图

把断面图画在零件切断处的投影轮廓内称为重合断面图。重合断面图的轮廓线用细实线绘制。当视图(或剖视图)中的轮廓线与重合断面图的图形重叠时,视图(或剖视图)中的轮廓线仍应连续画出,不可间断,见图 6-26。重合断面图画成局部时,习惯上不画波浪线,如图 6-31 所示。

配置在剖切符号上的不对称重合断面图，不必标注字母（见图 6-26）。对称的重合断面图不必标注，见图 6-31。

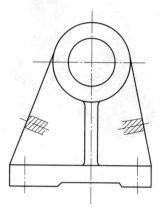

图 6-31　对称重合断面图

6.4　简化画法和其他表达方法

简化画法是对零件的某些结构图形表示方法进行简化，使图形既清晰又简单易画。下面介绍制图标准规定的一些常用简化画法和其他表达方法。

6.4.1　简化画法

为了减小绘图工作量，提高设计效率及图样的清晰度，加快设计进程，《技术制图　简化表示法　第 1 部分：图样画法》（GB/T 16675.1—2012）、《技术制图　简化表示法　第 2 部分：尺寸注法》（GB/T 16675.2—2012）和《技术制图　棒料、型材及其断面的简化表示法》（GB/T 4656—2008）制定了图样画法和尺寸注法的简化表示法。下面对其中常用的表示法进行介绍。

1. 剖视图中常用结构的规定画法

对于零件上的肋板、轮辐及薄壁等，如剖切面通过这些结构的基本轴线或是纵向对称平面时，这些结构不画剖面符号，而用粗实线将它与其邻接部分分开；当剖切平面垂直于肋板剖切时，则肋板的截断面，必须画出剖面符号，见图 6-32（b）。

当回转体零件上均匀分布的肋板、轮辐、孔等结构，不处于剖切平面上时，可将这些结构旋转到剖切平面上画出，不需加任何标注，如图 6-33 中的轮辐、图 6-34（a）中的肋板和图 6-34（b）中的孔。

在需要表示位于剖切平面前面的零件结构时，这些结构按假想投影的轮廓线绘制，如图 6-35 所示，用细双点画线画出。

2. 相同结构的简化画法

当零件上具有若干相同结构，如齿、槽等，并按一定规律分布时，只需画出几个完整的结构，其余用细实线连接，但在图中必须注明该结构的总数，如图 6-36（a）所示。

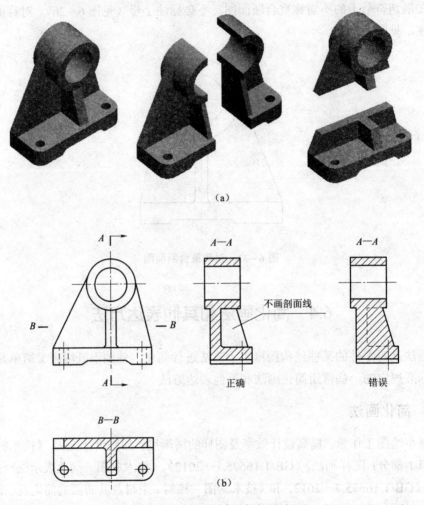

（a）

不画剖面线

正确 错误

（b）

图6-32 剖视图中肋板的画法

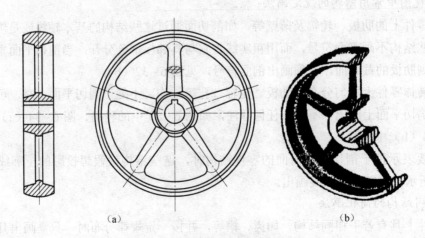

（a） （b）

图6-33 剖视图中轮辐的画法

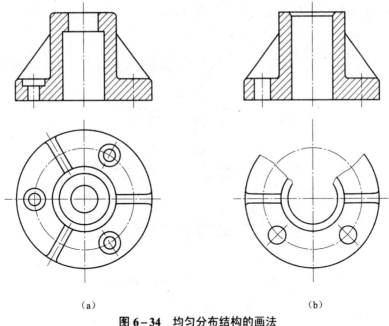

（a） （b）

图 6−34 均匀分布结构的画法

（a）均布肋板；（b）均布孔

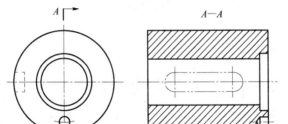

图 6−35 假想画法

当零件上具有若干直径相同且成规律分布的孔（圆孔、沉孔等），可以仅画出一个或几个，其余只需用点画线表示其中心位置，在图上注明孔的总数，如图 6−36（b）所示。

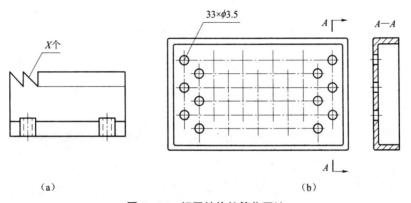

（a） （b）

图 6−36 相同结构的简化画法

零件法兰盘上均匀分布在圆周上的直径相同的孔，可按图6-37所示的方法绘制。

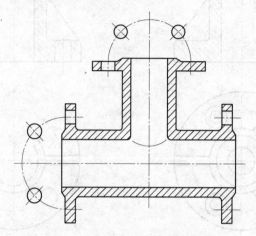

图6-37 法兰盘上均布孔的画法

3. 对称图形的简化画法

在不致引起误解时，对于对称零件的视图可只画一半或四分之一，并在对称中心线的两端画出两条与其垂直的平行细实线，如图6-38所示。

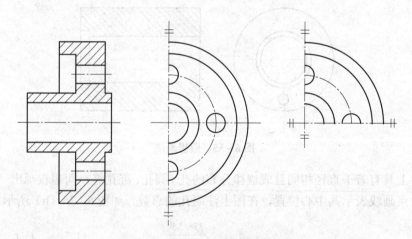

图6-38 对称零件视图的简化画法

4. 投影的简化画法

零件上斜度不大的结构，如在一个图形中已表达清楚时，其他图形可按小端画出，如图6-39所示。

与投影面倾斜角度小于或等于30°的圆或圆弧，其投影可用圆或圆弧代替，如图6-40所示。

机件上较小的结构所产生的交线，如果在一个视图中已经表达清楚，在其他视图中可以简化，如图6-41所示。

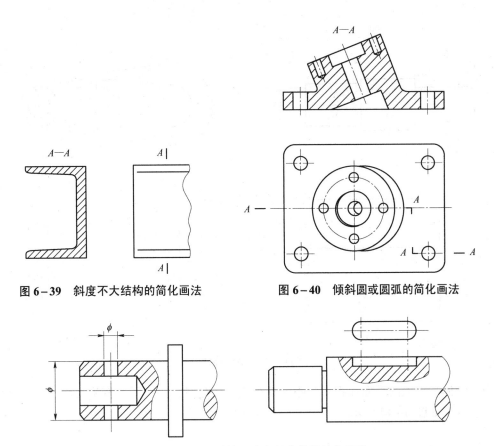

图 6-39　斜度不大结构的简化画法　　　　　**图 6-40　倾斜圆或圆弧的简化画法**

图 6-41　较小结构所产生的交线的简化画法

　　零件图中的较小倒角、圆角允许省略不画，但应注明尺寸或在技术要求中加以说明，如图 6-42 所示。

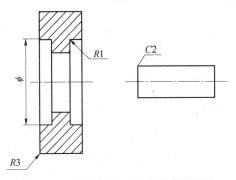

图 6-42　较小倒角、圆角的简化画法

5. 细长结构的画法

　　较长的零件，如轴、连杆等，沿长度方向形状一致或按一定规律变化时，可断开后缩短绘制，断开部分的结构应按实际长度标注尺寸，如图 6-43（a）、（b）所示。断裂处的边界线除用波浪线或双点画线绘制外，对于实心和空心圆柱可按图 6-43（c）所示绘制。对于较大的零件，断裂处可用双折线绘制，如图 6-43（d）所示。

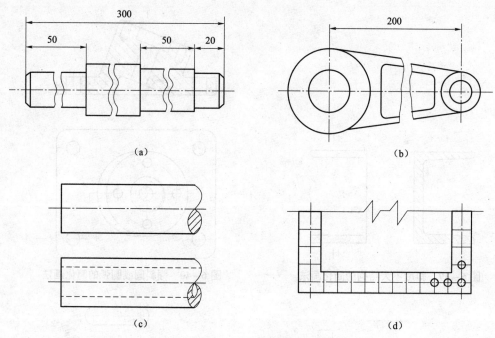

图 6-43 折断画法

当回转体零件上的平面在视图中不能充分表达清楚时，可用平面符号（用细实线画出对角线）表示，如图 6-44 所示。

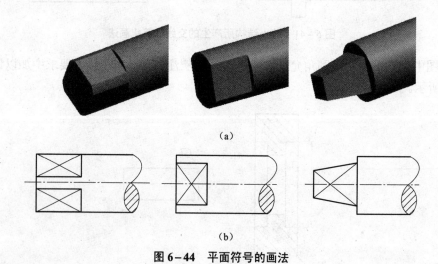

图 6-44 平面符号的画法

6.4.2 局部放大图

机件上一些局部结构过于细小，当用正常的比例绘制机件图样时，这些结构的图形因过小而表达不清，也不便于标注尺寸，这时可采用局部放大图来表达。

将零件的部分结构，用大于原图形所采用的比例画出的图形称为局部放大图，如图 6-45 所示。

局部放大图可画成视图、剖视图、断面图，它与被放大部分的表达方式无关，见图 6-45（a）。绘制局部放大图时，应用细实线圈出被放大的部位，并尽量配置在被放大部位的附近。

当零件上有几个被放大的部位时，必须用罗马数字依次标明被放大的部位，并在局部放大图上方标注出相应的罗马数字和所采用的比例（实际比例，不是与原图的相对比例），如图 6-45（a）中Ⅰ、Ⅱ局部放大图。当零件上被局部放大的部位仅有一处，在局部放大图的上方只需标明所采用的比例，见图 6-45（b）。同一机件上不同部位的局部放大图，当图形相同或对称时，只画一个。

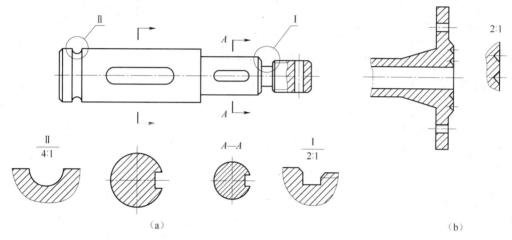

图 6-45　局部放大图

6.5　表达方法举例

前面介绍了机件的各种表达方法，当表达零件时，应根据零件的具体结构形状，正确、灵活地综合运用视图、剖视、断面及各种简化画法等表达方法。确定表达方法的原则是：所绘制图形能准确、完整、清晰地表达零件的内外结构形状，同时力求做到画图简单和读图方便。下面举例说明。

【例 6-1】支架表达方案的选择，如图 6-46 所示。

1. 分析机件的结构形状特点

支架是由下面的倾斜底板、上面的空心圆柱和中间的十字形肋板三部分组成的。支架前后对称，倾斜板上有 4 个安装孔。

2. 选择主视图

画图时，通常选择最能反映机件形状特征和相对位置特征的投射方向作为主视图的投射方向，同时应将零件的主要轴线或主要平面平行于基本投影面。通过分析比较，把支架的主要轴线——空心圆柱的轴线水平放置（即把支架的前后对称面放成正平面）。主视图采用局部剖，既表达了空心圆柱和倾斜板上安装孔的内部结构，又保留了肋板、空心圆柱、倾斜板的外形。

3. 选择其他视图

主视图确定之后，应根据机件的特点全面考虑所需要的其他视图，选择其他视图是为了补充表达主视图上尚未表达清楚的结构，此时应注意：

1）应优先选用基本视图或在基本视图上作剖视。

2）所选择的每一视图都应有其表达重点，具有别的视图所不能取代的作用。这样，可以避免不必要的重复，达到制图简便的目的。

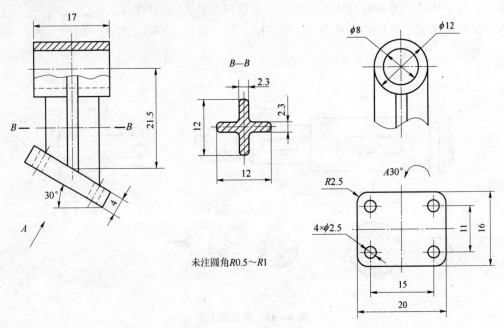

图6—46 支架的表达

由于支架下部的倾斜板与水平投影面和左侧投影面都不平行。因此，若用俯、左视图来表达这个零件，倾斜底板的投影都不能反映实形，作图很不方便，也不利于标注尺寸。所以此零件不宜用俯、左等基本视图来表达。

根据形体分析，左视图采用局部视图表达空心圆柱的形状，采用 A 斜视图表达倾斜板部分实形，用移出断面表达尚未表达清楚的十字肋板。

第 7 章

标准件与常用件

在各种设备、机器和仪器中，经常大量使用螺栓、螺柱、螺钉、螺母、键、销和滚动轴承等连接件。为了减轻设计负担，提高产品质量和生产效率，便于专业化大批量生产，对使用面广、需求量大的零件，国家标准对它们的结构、尺寸和成品质量都做了明确的规定。这些完全符合标准的零件称为标准件。

工业中常用的传动件，如齿轮、蜗轮、蜗杆等，它们的齿轮部分在结构和尺寸上都有相应的国家标准。凡重要结构符合国家标准的零件称为常用件，其符合国家标准的结构称为标准结构要素。

国家标准还规定了标准件以及常用件中标准结构要素的画法，在制图过程中，应按规定画法绘制标准件和标准结构要素。

本章将介绍标准件和常用件的结构、规定画法和规定标记。

7.1 螺纹的规定画法和标注

7.1.1 螺纹的形成和要素

1. 螺纹的形成

在回转表面上沿螺旋线形成的、具有相同剖面的连续凸起和沟槽称为螺纹。在圆柱表面上形成的螺纹称为圆柱螺纹，在圆锥表面上形成的螺纹称为圆锥螺纹。加工在回转体外表面上的螺纹称为外螺纹，如螺栓、螺钉上的螺纹；加工在回转体内表面的螺纹，称为内螺纹，如螺母、螺孔上的螺纹。

车削加工是常见的螺纹加工方法，图 7-1 所示为车床上加工外螺纹和内螺纹的情况。将工件安装在与车床主轴相连的卡盘上，加工时工件随主轴等速旋转，车刀沿径向进刀后，沿轴线方向做匀速移动，在工件外表面或内表面车削出螺纹。对于直径较小的螺孔，应先用钻头加工出光孔，如图 7-2（a）所示；再用丝锥攻丝，加工出内螺纹，如图 7-2（b）所示。

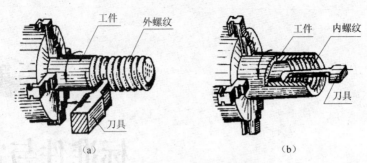

图 7-1　车削加工内、外螺纹的情况

（a）外螺纹；（b）内螺纹

2. 螺纹的要素

形成螺纹的基本要素有以下 5 项。

（1）牙型

经过螺纹轴线剖切时，螺纹断面的形状称为牙型。常用螺纹的牙型有三角形、梯形、锯齿形和矩形，它们的断面形状如图 7-3 所示。

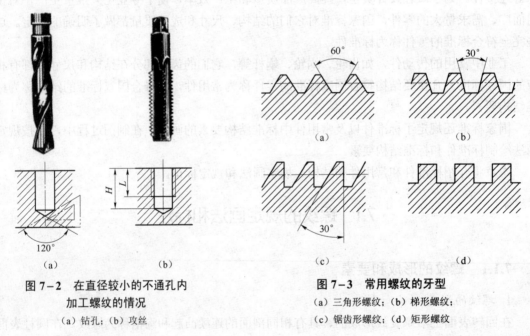

图 7-2　在直径较小的不通孔内
加工螺纹的情况

（a）钻孔；（b）攻丝

图 7-3　常用螺纹的牙型

（a）三角形螺纹；（b）梯形螺纹；
（c）锯齿形螺纹；（d）矩形螺纹

（2）直径

螺纹的直径包括大径（d、D）、小径（d_1、D_1）和中径（d_2、D_2）。外螺纹的直径用小写字母表示，内螺纹的直径用大写字母表示。

螺纹的大径指与外螺纹牙顶或内螺纹牙底相重合的假想圆柱面的直径，大直径是螺纹的公称直径。螺纹的小径指与外螺纹牙底或内螺纹牙顶相重合的假想圆柱面的直径。螺纹的中径是指一个假想圆柱面的直径，该圆柱称为中径圆柱，其母线通过螺纹牙型上沟槽和凸起宽度相等的地方，中径圆柱上任意一条素线称为中径线。螺纹各项直径的意义如图 7-4所示。

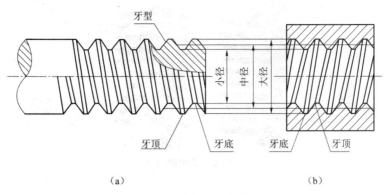

（a）　　　　　　　　　　　　　　（b）

图 7-4　螺纹各项直径的意义

（a）外螺纹；（b）内螺纹

（3）线数

沿一条螺旋线生成的螺纹称为单线螺纹，沿多条在圆柱轴向等距分布的螺旋线生成的螺纹称为多线螺纹，如图 7-5 所示。

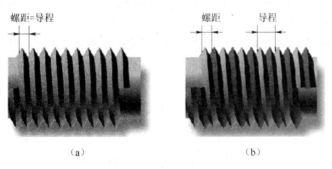

（a）　　　　　　　　　　　　　　（b）

图 7-5　螺纹的线数、导程和螺距

（a）单线螺纹；（b）双线螺纹

（4）螺距和导程

相邻两牙在中径线上对应两点间的轴向距离，称为螺距，用字母 P 表示。沿同一条螺旋线形成的螺纹，相邻两牙在中径线上对应两点间的轴向距离，称为导程。对于单线螺纹，导程=螺距；对于线数为 n 的多线螺纹，导程=$n×$螺距，见图 7-5。

（5）旋向

顺时针方向旋转时旋入的螺纹，称为右旋螺纹；逆时针方向旋转时旋入的螺纹，称为左旋螺纹。可用右手或左手螺旋定则，按图 7-6 所示的方法判断螺纹的旋向。

内、外螺纹总是成对使用的，当上述 5 项基本要素完全相同时，内、外螺纹才能互相旋合，正常使用。

国家标准对螺纹的牙型、大径和螺距作了统一规定，凡该三项要素符合国家标准的螺纹，称为标准螺纹；凡牙型符合标准，而大径、螺距不符合标准的螺纹，称为特殊螺纹；凡牙型不合标准的螺纹，称为非标准螺纹。

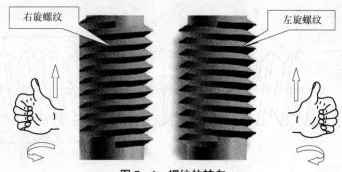

图 7-6 螺纹的转向

7.1.2 螺纹的规定画法

标准螺纹是用专用工具生产出来的，无须画出螺纹的真实投影，国家标准《机械制图 螺纹及螺纹紧固件表示法》（GB/T 4459.1—1995）规定了在机械图样中螺纹的画法。

1. 内、外螺纹的画法

螺纹的牙顶用粗实线表示，牙底用细实线表示，倒角和倒圆部分均应画出螺纹牙底线。在投影为圆的视图上，用约 3/4 圈细实线圆弧表示牙底。螺纹终止线用粗实线表示。

（1）外螺纹的画法

外螺纹的具体画法如图 7-7（a）所示，螺纹大径（即牙顶）用粗实线表示；螺纹小径（即牙底）用细实线表示，画入端部倒角处；螺纹终止线用粗实线表示。左视图上用粗实线圆表示螺纹大径，用约 3/4 圈细实线表示螺纹小径，倒角圆省略不画。

当需要将螺杆截断，绘制螺纹断画图时，表示方法如图 7-7（b）所示。

当外螺纹加工在管子的外壁，需要剖切时，表示方法如图 7-7（c）所示。

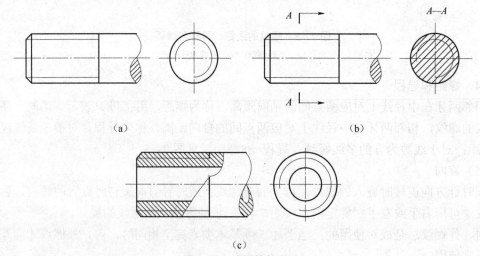

（a）　　　　　　　　　　　　　　　　　　（b）

（c）

图 7-7 外螺纹的画法

（2）内螺纹的画法

内螺纹的具体画法如图 7-8 所示，螺纹小径（即牙顶）用粗实线表示；螺纹大径（即牙底）用细实线表示，画入端部倒角处；剖面线画至表示螺旋小径的粗实线处为止。左视图上用粗实线圆表示螺旋小径，用约 3/4 圈细实线圆弧表示螺旋大径，倒角圆省略不画。

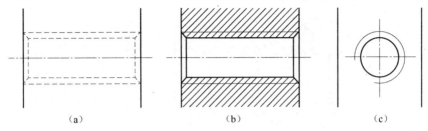

图 7-8　内螺纹的画法
(a) 视图；(b) 剖视图；(c) 左视图

2. 螺尾的画法

加工螺纹完成时，由于退刀形成螺纹沟槽较浅的部分，称为螺尾；当需要表示螺尾时，用与轴线成 30° 的细实线表示螺尾处的牙底线，如图 7-9 所示。

3. 非标准传动螺纹

绘制非标准传动螺纹时，可用局部剖视或局部放大图表示出几个牙型，如图 7-10 所示。

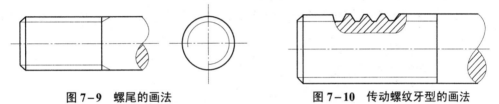

图 7-9　螺尾的画法　　**图 7-10　传动螺纹牙型的画法**

4. 盲孔内的螺纹

在盲孔内加工螺纹的表示方法如图 7-11 所示，应将钻孔深度与螺纹深度分别画出，注意孔底按钻头锥角画出 120°。

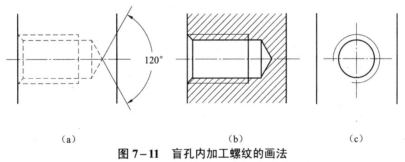

120°

图 7-11　盲孔内加工螺纹的画法
(a) 视图；(b) 剖视图；(c) 左视图

5. 螺纹孔相贯

用剖视图表示螺纹孔相贯时，在两内表面相交处仍应画出相贯线，如图 7-12 所示。

6. 内、外螺纹旋合

内、外螺纹旋合的剖视表示方法如图 7-13 所示。旋合部分按外螺纹绘制，其余部分仍按各自的画法表示。

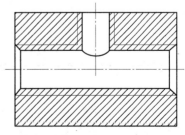

图 7-12　螺纹孔相贯的画法

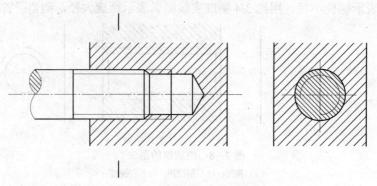

图 7-13　内、外螺纹旋合的画法

7.1.3　常用螺纹的分类

螺纹按用途分为连接螺纹和传动螺纹两大类。连接螺纹起连接作用，用于将两个或多个零件连接起来；传动螺纹用于传递动力和运动。

常用的连接螺纹有普通螺纹和各类管螺纹，传动螺纹有梯形螺纹、锯齿形螺纹和矩形螺纹。

7.1.4　标准螺纹的规定标注

标准螺纹有规定代号，常用标准螺纹的规定代号列于表 7-1 中。

表 7-1　常用标准螺纹规定代号

螺纹类别		规定代号	标准代号
普通螺纹		M	GB/T 197—2003
小螺纹（d=0.2～1.2）		S	GB/T 15054—1994
梯形螺纹		Tr	GB/T 5796—2005
锯齿形螺纹		B	GB/T 13576—2008
米制锥螺纹		ZM	GB/T 1415—2008
60°圆锥管螺纹		NPT	GB/T 12716—2011
非螺纹密封管螺纹		G	GB/T 7307—2001
螺纹密封管螺纹	圆锥外螺纹	R	GB/T 7306—2000
	圆锥内螺纹	Rc	
	圆柱内螺纹	Rp	

1. 普通螺纹的规定标注

普通螺纹是牙型为三角形的螺纹，其完整标注格式为：

　　螺纹代号　公称直径×螺距　旋向-螺纹公差带代号-螺纹旋合长度代号

普通螺纹的规定标注见表 7-2。关于标注格式的说明如下：

1）普通细牙螺纹需注写螺距，普通粗牙螺纹不必注写螺距。

2）右旋螺纹不必注写旋向，左旋螺纹的旋向用 LH 字符表示。

3）螺纹公差带代号包括螺纹中径和顶径的公差带代号，当中径和顶径的公差带代号相同时，只需注写一次。

4）螺纹旋合长度分为长、中、短三个等级，分别用字母 L、N、S 表示，当螺纹旋合长度为中等级时，不必注写；特殊需要时，可直接注出旋合长度的数值。

表 7-2　普通螺纹的规定标注　　　　　　　　　　　　　　mm

标注格式	标注示例	标注说明
M10×1.25-5g6g-S	M10×1.25-5g6g-S	普通细牙螺纹，公称直径为 10，螺距为 1.25，右旋，中、顶径公差带代号分别为 5g、6g，旋合长度为短等级
M10-6H	M10-6H	普通粗牙螺纹，公称直径为 10，右旋，中、顶径公差带代号都为 6H，旋合长度为中等级
M10-LH-7h	M10-LH-7h	普通粗牙螺纹，公称直径为 10，左旋，中、顶径公差带代号都为 7h，旋合长度为中等级
M10-7G6G-40	M10-7G6G-40	普通粗牙螺纹，公称直径为 10，右旋，中、顶径公差带代号分别为 7G、6G，旋合长度为 40

2. 管螺纹的规定标注

管螺纹的规定标注包含螺纹代号和公称直径两项，必要时可加注公差等级代号。管螺纹的公称直径指管子的孔径，不是螺纹的大径。管螺纹的标注采用斜向引线标注法，斜向引线一端指向螺纹人径。管螺纹的规定标注见表 7-3。

表 7–3　管螺纹的规定标注

标注格式	标注示例	标注说明
G1/2	G1/2	非螺纹密封的圆柱内管螺纹，公称直径为 1/2 in*（12.7 mm）
G3/4 A	G3/4A	非螺纹密封的圆柱外管螺纹，公称直径为 3/4 in（19.05 mm），公差等级为 A 级
Rp3/4	Rp3/4	螺纹密封的圆柱内管螺纹，公称直径为 3/4 in（19.05 mm）

注：*表示英制单位为非法定计量单位，因螺纹标注与其有关，故此处保留。1 in = 25.4 mm。

3. 梯形螺纹和锯齿形螺纹的规定标注

梯形螺纹和锯齿形螺纹的规定标注包含螺纹代号、公称直径和螺距。若为多线螺纹，需注明导程。旋向标注的规则与普通螺纹相同，标注方法也与普通螺纹相同。

梯形螺纹和锯齿形螺纹的规定标注见表 7–4。

表 7–4　梯形螺纹和锯齿形螺纹的规定标注　　　　　　　　　　　　　　　　mm

标注格式	标注示例	标注说明
Tr40×14(P7)LH	Tr40×14(P7)LH	梯形螺纹，公称直径为 40，导程为 14，螺距为 7，双线，左旋
B40×7	B40×7	锯齿形螺纹，公称直径为 40，螺距为 7，单线，右旋

7.2　常用螺纹紧固件的规定标注和装配画法

7.2.1　常用螺纹紧固件的规定标注

常用螺纹紧固件有螺栓、双头螺柱、螺钉、螺母和垫圈等，由于这些螺纹都已经标准化，因此在应用这些螺纹紧固件时，只需在技术文件上注明其规定标记。表 7-5 列出了一些常用螺纹紧固件及其标注方法。

表 7-5　常用螺纹紧固件及其标注方法　　　　　　　　　mm

视图	规定标注示例	名称及标注说明
M5 25	螺钉 GB/T 67　　M5×25	开槽圆柱头螺钉，螺纹规格为 M5，公称长度为 25
M5 30	螺钉 GB/T 68　　M5×30	开槽沉头螺钉，螺纹规格为 M5，公称长度为 30
M16 70	螺栓 GB/T 5782　　M16×70	A 级六角头螺栓，螺纹规格为 M16，公称长度为 70
M12 50	螺柱 GB/T 898　　M12×50	双头螺柱，两端均为粗牙普通螺纹，螺纹规格为 M12，公称长度为 50
M16	螺母 GB/T 6170　　M16	A 级 I 型六角螺母，螺纹规格为 M16
	垫圈 GB/T 97.1　　16	平垫圈，公称直径为 16，性能等级为 A 级
	垫圈 GB/T 93　　16	弹簧垫圈，公称直径为 16

7.2.2 常用螺纹紧固件的比例画法

图 7–14 所示为六角螺母、六角头螺栓、双头螺柱和普通平垫圈的比例画法，这些紧固件各部分尺寸都按与螺纹大径 d 的比例关系画出。

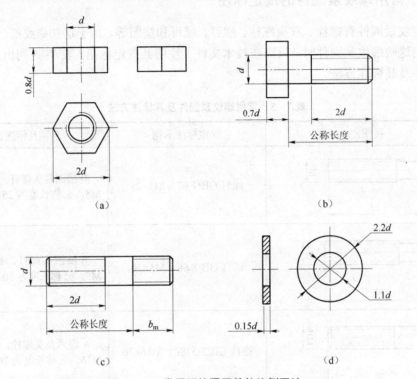

图 7–14　常用螺纹紧固件的比例画法
（a）六角螺母；（b）六角头螺栓；（c）双头螺柱；（d）普通平垫圈

7.2.3 常用螺纹紧固件的装配画法

绘制螺纹紧固件装配图时应注意：

1）在剖视图上，相邻两个零件的剖面线方向相反或方向相同但间隔应不等；但同一个零件在不同视图上的剖面线方向和间隔必须一致。

2）当剖切平面通过螺杆轴线时，螺栓、螺柱、螺钉、螺母、垫圈等紧固件均按不剖绘制。

3）各个紧固件均可以采用简化画法。

1. 普通螺栓连接装配图的画法

螺栓用于连接两个不太厚的零件，两个被连接件上钻有通孔，孔径均为螺栓螺纹大径的 1.1 倍。

螺栓连接由螺栓、螺母、垫圈组成，螺栓连接的装配图一般可根据螺栓的公称直径 d，按比例关系画出，也可从相应的标准中查出实际尺寸进行绘制。图 7–15 所示为螺栓连接的装配图。在画图时应注意下列几点：

1）被连接件上的通孔孔径大于螺纹直径，安装时孔内壁与螺栓杆部不接触，应分别画出各自的轮廓线。

2）螺栓上的螺纹终止线应低于被连接件顶面轮廓，以便拧紧螺母时有足够的螺纹长度。

3）螺栓杆部的公称长度 L 应先按下式估算

$$L = \delta_1 + \delta_2 + h + m + 0.3d$$

式中，δ_1 和 δ_2 分别为两个被连接件的厚度；h 为垫圈厚度；m 为螺母厚度允许值的最大值；$0.3d$ 是螺栓末端伸出螺母的高度。根据估算的结果，从相应螺栓标准中查找螺栓有效长度 L 系列值，最终选取一个最接近的标准长度值。

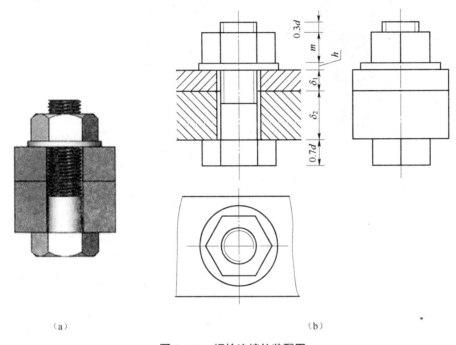

（a）　　　　　　　　　　　　　　　（b）

图 7−15　螺栓连接的装配图

（a）螺栓连接；（b）螺栓连接装配图的画法

2. 双头螺柱连接装配图的画法

当被连接件较厚、不适于钻成通孔或不能钻成通孔时，常采用双头螺柱连接。较厚的零件上加工有螺纹孔，另一个零件上加工有光孔，孔径约为螺纹大径的 1.1 倍。

双头螺柱连接由螺柱、螺母、垫圈组成，连接时，将螺柱的旋入端拧进较厚被连接件的螺纹孔中，套入较薄被连接件，加入垫圈后，另一端用螺母拧紧。图 7−16 所示为按比例的简化画法绘制的双头螺柱连接的装配图。画图时应该注意下列几点：

1）双头螺柱的旋入端长度 b_m 与被连接件的材料有关，根据国家标准规定，b_m 有 4 种长度规格：被连接零件为钢和青铜时，$b_m = d$（GB/T 897—1988）；被连接零件为铸铁时，$b_m = 1.25d$（GB/T 898—1988）或 $b_m = 1.5d$（GB/T 899—1988）；被连接零件为铝时，$b_m = 2d$（GB/T 900—1988）。

2）双头螺柱旋入端应完全拧入零件的螺纹孔中，画图时，螺纹终止线与零件的边界轮廓线平齐。

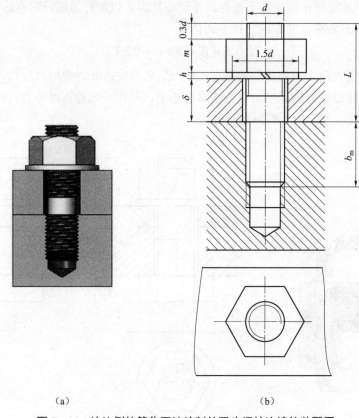

（a）   （b）

图 7-16　按比例的简化画法绘制的双头螺柱连接的装配图

（a）实体图；（b）简化画法

3）伸出端螺纹终止线应低于较薄零件顶面轮廓，以便拧紧螺母时有足够的螺纹长度。

4）螺柱伸出端的长度称为螺柱的有效长度。公称长度 L 应先按下式估算

$$L = \delta + h + m + 0.3d$$

式中，δ 为较薄被连接件的厚度；h 为垫圈厚度；m 为螺母厚度允许值的最大值；$0.3d$ 是螺柱末端伸出螺母的高度。根据估算的结果，从相应双头螺柱标准中查找螺柱公称长度 L 系列值，最终选取一个最接近的标准长度值。

3．螺钉连接装配图的画法

螺钉连接多用于受力不大，其中一个被连接件较厚的情况。螺钉连接通常不用螺母和垫圈，连接时将螺钉拧入较厚零件的螺纹孔中，靠螺钉头部压紧被连接件。

根据螺钉头部的形状不同，螺钉连接有多种压紧形式。图 7-17 所示为几种常用螺钉连接装配图的比例画法。画图时应该注意下列几点：

1）较厚零件上加工有螺纹孔，为了使螺钉头部能压紧被连接件，螺钉的螺纹终止线应高于零件螺孔的端面轮廓线。

2）在俯视图上，螺钉头部的一字槽应画成与中心线成 45°。

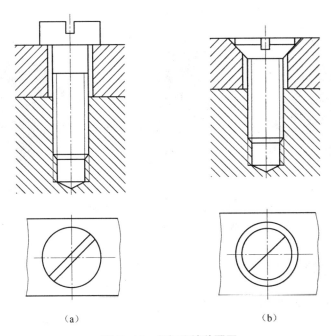

图 7-17　螺钉连接装配图
（a）开槽圆柱头螺钉；（b）开槽沉头螺钉

3）螺钉的公称长度 L 应先按下式估算

$$L = \delta + b_{\mathrm{m}}$$

式中，δ 为较薄零件的厚度；b_{m} 为螺钉旋入较厚零件螺纹孔的深度，这要根据零件的材料而定。根据估算的结果，从相应螺钉标准中查找螺钉公称长度 L 系列值，最终选取一个最接近的标准长度值。

7.3　齿轮、键和销

齿轮是机械传动中广泛应用的传动零件，用于传递动力，改变转速和方向。齿轮的种类繁多，常用的有以下三种。

1. 圆柱齿轮

圆柱齿轮用于传递两平行轴间的动力和转速。

2. 圆锥齿轮

圆锥齿轮用于传递两相交轴间的动力和转速。

3. 蜗轮、蜗杆

蜗轮、蜗杆用于传递两交叉轴间的动力和转速。

图 7-18 所示为上述三种齿轮的传动形式。

轮齿是齿轮的主要结构，它的结构和尺寸都有国家标准。凡轮齿符合标准规定的齿轮，称为标准齿轮；在标准的基础上，轮齿做某些改动的齿轮，称为变位齿轮。这一节只介绍标准齿轮的基本知识及其规定画法。

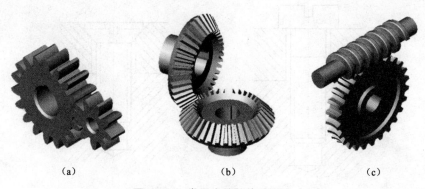

图 7-18　常用齿轮的传动形式

（a）直齿圆柱齿轮；（b）圆锥齿轮；（c）蜗轮、蜗杆

7.3.1　圆柱齿轮

轮齿加工在圆柱外表面上的齿轮，称为圆柱齿轮。圆柱齿轮按轮齿的方向，分为直齿、斜齿和人字齿三种。

1．圆柱齿轮各部分的名称和代号

两啮合的标准直齿圆柱齿轮各部分的名称如图 7-19 所示。

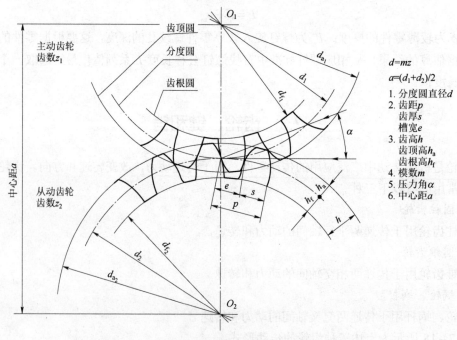

图 7-19　两啮合的标准直齿圆柱齿轮各部分的名称

（1）分度圆

通过轮齿上齿厚等于齿槽宽度处的圆称为分度圆。分度圆是设计齿轮时计算各部分尺寸

的基准圆，是加工齿轮时的分齿圆，它的直径用 d 表示，见图 7－19。

当两个标准齿轮啮合传动时，两个做无滑动的纯滚动的圆称为节圆。标准齿轮的分度圆与节圆重合。

（2）齿顶圆和齿顶高

通过轮齿顶部的圆，称为齿顶圆，它的直径用 d_a 表示。齿顶圆与分度圆之间的径向距离，称为齿顶高，用 h_a 表示。

（3）齿根圆和齿根高

通过轮齿根部的圆称为齿根圆，它的直径用 d_f 表示。齿根圆与分度圆之间的径向距离，称为齿根高，用 h_f 表示。

（4）齿距

分度圆上相邻两齿间对应点的弧长（槽宽 e＋齿厚 s）称为齿距，用 p 表示。

（5）模数

模数是设计和制造齿轮的一个重要参数，用 m 表示。以 z 表示齿轮的齿数，则分度圆周长＝$\pi d = zp$，即分度圆直径 $d = zp/\pi$。

设 $m = p/\pi$（该 m 就是齿轮的模数），则有 $d = mz$。

由于模数与齿距 p 成正比，而齿距 p 又与齿厚 s 成正比，因此，齿轮的模数增大，齿厚也增大，齿轮的承载能力随之增强。

加工不同模数的齿轮要用不同的刀具，为了便于设计和加工，已经将模数标准化，模数的标准值见表 7－6，单位为 mm。

表 7－6　渐开线齿轮标准模数系列（摘录）（GB/T 1357—2008）　　　　mm

第一系列	1，1.25，1.5，2，2.5，3，4，5，6，8，10，12，16，20，25，32，40，50
第二系列	1.75，2.25，2.75，（3.25），3.5，（3.75），4.5，5.5，（6.5），7，9，（11），14，18，22，28，36，45

（6）压力角

一对啮合齿轮的轮齿齿廓在接触点（即节点）处的公法线与两分度圆的公切线之间的夹角，称为压力角，用 α 表示。我国标准齿轮的压力角为 20°。

（7）中心距

一对啮合的圆柱齿轮轴线之间的最短距离为中心距，用 a 表示。

只有模数和压力角都相同的齿轮，才能正确啮合。

2. 圆柱齿轮各几何要素的尺寸关系

圆柱齿轮的基本参数为模数和齿数。设计齿轮时，首先要确定模数 m 和齿数 z，其他各部分尺寸都与模数和齿数有关。标准直齿圆柱齿轮各部分的计算公式见表 7－7。

表 7－7　标准直齿圆柱齿轮各部分尺寸的计算公式　　　　mm

各部分名称	代号	公　式
分度圆直径	d	$d = mz$

续表

各部分名称	代号	公 式
齿顶高	h_a	$h_a=m$
齿根高	h_f	$h_f=1.25m$
齿顶圆直径	d_a	$d_a=m(z+2)$
齿根圆直径	d_f	$d_f=m(z-2.5)$
齿距	p	$p=\pi m$
中心距	a	$a=m(z_1+z_2)/2$

3. 单个圆柱齿轮的画法

单个圆柱齿轮的画法如图 7-20 所示。画图时应注意以下几个问题：

1）齿轮的轮齿部分按规定画法绘制，其余部分按投影规律绘制。

2）以齿轮轴线为侧垂线的方位作主视图，通常将主视图画成剖视图（剖切平面通过齿轮轴线），齿轮部分按不剖处理。

3）齿轮部分的规定画法为齿顶圆和齿顶线用粗实线表示，分度圆和分度线用细点画线表示；在剖视图中，齿根线用粗实线表示；在外形图中，齿根线和齿根圆用细实线表示，或省略不画。

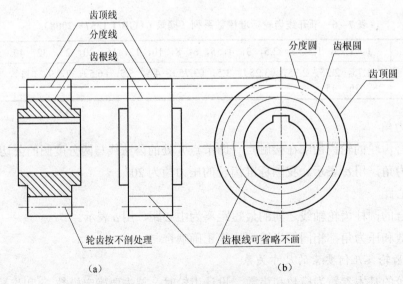

图 7-20 单个圆柱齿轮的画法
（a）剖视图；（b）外形图

4. 圆柱齿轮啮合的画法

两圆柱齿轮啮合时，它们的分度圆相切。啮合圆柱齿轮的画法如图 7-21 所示。绘制齿轮啮合区时应注意以下几个问题：

1）通常以齿轮轴线为侧垂线的方位作主视图。若将主视图画成全剖视图，则在啮合区，两齿轮的分度线重合，用细点画线表示，见图 7-21（a）；将一个齿轮（通常是主动轮）的齿顶线画成粗实线，另一齿轮轮齿被遮挡的部分用虚线画出，如图 7-22 所示。两齿轮的齿根线用粗实线画出。

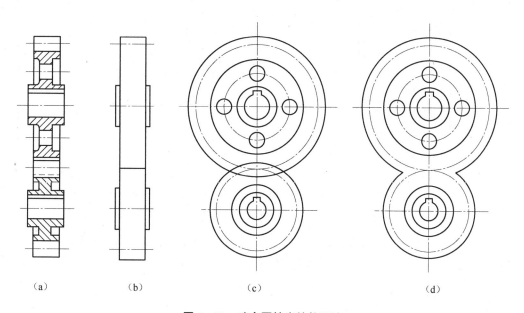

（a）   （b）   （c）   （d）

图 7-21 啮合圆柱齿轮的画法
（a）全剖视图；（b）外形图；（c）左视图表达方法一；（d）左视图表达方法二

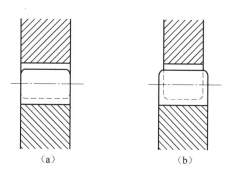

（a）   （b）

图 7-22 啮合区的表示方法

2）若画主视外形图，啮合区齿顶线不画，在齿顶圆接合处用粗实线画出节线，见图 7-21（b）。

3）通常以垂直齿轮轴线的视图作左视图。在左视图中，两齿轮的分度圆相切。齿根圆用细实线表示，或省略不画。啮合区内，齿顶圆用粗实线表示，见图 7-21（c）；也可省略不画，见图 7-21（d）。

图 7-23 所示为齿轮零件图。它除包含一般零件图所具有的视图、尺寸、技术要求和标题栏外，还要列出制造齿轮所需的参数和公差值。

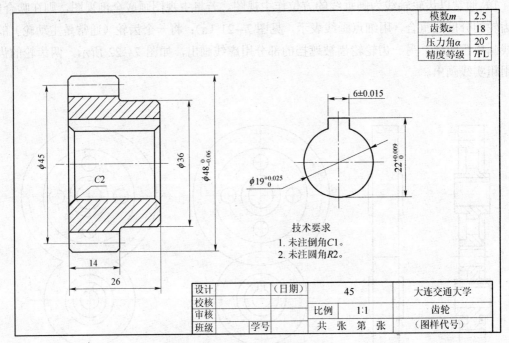

模数m	2.5
齿数z	18
压力角α	20°
精度等级	7FL

技术要求
1. 未注倒角C1。
2. 未注圆角R2。

设计		（日期）	45	大连交通大学
校核				
审核		比例	1:1	齿轮
班级	学号	共　张　第　张		（图样代号）

图 7-23　齿轮零件图

7.3.2　键

键通常用来连接轴及轴上转动零件，如齿轮、皮带轮等，起传递扭矩的作用。常用的键有普通平键、半圆键和钩头楔键，如图 7-24 所示。

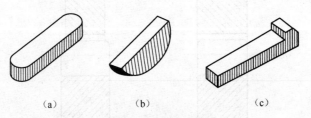

（a）　　　　　　　　　（b）　　　　　　　　　（c）

图 7-24　常用的键
（a）普通平键；（b）半圆键；（c）钩头楔键

键是标准件，常用的键和标注方法见表 7-8。标注中的 b 和 d 值，需根据相应轴段的直径，查阅相关标准来确定。平键和钩头楔键的长度 L 值，应根据轮厚度和受力大小选取相应的系列。在依靠键连接的轴和轮上加工有键槽，键槽的尺寸可从键的标准中查到。

普通平键和半圆键的连接原理相似，两侧面为工作表面，装配时，键的两侧面与键槽的侧面接触，工作时，靠键的侧面传递扭矩。绘制装配图时，键与键槽侧面之间无间隙，画一条线；键的顶面是非工作表面，与轮毂键槽的顶面不接触，应画出间隙，如图 7-25 所示。

表 7−8　常用的键和标注方法

名称	图　例	规定标注
普通平键	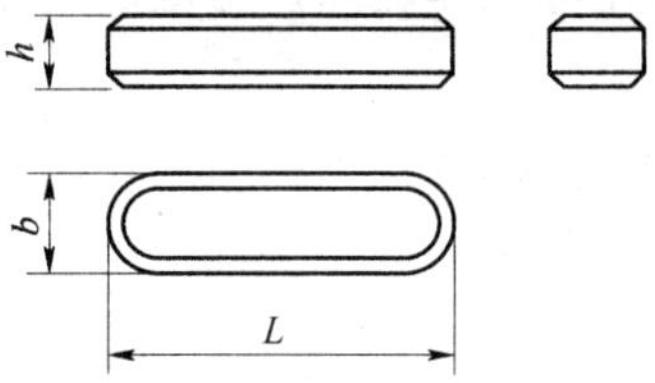	GB/T 1096　键 $b \times L$
半圆键	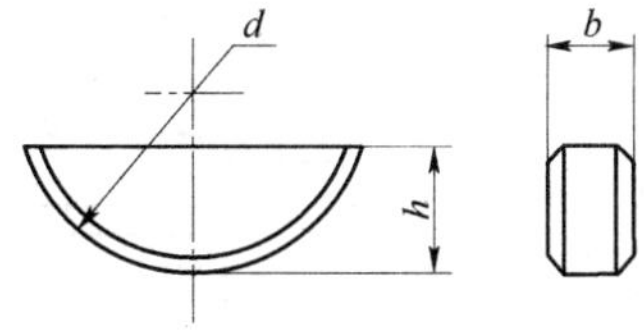	GB/T 1099.1　键 $b \times d$
钩头楔键	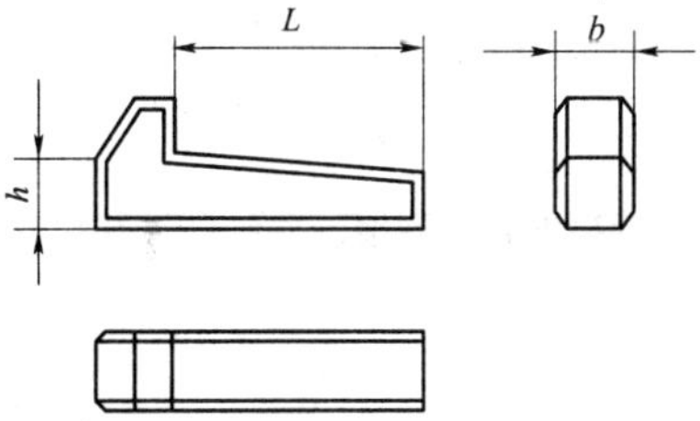	GB/T 1565　键 $b \times L$

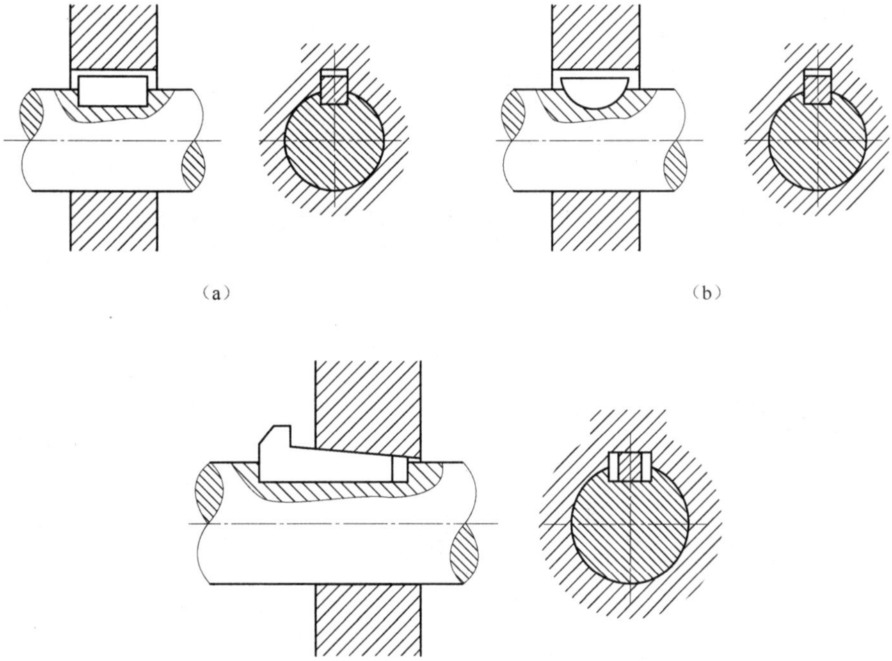

（a）　　　　　　　　　　　　　　（b）

（c）

图 7−25　普通平键、半圆键和钩头楔键连接的画法

（a）普通平键；（b）半圆键；（c）钩头楔键

钩头楔键的顶面有 1:100 的斜度，用于静连接。安装时将键打入键槽，靠键与键槽顶面的压紧力使轴上零件固定，因此，顶面是钩头楔键的工作表面。绘制装配图时，键与键槽顶面之间无间隙，画一条线；键的两侧面是非工作表面，与键槽的侧面不接触，应画出间隙，见图 7-25。

图 7-26 所示为与普通平键连接的轴上键槽的两种画法和尺寸标注，图 7-27 所示为与普通平键连接的轮毂上键槽的画法和尺寸标注。

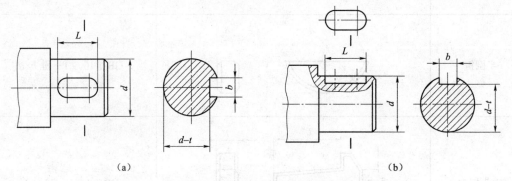

(a)　　　　　　　　　　　　　　(b)

图 7-26　与普通平键连接的轴上键槽的两种画法和尺寸标注

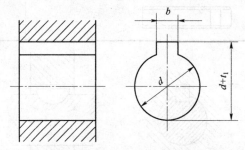

图 7-27　与普通平键连接的轮毂上键槽的画法和尺寸标注

7.3.3　销

销用来连接和固定零件，或在装配时起定位作用。销是标准件，常用的销有圆柱销、圆锥销和开口销，如图 7-28 所示。

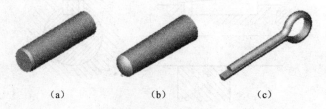

(a)　　　　　　(b)　　　　　　(c)

图 7-28　常用的销

(a) 圆柱销；(b) 圆锥销；(c) 开口销

常用的销和标注方法见表 7-9。

表 7−9　常用的销和标注方法　　　　　　　　　　　　　　　　　　mm

名　称	图　例	标注示例	说　明
圆柱销		销　GB/T 119.1　8m6×30	公称直径 d=8，公差为 m6，长度 l=30，材料为钢，不淬火，不经表面处理
圆锥销		销　GB/T 117　A10×60	A 型，公称直径 d=10，长度 l=60，材料为 35 钢，热处理硬度 28～38HRC，表面氧化
开口销		销　GB/T 91　5×50	公称直径 d=5，公称长度 l=50，材料为 Q215 或 Q235，不经表面处理

圆柱销和圆锥销在装配图中的画法如图 7−29 所示。

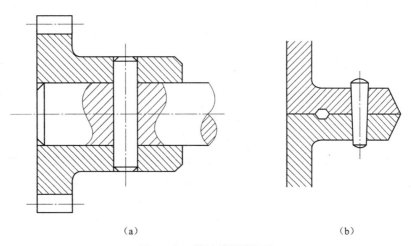

（a）　　　　　　　　　　　　　　　　　　（b）

图 7−29　销的装配图画法

（a）圆柱销；（b）圆锥销

7.4　弹簧和轴承

弹簧是一种常用件，它的作用是减振、测力、储能等。弹簧的种类很多，常见的有螺旋弹簧和涡卷弹簧等。根据其受力情况不同，螺旋弹簧又可分为压缩弹簧、拉伸弹簧和扭转弹簧等，如图 7−30 所示。本节着重介绍螺旋压缩弹簧的画法。

图 7-30　常见的弹簧

（a）压缩弹簧；（b）拉伸弹簧；（c）扭转弹簧；（d）圆锥螺旋弹簧；（e）涡卷弹簧

7.4.1　螺旋压缩弹簧各部分的名称

螺旋压缩弹簧各部分的名称如图 7-31 所示。

1. 簧丝直径 d

簧丝直径 d 是指制造弹簧钢丝的直径。

2. 弹簧外径 D

弹簧外径 D 是指弹簧的最大直径。

3. 弹簧内径 D_1

弹簧内径 D_1 是指弹簧的最小直径，即

$$D_1 = D - 2d$$

4. 弹簧中径 D_2

弹簧中径 D_2 是指弹簧的平均直径，即

$$D_2 = D - d$$

5. 支承圈数 n_0

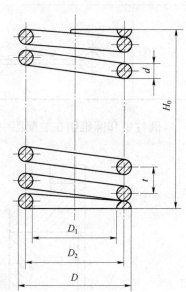

图 7-31　螺旋压缩弹簧各部分名称

为了使压缩弹簧在工作时受力均匀，制造时需将两端并紧并磨平。在使用时，弹簧两端并紧并磨平的部分基本上无弹性，只起支承作用，因此称该部分为支承圈。支承圈有 1.5 圈、2 圈和 2.5 圈三种，最常见的是 2.5 圈。

6. 有效圈数 n

除了支承圈外，保持相等螺距的圈称为有效圈数，它是计算弹簧受力的主要依据。

7. 总圈数 n_1

有效圈数和支承圈数之和称为总圈数，即

$$n_1 = n + n_0$$

8. 节距 t

在有效圈范围内，相邻两圈的轴向距离称为节距。

9. 自由高度 H_0

弹簧在不受外力作用时的高度称为自由高度，即

$$H_0 = nt + (n_0 - 0.5)d$$

10. 弹簧的展开长度 L

制造弹簧时所用坯料的长度，即

$$L = n_1(\pi D_2)^2 + t^2$$

7.4.2　螺旋压缩弹簧的画图步骤

已知圆柱螺旋压缩弹簧的簧丝直径 $d = 4\,\mathrm{mm}$ ，弹簧外径 $D = 34\,\mathrm{mm}$ ，节距 $t = 10\,\mathrm{mm}$ ，有效圈数 $n=6$ ，支承圈数 $n_0 = 2.5$ ，右旋，绘制该弹簧的步骤如图 7-32 所示。

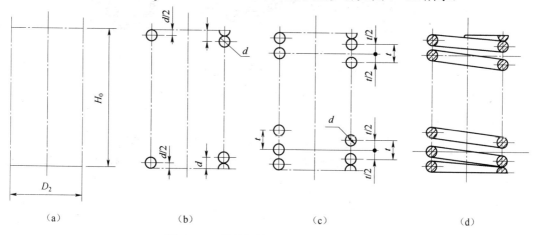

（a）　　　　　　　　（b）　　　　　　　　（c）　　　　　　　　（d）

图 7-32　圆柱螺旋压缩弹簧的绘图步骤

1）根据已知数据计算出弹簧中径 D_2 和弹簧自由高度 H_0 ，画出中径线和高度定位线，见图 7-32（a）。

2）根据簧丝直径 d ，画出两端的支承圈，见图 7-32（b）。

3）根据节距 t ，画出中间部分的有效圈数，见图 7-32（c）。

4）按右旋的方向作各圈的公切线，填上剖面符号，完成全图，见图 7-32（d）。

7.4.3　滚动轴承

滚动轴承是支承旋转轴的组件。由于它具有结构紧凑、效率高、摩擦阻力小、维护简单等优点，因此在各种机器中广泛应用。滚动轴承是标准部件，需要时可根据型号选购。

1. 滚动轴承的结构和分类

滚动轴承的结构一般由外圈、内圈、滚动体和保持架 4 部分组成，如图 7-33 所示。内圈装在轴上，与轴紧密结合在一起；外圈装在轴承座孔内，与轴承座孔紧密结合在一起；滚动体可做成滚珠（球）或滚子（圆柱、圆锥或针状）形状，排列在内、外圈之间；保持架用来把滚动体分开。

滚动轴承按其受力方向可分为三类：

（1）向心轴承

向心轴承主要承受径向载荷，如深沟球轴承，见图 7-33（a）。

（2）推力轴承

推力轴承主要承受轴向载荷，如推力轴承，见图 7-33（b）。

（3）向心推力轴承

向心推力轴承同时承受径向载荷和轴向载荷，如圆锥滚子轴承，见图7-33（c）。

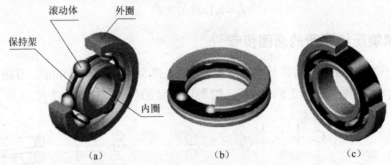

图7-33　滚动轴承的结构及类型

（a）深沟球轴承；（b）推力球轴承；（c）圆锥滚子轴承

2. 滚动轴承的代号

滚动轴承的基本代号表示轴承的基本类型、结构和尺寸，是滚动轴承代号的基础。滚动轴承（滚针轴承除外）基本代号由轴承类型代号、尺寸系列代号、内径代号三部分构成。代号示例如下。

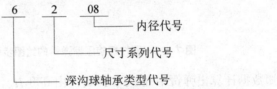

3. 滚动轴承的画法

滚动轴承是标准部件，不必画零件图。国家标准《机械制图　滚动轴承表示法》（GB/T 4459.7—1998）规定，在装配图中滚动轴承可采用通用画法、规定画法或特征画法画出，如图7-34所示。

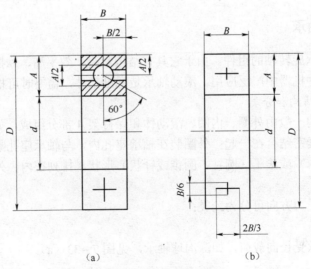

图7-34　滚动轴承的画法

（a）规定画法；（b）特征画法

第8章

零件图

零件是组成机器或部件的基本单位，任何机器或部件都是由若干个零件按一定的装配关系、技术要求装配而成的。

零件图是用来表示零件的结构形状、大小及技术要求的图样，是直接指导制造和检验零件的重要技术文件。它必须反映出设计者的意图，并应完整地表达所要制造的零件的形状、尺寸以及制造和检验该零件必要的技术资料。图8-1所示为轴承底座零件图。

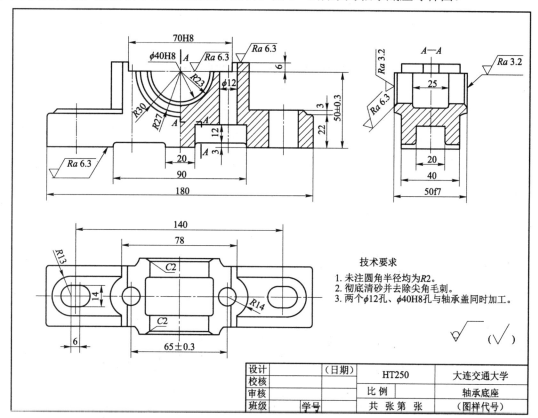

图8-1 轴承底座零件图

由于零件图是直接用于生产的技术文件，任何差错都可能造成废品，因此，必须十分重视零件图的绘制。要想绘制出能用于生产的零件图，必须学习零件设计的其他许多知识，以及零件加工制造的工艺和技术要求等知识，本章的重点放在培养学生的读图能力上。

8.1　零件图的内容

从图8-1中可以看出，一张完整的零件图一般应包括以下4个方面的内容。

1. 视图

用一组视图（其中包括6个基本视图、剖视图、剖面图、局部放大图和简化画法等方法）正确、完整、清晰和简便地表达出零件的内、外形状和结构。

2. 尺寸

正确、齐全、清晰、合理地标注出零件各部分的大小及其相对位置尺寸，即提供制造和检验零件所需的全部尺寸。

3. 技术要求

标注或说明零件在制造和检验中应达到的一些技术要求，如表面粗糙度、尺寸公差和热处理，将它们用一些规定的代（符）号、数字、字母或文字准确、简明地表示出来。

4. 图框、标题栏

标题栏在图样的右下角，应按标准格式画出，在其中注写零件的名称、材料、质量、图样的代号、比例，以及设计、校核及审核人的签名和日期等。

8.2　常见工艺结构的表达

零件的工艺结构，多数是在生产过程中为满足加工和装配要求而设计的，因此，在设计和绘制零件图时，必须将这些工艺结构绘制或标注在零件图上，以便于加工和装配。

8.2.1　铸造工艺结构

1. 拔模斜度

在铸造时为了取模方便，在铸件的内、外壁沿着起模方向设计成约为1:20的斜度，称为拔模斜度，如图8-2所示。拔模斜度在图上可以不标注，也可以不画出，但必须在技术要求中用文字加以说明。

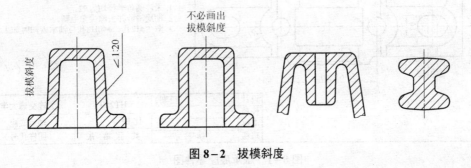

图8-2　拔模斜度

2. 铸造圆角

为避免铸件冷却后产生裂纹和缩孔,在铸件表面转折处应制有铸造圆角,如图 8-3 所示。但经过切削加工后,转折处则应画出尖角,因为这时的圆角已被切削掉。

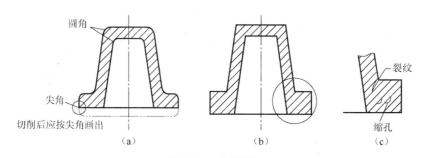

图 8-3　铸造圆角

(a) 正确;(b) 错误;(c) 缩孔和裂纹

3. 壁厚均匀过渡

为防止铸件浇注时,由于金属冷却速度不同而产生缩孔和裂纹,在设计铸件时,壁厚应尽量均匀或逐渐过渡,以避免产生壁厚突变或局部肥大现象。

4. 过渡线的画法

铸件上由于铸造圆角的存在,使零件表面在圆角处的交线变得不太明显,但为了区别不同形体的表面,一般仍需画出这些相贯线,这种相贯线称为过渡线,如图 8-4 所示。

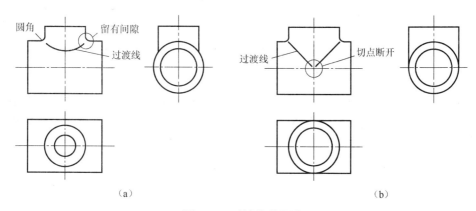

图 8-4　过渡线的画法

8.2.2　切削工艺结构

1. 倒角和倒圆

为了便于装配,一般在轴和孔的端部加工出一小段圆锥面,称为倒角。常见的倒角为 45°,代号为 C,如图 8-5 (a) 所示。也可以简化绘制和标注,如图 8-5 (b) 所示。

为了避免因应力集中而产生裂纹,在轴肩处制出圆角过渡,称为倒圆。如图 8-5 (a) 所示。也可以简化绘制和标注,如图 8-5 (b) 所示。

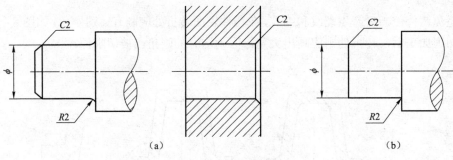

图8-5 倒角和倒圆

2. 退刀槽、砂轮越程槽

为了在切削加工时不损坏刀具和便于退刀，且在装配时保证与相邻零件的端面靠紧，常在轴的根部和孔的底部制出环形沟槽，称为退刀槽或砂轮越程槽。退刀槽或砂轮越程槽可标注"槽宽×直径"，如图8-6（a）所示，或标注"槽宽×槽深"，如图8-6（b）所示。

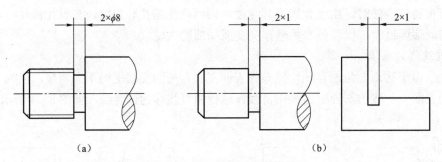

图8-6 退刀槽或砂轮越程槽

3. 钻孔

使用钻头加工的盲孔和阶梯孔，因钻头顶部的锥顶角约为118°，钻孔时形成不穿通孔底部的锥面，画图时钻头角可简化为120°，视图中不必标注角度。钻孔深度不包括钻头角，如图8-7所示。

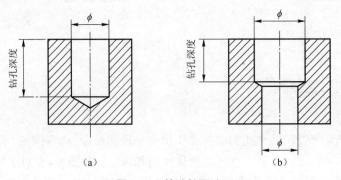

图8-7 钻孔的画法

8.3 表面粗糙度

零件加工时，由于刀具在零件表面上留下的刀痕、切屑分裂时表面金属的塑性变形，以及由于机床、工件和刀具系统的振动在工件表面所形成的间距等影响，使零件表面在放大镜下看，仍然存在着高低不平的波纹，它们综合影响零件的表面轮廓。表面结构是表面粗糙度、表面波纹度、表面缺陷、表面纹理和表面几何形状的总称。

8.3.1 表面粗糙度的概念

根据国家标准《产品几何技术规范（GPS）技术产品文件中表面结构的表示法》（GB/T 131—2006）的规定，对于零件的表面结构状况，即评定表面结构常用的参数，是由三大参数加以评定的，即轮廓参数（由 GB/T 3505—2009 定义）、图形参数（由 GB/T 18618—2009 定义）、支承率曲线参数（由 GB/T 18778.2—2003 和 GB/T 18778.3—2006 定义）。其中轮廓参数是我国机械图样中目前最常用的，轮廓算术平均偏差（Ra）、轮廓最大高度（Rz）两项参数是评定零件表面粗糙度的主要参数，使用时宜优先选用轮廓算术平均偏差 Ra。

如图 8-8 所示，在零件表面的一段取样长度 L（用于判断表面结构特征的一段中线长度）内，轮廓偏距 y 是轮廓线上的点到中线的距离，中线以上 y 为正值，反之 y 为负值。Ra 是轮廓偏距绝对值的算术平均值，用公式表示为

$$Ra = \frac{1}{L}\int_0^L \left|Z(x)\right|\mathrm{d}x \text{ 或近似为 } Ra = \frac{1}{n}\sum_{i=1}^{n}\left|Zi\right|$$

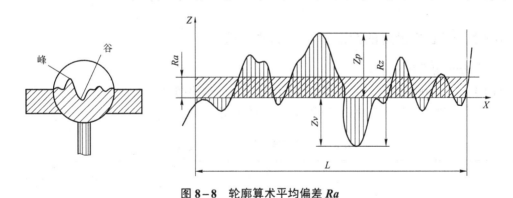

图 8-8 轮廓算术平均偏差 Ra

轮廓最大高度 Rz 是指在一个取样长度内，最大轮廓峰高 Zp 和最大轮廓谷深 Zv 之和的高度。

零件表面上的峰谷由加工时所采用的刀具、机具及其他因素形成，Ra 的获得与加工方法有关，参见表 8-1，表面质量要求越高即表面越光滑。

表面结构参数值的选用，应该既要满足零件表面的功能要求，又要考虑经济合理性。

在满足零件功能要求的前提下，应尽量选用较大的表面结构参数值，以降低加工成本。

表 8-1 表面结构参数 *Ra* 值应用举例

Ra/μm	表面特征	表面形状	获得表面结构的方法举例	应用举例
100	粗糙面	明显可见的刀痕	锯断、粗车、粗铣、粗刨、钻孔，及用粗纹锉刀、粗砂轮等加工	粗加工表面，一般很少使用
50		可见的刀痕		
25		微见的刀痕		
12.5	半光面	可见加工痕迹	拉制（钢丝）、精车、精铣、粗铰、粗铰埋头孔，刮研	支架、箱体、离合器、带轮螺钉孔、轴或孔的退刀槽、量板、套筒等非配合面，齿轮非工作面，主轴的非接触外表面，IT8～IT11 级公差的结合面
6.3		微见加工痕迹		
3.2		看不见加工痕迹		
1.6	光面	可辨加工痕迹的方向	精磨，金刚石车刀的精车、精铰、拉制加工	轴承的重要表面，齿轮轮齿的表面，普通车床导轨面，滚动轴承相配合的表面，机床导轨面，发动机曲轴、凸轮轴的工作面，活塞外表面，IT6～IT8 级公差的结合面
0.8		微辨加工痕迹的方向		
0.4		不可辨加工痕迹的方向		
0.2	最光面	暗光泽面	研磨加工	活塞销、涨圈的表面，分气凸轮的外表面，曲柄轴的轴颈，气门及气门座的支承表面，发动机气缸内表面
0.1		亮光泽面		
0.05		镜状光泽面		
0.025		雾状镜面		

8.3.2　表面粗糙度的图形符号和标注方法

1. 表面结构图形符号

GB/T 131—2006 规定了表面结构图形符号。表面结构图形符号分为基本图形符号、扩展图形符号、完整图形符号三种。表面结构符号的分类及画法见表 8-2。

表 8-2　表面结构符号的分类及画法

符号	意义及说明	符号画法
$\sqrt{}$	基本符号，表示表面可用任何方法获得。当不加注粗糙度参数值或有关说明时，仅适用于简化代号标注	H_1 60° 60° H_2 $H_2 \approx 2H_1$
$\sqrt{}$	扩展图形符号，基本符号加一短划，表示表面是用去除材料的方法获得的。例如，车、铣、钻、磨、剪切、抛光、腐蚀、电火花加工、气割等	
$\sqrt{}$	扩展图形符号，基本符号加一小圈，表示表面是用不去除材料的方法获得的。例如，铸、锻、冲压变形、热轧、冷轧、粉末冶金等，或者是用于保持原供应状况的表面（包括保持上道工序的状况）	

符号	意义及说明	符号画法
√ √ √	完整图形符号	
√ √ √	视图上封闭轮廓的各表面具有相同的表面粗糙度要求	

常见表面结构（粗糙度）代号及含义见表 8－3。

表 8－3　常见表面结构（粗糙度）代号及含义

代号示例（旧标准）	代号示例（GB/T 131—2006）	含义
3.2 √	√ Ra 3.2	用不去除材料的方法获得的表面粗糙度，Ra 的值为 3.2 μm
6.3 √	√ Ra 6.3	用去除材料的方法获得的表面粗糙度，Ra 的值为 6.3 μm
	√ Ra 3.2　Rz 1.6	用去除材料的方法获得的表面粗糙度，Ra 的值为 3.2 μm，Rz 的值为 1.6 μm

2. 表面结构图形符号的标注（GB/T 131—2006）

1）在图样上，表面结构图形符号（包括 Ra 数值）的注写和读取方向与尺寸的注写和读取方向一致，一般标注在可见轮廓线、尺寸界线、引出线或它们的延长线上，其符号应从材料外指向接触表面，如图 8－9（a）所示。

2）在同一图样上，每一个表面一般只标注一次符号、代号，并尽可能靠近有关的尺寸线。当零件大部分表面具有相同的表面结构要求时，可统一标注在图样的标题栏附近。

3）表面结构图形符号中的 Ra 数值不应倒着标注，也不应指向右侧标注，遇到这种情况应采用指引线标注，如图 8－9（b）所示。

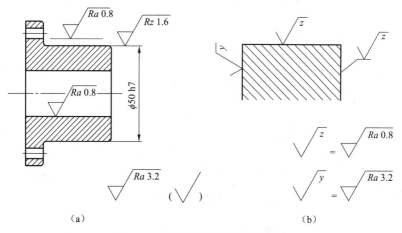

（a）　　　　　　　　　　　　（b）

图 8－9　表面结构图形符号的标注

4）对于圆柱和棱柱表面的表面结构要求只标注一次，如果每个棱柱表面有不同的表面要求，则应分别单独标注。

以上只介绍表面结构表示法的一般方法，关于更详细的标注规定，可查阅相关国家标准 GB/T 3505—2009 和 GB/T 131—2006。

8.4　极限与配合

8.4.1　极限与配合的概念

在实际生产中，由于设备、工夹具及测量误差等因素的影响，零件不可能制造得绝对准确，零件的尺寸、形状和结构的相对位置都存在着误差。

但是，现代设计为了提高生产率，要求批量生产各种零件，而在装配时，从同一批零件中任取一个，不经修配或其他加工就可顺利地装到机器上去，并满足机器的性能要求，这种能够互换通用的性质称为互换性。

为了使零件（或部件）具有互换性，就要求它们的尺寸、形状与相互位置、表面粗糙度等控制在一个适当的范围内，以便于加工、装配和维修，从而满足其技术要求，并获得高的经济效益。国家标准《产品几何技术规范（GPS）　极限与配合》（GB/T 1800.1—2009、GB/T 1800.2—2009、GB/T 1801—2009 和 GB/T 1803—2003）等对尺寸极限与配合分类做了基本规定，是互换性得以实现的重要保证。

8.4.2　极限与配合的术语

为了保证零件的互换性，就必须对零件的尺寸规定一个允许的变动范围，这个变动范围就是通常所讲的尺寸公差。

1. 极限

极限有关术语的含义如图 8-10 所示。

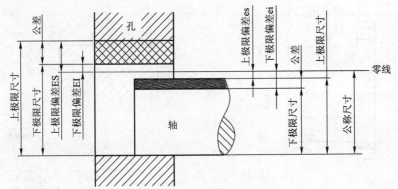

图 8-10　极限有关术语的含义

（1）公称尺寸

公称尺寸是指图样规范确定的理想形状要素的尺寸。

（2）实际（组成）要素

实际（组成）要素，由接近实际（组成）要素所限定的工件实际表面的组成要素部分。

（3）极限尺寸

极限尺寸是指尺寸要素允许的尺寸的两个极端。它以公称尺寸为基数来确定，尺寸要素允许的最大尺寸为上极限尺寸，尺寸要素允许的最小尺寸为下极限尺寸。

（4）尺寸偏差

尺寸偏差是指某一尺寸减去其公称尺寸所得的代数差，简称偏差。尺寸偏差分为上极限偏差（ES，es）和下极限偏差（EI，ei）。上极限偏差为上极限尺寸减去其公称尺寸所得到的代数差，下极限偏差为下极限尺寸减去其公称尺寸所得到的代数差。上、下极限偏差可以是正值、负值或零。

（5）尺寸公差（简称公差）

尺寸公差是指允许尺寸的变动量，即上极限尺寸与下极限尺寸之代数差，也等于上极限偏差与下极限偏差之代数差，所以尺寸公差一定为正值。

（6）零线

零线是指在极限与配合图解（简称公差带图）中，表示公称尺寸的一条直线，以其为基准确定偏差和公差。通常零线沿水平方向绘制，正偏差位于其上，负偏差位于其下。

（7）尺寸公差带（简称公差带）

尺寸公差带是指在公差带图中，由代表上、下极限偏差的两条直线所限定的一个区域，如图 8-11 所示。公差带既表示了公差的大小，又表示了上、下极限偏差相对零线的位置。

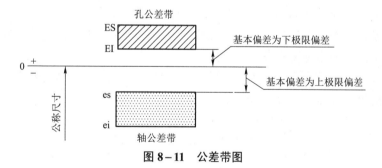

图 8-11　公差带图

（8）标准公差（IT）

标准公差是指国家标准《产品几何技术规范（GPS）　极限与配合》中所规定的，用以确定公差带大小的任意一个公差，它的数值由公称尺寸和公差等级所确定。

（9）公差等级

标准公差的等级，它表示尺寸的精确程度。国家标准规定标准公差分为 20 级。IT 表示标准公差，公差等级代号用阿拉伯数字表示，从 IT01～IT18 等级依次降低。

（10）基本偏差

公差带中两个极限偏差（上极限偏差、下极限偏差）中接近零线的那个极限偏差称为基本偏差。凡是位于零线以上的公差带，下极限偏差为基本偏差；而位于零线以下的公差带，上极限偏差为基本极限偏差。

国家标准规定的基本偏差共 28 个，其代号用拉丁字母表示，大写为孔的基本偏差，小写为轴的基本偏差，如图 8－12 所示。

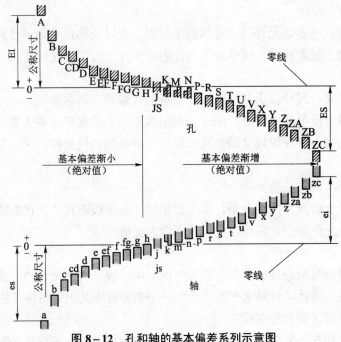

图 8－12　孔和轴的基本偏差系列示意图

从图 8－12 中可以看出，孔的基本偏差中，A～H 为下极限偏差，J～ZC 为上极限偏差；轴的基本偏差中，a～h 为上极限偏差，j～zc 为下极限偏差。

孔和轴的基本偏差呈对称形状分布在零线的两侧。图 8－12 中公差带一端画成开口，表示不同公差等级的公差带宽度有变化。

根据公称尺寸可以从有关标准中查得轴和孔的基本偏差数值，再根据给定的标准公差即可计算轴和孔的另一偏差，计算公式如下：

轴

$$es=ei+IT \text{ 或 } ei=es-IT$$

孔

$$ES=EI+IT \text{ 或 } EI=ES-IT$$

公差带代号：孔、轴公差带代号由基本偏差代号与公差等级代号组成。孔的基本偏差代号用大写拉丁字母表示，轴用小写拉丁字母表示；公差等级用阿拉伯数字表示。如孔的公差带代号 F8 和轴的公差带代号 f8。

【例 8－1】说明 $\phi50H8$ 的含义，计算其上、下极限偏差，并画其公差带图。

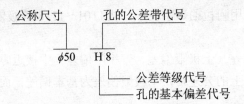

由附录可查得 IT=0.039 mm。偏差位置为 H，下极限偏差为

$$EI=0$$

上极限偏差为

$$ES=EI+IT=0+0.039=0.039 \text{ mm}$$

所以，$\phi 50H_0^{+0.039}$。

公差带图如图 8–13 所示。

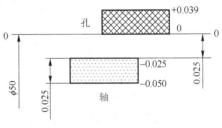

图 8–13　$\phi 50H8/f7$ 的公差带图

【例 8–2】计算 $\phi 50f7$ 的偏差值，并画其公差带图。

$\phi 50f7$ 表示公称尺寸为 $\phi 50$ 的轴，公差等级为 7 级，基本偏差为 f。由附录可查得：IT7=0.025 mm，es=−0.025（偏差位置为 f）。所以有

$$ei=es−IT=−0.025−0.025=−0.050 \text{ mm}$$

即 $\phi 50_{-0.050}^{-0.025}$。

公差带图如图 8–13 所示。

2. 配合

公称尺寸相同的孔和轴装配在一起称为配合。它说明公称尺寸相同、相互结合的孔和轴公差带之间的关系。当孔的实际（组成）要素大于轴的实际尺寸时它们存在着间隙，当轴的实际（组成）要素大于孔的实际（组成）要素时则为过盈，即在孔和轴装配后可得到不同的松紧程度，如图 8–14 所示。

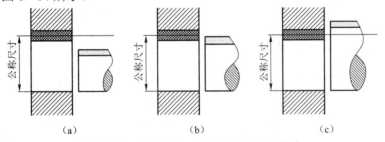

图 8–14　间隙配合、过渡配合与过盈配合
（a）间隙配合；（b）过渡配合；（c）过盈配合

（1）配合的种类

根据设计和工艺要求，配合分为三类。

1）间隙配合：具有间隙的配合（包括最小间隙为零），其孔的公差带在轴的公差带之上。

2）过盈配合：具有过盈的配合（包括最小过盈为零），其孔的公差带在轴的公差带之下。

3）过渡配合：可能具有间隙或过盈的配合，其孔的公差带与轴的公差带相互交叠。

配合代号：用孔、轴公差代号组合表示，写成分数形式，分子为孔公差带代号，分母为轴公差带代号。如 $\dfrac{H8}{f7}$ 或 H8/f7 表示公差等级为 8 级、基本偏差为 H 的基准孔与公差等级为 7 级、基本偏差为 f 的轴配合。

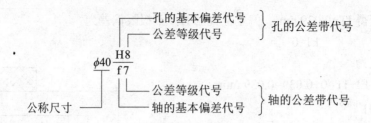

$$\phi 40 \frac{H8}{f7}$$

（2）配合的基准制

根据设计要求孔和轴之间可以有各种不同的配合，如果孔和轴两者都可以任意变动，则情况变化极多，不便于零件的设计和制造。为此，可以按以下两种制度规定孔和轴的公差带。

1）基孔制：基本偏差为一定的孔的公差带与不同基本偏差的轴的公差带形成各种配合的一种制度，如图 8-15（a）所示。基孔制的孔称为基准孔，基准孔的下极限偏差 EI 为零，并用代号 H 表示，如 $\phi 30H8/h7$。

2）基轴制：基本偏差为一定的轴的公差带与不同基本偏差的孔的公差带形成各种配合的一种制度，如图 8-15（b）所示。基轴制的轴称为基准轴，基准轴的上极限偏差 es 为零，并用代号 h 表示，如 $\phi 30F8/h7$。

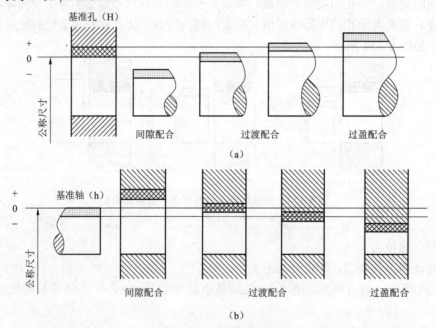

图 8-15 基孔制与基轴制

（a）基孔制配合；（b）基轴制配合

优先配合与常用配合：为了减少定值刀具、量具的规格数量，以获得最大的经济效益，不论基孔制还是基轴制都规定有优先配合和常用配合，在一般情况下应尽量选用。

一般优先采用基孔制，因加工相同精度要求的孔要比轴困难。在保证使用要求的前提下，为减少加工工作量，一般应选用孔比轴低一级的公差才是合理经济的。

8.4.3 极限与配合的代号及标注方法

1. 在装配图中的注法

配合在装配图中的注法，有以下几种形式：

1）标注孔、轴的配合代号，如图 8-16（a）所示，这种注法应用最多。

2）零件与标准件或外购件配合时，装配图中可仅标注该零件的公差带代号。如图 8-16（b）中轴颈与滚动轴承轴圈的配合，只注出轴颈 ϕ30k6；机座孔与滚动轴承座圈的配合，只注出机座孔 ϕ62J7。

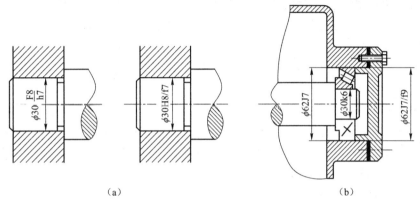

图 8-16 装配图中配合的注法

2. 在零件图中的注法

公差在零件图中的注法，有以下几种形式，如图 8-17 所示。

1）在公称尺寸后标注偏差数值。这种注法常用于小批量或单件生产中，以便加工检验时对照。

2）在公称尺寸后标注偏差代号。这种注法常用于大批量生产中，由于与采用专用量具检验零件统一起来，因此不需要注出偏差值。

3）在公称尺寸后同时标注公差带代号和偏差数值，偏差数值应该用圆括号括起来。这种标注形式常用于产品转产较频繁的生产中。

国家标准规定，同一张零件图上其公差只能选用一种标注形式。

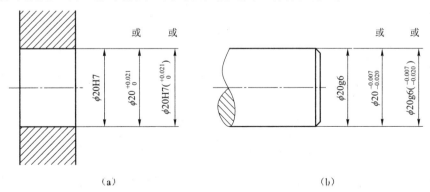

图 8-17 零件图中公差的注法

8.5 形位公差及其标注方法

8.5.1 几何公差的概念

加工后的零件不仅尺寸存在误差,而且几何形状和相对位置也存在误差,如加工的圆柱可能不圆、轴的轴线不直、与外表面的相对位置不正确等。所以,为了满足使用要求,零件结构的几何形状和相对位置则由形状公差和位置公差来保证。GB/T 1182—2008、GB/T 1184—1996,GB/T 4249—2009 和 GB/T 16671—2009 等国家标准对形位公差的术语、定义、符号、标注和在图样中的表示方法等都做了详细的规定,下面进行简要介绍。

1. 形状误差和公差

形状误差是指单一实际要素的形状对其理想要素形状的变动量。单一实际要素的形状所允许的变动全量称为形状公差。

2. 位置误差和公差

位置误差是指关联实际要素的位置对其理想要素位置的变动量。理想位置由基准确定,关联实际要素的位置对其基准所允许的变动全量称为位置公差。

形状公差和位置公差简称形位公差。

3. 形位公差的项目及符号

形位公差各项目及符号见表 8-4。

表 8-4 形位公差各项目及符号

公差类型	几何特征	符号	有无基准
形状公差	直线度	⎯	无
	平面度	▱	无
	圆度	○	无
	圆柱度	⌀	无
	线轮廓度	⌒	无
	面轮廓度	⌓	无
方向公差	平行度	∥	有
	垂直度	⊥	有
	倾斜度	∠	有
	线轮廓度	⌒	有
	面轮廓度	⌓	有
位置公差	位置度	⊕	有或无

续表

公差类型	几何特征	符号	有无基准
位置公差	同心度（用于中心点）	◎	有
	同轴度（用于轴线）	◎	有
	对称度	═	有
	线轮廓度	⌒	有
	面轮廓度	⌓	有
跳动公差	圆跳动	↗	有
	全跳动	⌰	有

8.5.2　形位公差的标注方法

国家标准规定，形位公差在图样中应采用代号标注。代号由公差项目符号、框格、指引线、公差数值和其他有关符号组成，如图 8−18 所示。

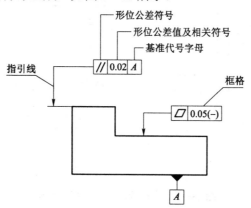

图 8−18　形位公差代号及填写内容

1. 公差框格

框格用细实线绘制，可画两格或多格，要水平（或铅垂）放置，框格的高（宽）度是图样中尺寸数字高度的 2 倍，框格中的数字、字母和符号与图样中的数字同高，填写的内容和顺序如图 8−18 所示。

2. 指引线

指引线一端有箭头，箭头应垂直指向被测表面的轮廓线或其延长线，当被测部位为轴线或对称平面时，指引线的箭头应与该要素的尺寸线对齐。

3. 基准

基准是指确定被测部位位置所依据的零件表面或轴线，图样上用基准符号或基准代号指明。与被测要素相关的基准用一个大写字母表示，字母标注在基准方格内，与一个涂黑的或空白的三角形相连，以表示基准。

形位公差标注的综合举例如图 8−19（a）所示。图例中各项形位公差及其相关符号的意义如下：

基准 A 是 $\phi22$ 的圆柱孔的轴线。

$\boxed{H\ \vert\ 0.05}$ 表示 $\phi35$ 圆柱面的圆柱度误差为 0.05 mm，即该被测圆柱面必须位于半径差为公差值 0.05 mm 的两同轴圆柱面之间。

$\boxed{\nearrow\ \vert\ 0.015\ \vert\ A}$ 表示 $\phi22$ 的圆柱面对基准 A 的端面圆跳动公差为 0.015 mm，即被测面围绕基准线 A（基准轴线）旋转一周时，任意一个测量直径处的轴向圆跳动量不得大于公差值 0.015 mm。

$\boxed{\perp\ \vert\ 0.1\ \vert\ A}$ 表示 $\phi35$ 的圆柱左端面与基准 $A\phi22$ 轴线的垂直度公差为 0.1 mm，即该被测面必须位于距离为公差值 0.1 mm，且垂直于基准线 A（基准轴线）的两平行平面之间。

$\boxed{\oplus\ \vert\ \phi0.1\ \textcircled{M}\ \vert\ A\ \vert\ B\ \vert\ C}$ 表示 6×$\phi12$ 孔的轴线相对于 A、B、C 三个表面的位置度不大于 $\phi0.1$；$\textcircled{M}$ 表示最大实体状态，即实际要素在尺寸公差范围内具有材料量为最多的状态，$\boxed{30}$ 和 $\boxed{36}$ 表示理论正确位置尺寸，如图 8−19（b）所示。

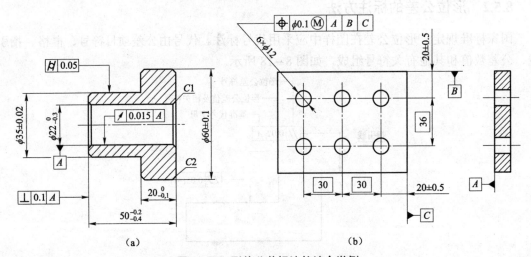

图 8−19　形位公差标注的综合举例

8.6　零件图阅读举例

设计零件时，经常需要参考同类机器零件的图样，这就需要看零件图。制造零件时，也需要看懂零件图，想象出零件的结构和形状，了解各部分尺寸及技术要求等，以便加工出零件。

8.6.1　读零件图的方法和步骤

读零件图就是根据图样想象出零件的结构形状，搞清零件的大小、技术要求和零件的用途以及加工方法等。看零件图的一般方法和步骤如下。

1. 概括了解

首先从零件图的标题栏了解零件的名称、材料、绘图比例等。

2. 分析视图，读懂零件的结构和形状

分析零件图采用的表达方法，如选用的视图、剖切面位置及投射方向等，按照形体分析等方法，利用各视图的投影对应关系，想象出零件的结构和形状。弄懂零件的形状是读零件图的主要环节。

3. 分析尺寸、了解技术要求

确定各方向的尺寸基准，了解各部分结构的定形和定位尺寸；了解各配合表面的尺寸公差、有关的形位公差、各表面的粗糙度要求及其他要求达到的指标等。通过尺寸分析，可以对零件的构造、作用多方面情况进一步加深理解。

4. 综合想象

将看懂的零件结构、形状、所注尺寸及技术要求等内容综合起来，想象出零件的全貌，这样就可以说基本看懂了一张零件图。

下面对常见的零件以及加工方法进行分类，并举例说明零件图的读图方法和步骤。

8.6.2 轴套类零件

1. 结构分析

轴套类零件一般由回转体组成，如图 8-20 所示，通常是由不同直径的圆柱等构成的细长件。由于通常起支承、传动、连接等作用，因此根据设计、安装、加工等要求，常有局部结构，如倒角、圆角、退刀槽、键槽、中心孔及锥度等。

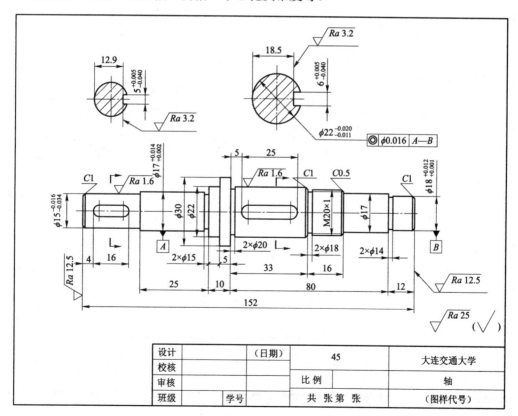

图 8-20 轴

2．表达方案分析

1）采用加工位置轴线水平放置，轴线细长特征的视图作为主视图。用一个基本视图把轴上各段回转体的相对位置和形状表达清楚。

2）用断面图、局部视图、局部剖视图或局部放大图等表达方式表示轴上的局部构形。

3）对于形状简单且较长的零件也可采用折断的方法表示。

4）空心轴套因存在内部结构，可用全剖视图或半剖视图表示。

3．尺寸标注分析

1）轴套类零件常以重要的定位轴肩端面作为长度方向的主要尺寸基准，轴的端面为工艺基准，而以回转轴线作为另两个方向的主要基准。

2）主要性能尺寸必须直接标出，其余尺寸多按加工顺序标注。

3）注意车、铣不同工序的加工尺寸相对集中，注写在轴的两边。

4）零件上标准结构较多，注意其尺寸标注的规定。

8.6.3 盘盖类零件

1．结构分析

盘盖类零件包括手轮、带轮、端盖及盘座等，其主体一般为回转体或其他平板形，厚度方向的尺寸比其他两个方向的尺寸小，如图 8-21 所示的端盖。盘盖类零件的毛坯通常为

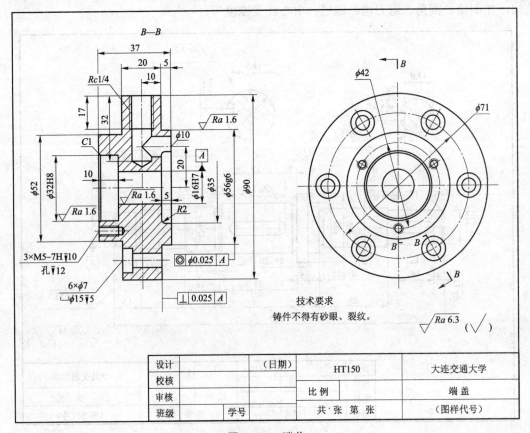

图 8-21 端盖

铸件或锻件，需经过必要的切削加工才能制成。常见的局部构形有凸台、凹坑、螺孔、销孔及轮辐等。

2. 表达方案分析

1）以回转体为主体的盘盖类零件主要在车床上加工，所以应按加工位置选择主视图，轴线水平放置。对非回转体类盘盖类零件可按工作位置来确定主视图。

2）该类零件一般需要两个基本视图，如主、左视图或主、俯视图。

3）常采用单一剖切面或旋转剖、阶梯剖等剖切方法表示各部分结构。

4）注意均布肋板、轮辐的规定画法。

3. 尺寸标注分析

1）盘盖类零件通常以主要回转面的轴线、主要形体的对称线或经加工的较大的结合面作为主要基准。

2）盘盖类零件各部分的定形尺寸和定位尺寸比较明显。具体标注时，应注意同心圆上均布孔的标注形式，而且内外结构形状尺寸应分开标注等。

8.6.4 叉架类零件

1. 结构分析

叉架类零件常见的有拨叉、支架、连杆等，其工作部分和安装部分之间常有倾斜结构和不同截面形状的肋板或实心杆件连接，形式多样，结构复杂，常由铸造或模锻制成毛坯，经必要的机械加工而成，具有铸锻圆角、拔模斜度、凸台、凹坑等常见结构，如图 8-22 所示的连杆。

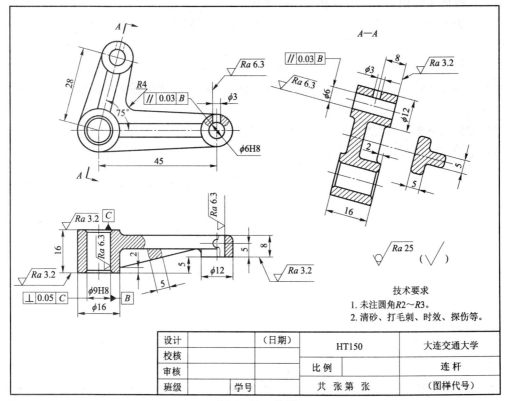

图 8-22　连杆

2. 表达方案分析

1）主视图一般按形状特征和工作位置或自然放正位置确定。

2）一般除采用基本视图表达外，常用斜视图、斜剖视图、局部视图和断面图来表达局部结构。

3. 尺寸标注分析

1）长、宽、高三个方向的主要基准一般为孔的中心线、轴线、对称平面和较大的安装板底面。

2）定位尺寸较多，要注意保证主要部分的定位精度。一般要标注出孔中心线间的距离，或孔中心到平面的距离或平面到平面的距离。

3）定形尺寸一般都采用形体分析法标注，注意制模的方便性。

8.6.5　箱体类零件

1. 结构分析

箱体类零件常见的有各类箱体、阀体、泵体等，它们结构复杂，主要结构是由均匀的薄壁围成，不同形状的空腔壁上有多方向的孔，起容纳和支承作用。多数是由铸造毛坯，经必要的机械加工而成，具有加强肋、凹坑、凸台、铸造圆角、拔模斜度等常见结构，如图 8-23 所示的泵体。

2. 表达方案分析

1）主视图主要根据构形特征和工作位置确定。

2）该类零件一般需用三个以上的基本视图。表达时应特别注意处理好内、外结构的表达问题。

3. 尺寸标注分析

1）箱体类零件的长、宽、高三个方向的主要基准选用较大的最先加工面，如安装面、孔的定位中心线、轴线、对称平面等。

2）定位尺寸多，各孔中心线间的距离一定要直接标注。

3）定形尺寸可采用形体分析方法标注。

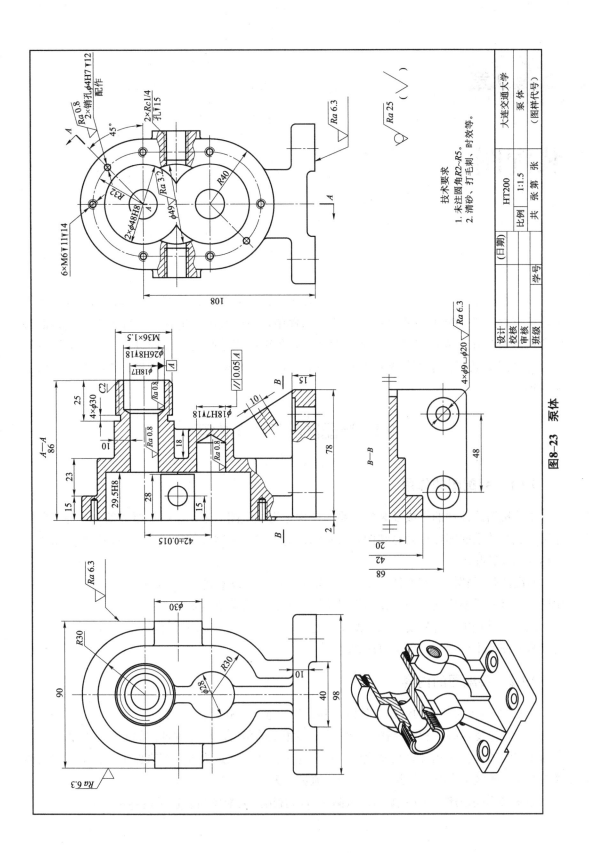

图8-23　泵体

第 9 章

装配图

在进行机器和部件的设计时，一般从装配体开始，然后再根据装配体设计零件。零件不是孤立存在的，每个零件存在于机器或部件中，并有其独特的作用。每个零件与其他零件有机地装配在一起，实现整个部件的功用。在设计和绘制装配图的过程中，应重视零件与零件之间的装配关系和装配结构的合理性，以保证机器或部件的性能，方便零件的加工和装拆。

9.1 装配图的作用与内容

9.1.1 装配图的作用

表达机器或部件的组成及装配关系的图样称为装配图。表示整机的组成部分及各部分的连接、装配关系的图样称为总装图。表示部件的组成、各零件的位置及连接、装配关系的图样称为部件装配图。

装配图是了解机器或部件工作原理、功能、结构的技术文件，是进行装配、检验、安装、调试和维修的重要依据，是设计部门提交给生产部门的重要技术文件。

在设计过程中，首先要绘制装配图，然后再根据装配图完成零件的设计及绘图。绘制和阅读装配图是本课程的重点学习内容之一。

9.1.2 装配图的内容

图 9-1 所示为球阀的结构立体图，其工作原理是：转动扳手 12，带动阀杆 13 和球心 4 转动，通过改变球心 4 和阀体接头 5 内孔轴线相交的角度，来控制球阀的流量。当球心 4 内孔轴线与阀体接头 5 内孔轴线垂直时，球阀完全关闭，流量为 0；当球心 4 内孔轴线与阀体接头 5 内孔轴线重合时，球阀完全打开，流量最大。

图 9-2 所示为球阀的装配图，从图中可以看出，装配图包含以下内容。

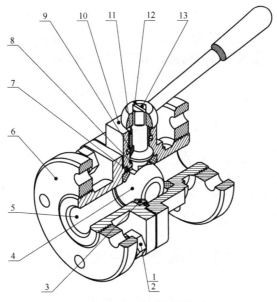

图 9-1　球阀的结构

1—螺母 M12；2—螺柱 M12×25；3—密封圈；4—球心；5—阀体接头；6—法兰；7—垫片；
8—垫环；9—密封环；10—阀体；11—螺纹压环；12—扳手；13—阀杆

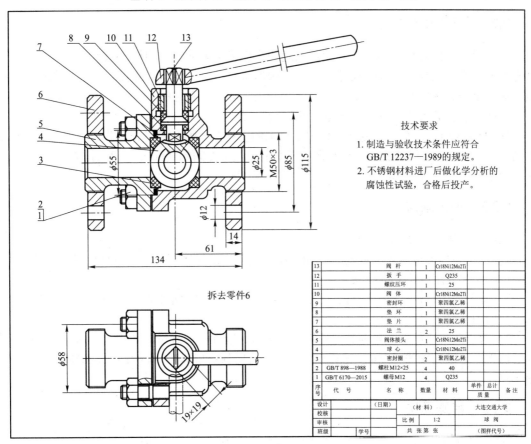

技术要求

1. 制造与验收技术条件应符合
   GB/T 12237—1989的规定。
2. 不锈钢材料进厂后做化学分析的
   腐蚀性试验，合格后投产。

拆去零件6

13		阀　杆	1	Cr18Ni12Mo2Ti			
12		扳　手	1	Q235			
11		螺纹压环	1	25			
10		阀　体	1	Cr18Ni12Mo2Ti			
9		密封环	1	聚四氯乙稀			
8		垫　环	1	聚四氯乙稀			
7		垫　片	1	聚四氯乙稀			
6		法　兰	2	25			
5		阀体接头	1	Cr18Ni12Mo2Ti			
4		球　心	1	Cr18Ni12Mo2Ti			
3		密封圈	2	聚四氯乙稀			
2	GB/T 898—1988	螺柱 M12×25	4	40			
1	GB/T 6170—2015	螺母 M12	4	Q235			
序号	代　号	名　称	数量	材料	单件	总计	备注
					质量	质量	
设计		（日期）		（材料）		大连交通大学	
校核							
审核				比例	1:2	球　阀	
班级		学号		共 张 第 张		（图样代号）	

图 9-2　球阀的装配图

1. 一组图形

正确、完整、清晰地表达机器或部件的组成，零件之间的相对位置关系、连接关系、装配关系，工作原理，以及主要零件的结构、形状的一组视图。

2. 必要的尺寸

用来表示零件间的配合，零部件的安装，机器或部件的性能、规格，关键零件间的相对位置，以及机器的总体大小。

3. 技术要求

用来说明机器或部件在装配、安装、检验、维修及使用方面的要求。

4. 零件的序号、明细栏和标题栏

序号与明细栏配合说明零件的名称、数量、材料、规格等，在标题栏中填写部件名称、数量及生产组织和管理工作需要的内容。

9.2　装配图的表达方法

零件的各种表达方法在表达机器或部件时同样适用，但装配图以表达机器或部件的工作原理、各零件间的装配关系为主，因此，除了前面章节所介绍的各种表达方法外，还需要一些表达机器或部件的规定画法和特殊表达方法。

9.2.1　基本表达方法

零件图表达的是单个零件，装配图表达的是由多个零件组成的机器或部件，它们表达的重点不同。零件图反映零件的尺寸大小、结构形状以及对各表面粗糙度、相对位置、形位公差、尺寸公差、热处理、表面处理等方面的要求；装配图表达的重点是机器或部件的工作原理、装配关系安装尺寸，以及主要零件的形状、尺寸等。

如图 9-3 所示，安全阀装配图采用了全剖的主视图、俯视图和 B 向视图，采用了对称表达画法，另外加一个局部放大的剖视图，把安全阀各零件间的装配关系和工作原理表达清楚，并表明了各主要零件的形状。

9.2.2　规定画法

装配图的规定画法如下：

1）两个零件的接触表面或配合表面只画一条共用的轮廓线；不接触的两零件表面，即使间隙很小，也要用两条轮廓线表示。

2）画剖视图时，互相接触两零件的剖面线方向应相反、错开或不同间隔。对薄片零件可涂黑，如图 9-2 中的 7（垫片）。

3）对一些实心杆件（如轴、拉杆等）和一些标准件（如螺母、螺栓、垫圈、键、销等），若剖切平面通过其轴线（纵向）剖切时，这些零件只画外形，不画剖面线，如图 9-2 中的 13（阀杆）。

9.2.3　特殊画法

1. 拆卸画法

为了表达被遮挡的装配关系，可假想拆去一个或几个零件，只画出所要表达部分的视图，这种画法称为拆卸画法。如图 9-2 中的俯视图，是拆去零件 6（法兰）后绘制的。

2. 沿结合面剖切画法

为了表达内部结构，可采用沿结合面剖切画法。零件的结合面不画剖面线，被剖切的零件应画出剖面线。

3. 单独表达某个零件

在装配图中，当某个零件的形状未表达清楚而对理解装配关系有影响时，可单独画出该零件的某一视图。

4. 夸大画法

遇到薄片零件、细丝弹簧等微小间隙时，无法按实际尺寸画出，或虽能如实画出，但不能明显表达其结构（如圆锥销、锥销孔的锥度很小时），均可采用夸大画法。即把垫片厚度、簧丝直径等微小间隙以及锥度等适当夸大画出，如图 9-2 中的 7（垫片）就是采用夸大画法绘制的。

5. 假想画法

在装配图中，可用细双点画线画出某些零件的外形轮廓，以表示机器或部件中某些运动零件的极限位置或中间位置，如图 9-2 中球阀手柄的运动范围；也可以表示与本部件有装配关系但又不属于本部件的其他相邻零部件的位置。

6. 展开画法

为了表达某些重叠的装配关系，如多级传动变速箱、齿轮的传动顺序和装配关系，可假想将空间轴系按其传动顺序展开在一个平面上，画出剖视图，这种画法称为展开画法。

9.2.4　简化画法

装配图的简化画法主要包括：

1）在装配图中，零件的工艺结构，如圆角、倒角以及退刀槽等允许不画。

2）在装配图中，螺母和螺栓头允许采用简化画法。当遇到螺纹连接件等相同的零件组时，在不影响理解的前提下，允许只画一处，其余可用细点画线表示其中心位置。

3）在剖视图中，表示滚动轴承时，允许只画出对称图形的一半，另一半画出其轮廓，并用细实线画出轮廓的对角线。

9.2.5　视图选择与表达举例

1. 部件分析

部件分析包括分析部件的功能、组成，零件间的装配关系以及装配干线的组成，分析部件的工作状态、安装固定方式及工作原理。

安全阀的装配图如图 9-3 所示，其工作原理是当 $\phi 20$ 的进油孔腔内压力过大时，阀门 2 被顶开，油被压入出油孔，从而减缓进油腔内的压力，保证油路的安全。通过调节螺母 7 来控制弹簧 4 的压缩状态，从而调节限压值。其动作的传递过程是：旋转螺母 7，调节螺杆 9 上下移动，通过弹簧垫 10、弹簧 4 将压力传递给阀门 2。可见上述各零件与阀体组成装配干线，这是该部件工作的主要部分，包含主要的装配关系，是表达的重点。

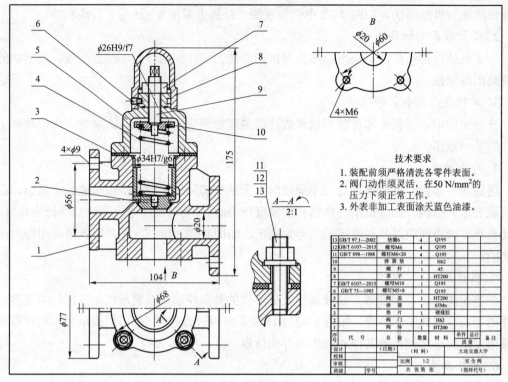

图9-3　安全阀装配图

2. 选择主视图

主视图应反映部件的整体结构特征，表示主要装配干线的装配关系，表明部件的工作原理，反映部件的工作状态和位置。因此，安全阀的主视图采用过装配干线的剖切平面进行剖切得到的全剖视图，同时，该全剖视图能够清晰地反映主要零件阀体的内部结构特征。

3. 其他视图的选择

采用简化画法画出的俯视图表达了阀体1和阀盖5的主体形状以及连接螺母的位置。

采用简化画法画出的向视图 B，反映了阀体下端面的真实形状。放大的局部剖视图 A—A，表达了阀体1和阀盖5之间的连接关系。

由上述分析，最终得到安全阀的表达方案。

9.3 装配图中的尺寸标注和技术要求

9.3.1 尺寸标注

装配图和零件图的作用不同，因此，对尺寸标注的要求也不同，在装配图中，需标注以下几类尺寸。

1. 性能（规格）尺寸

表示机器或部件性能和规格的尺寸，是设计或选用部件的主要依据，如图9-2中的管口

直径 $\phi 25$ 以及图 9-3 中的进油孔直径 $\phi 20$。

2. 装配尺寸

（1）配合尺寸

表示两个零件之间配合性质和相对运动情况的尺寸，是分析部件工作原理、设计零件尺寸偏差的重要依据，如图 9-3 中的 $\phi 34H7/g6$（配合尺寸）。

（2）相对位置尺寸

装配机器、设计零件时都需要有保证零件间相对位置的尺寸，如图 9-2 中的 $\phi 55$ 及图 9-3 中的 $\phi 68$ 均为此类尺寸。

3. 外形尺寸

表示机器或部件外形轮廓的尺寸，即总长、总宽和总高，为机器或部件的包装、运输、安装以及厂房设计提供依据，如图 9-3 中的 175（外形尺寸）。

4. 安装尺寸

是装配体与其他物体安装时所需要的尺寸，如图 9-3 中的 $\phi 56$（安装孔的位置）和图 9-2 中的 $\phi 85$、$\phi 12$（安装孔径尺寸）等。

5. 其他重要尺寸

在设计过程中经计算确定或选定的尺寸，但又未包括在上述的 4 种尺寸中，如图 9-2 中的 61。

9.3.2　技术要求

不同性能的机器或部件，其技术要求也各不相同。装配图中的技术要求主要包括装配要求、检验要求及使用要求等。如图 9-2 中的技术要求属于检验要求，图 9-3 中的技术要求属于装配要求。技术要求通常用文字注写在明细栏上方或图纸下方的空白处；也可以另写成技术文件，附于图纸前面。

9.4　装配图中的序号和明细栏

为了便于图样管理和阅读，必须对机器或部件的各组成部分（零、部件等）编注序号，填写明细栏，以便统计零件数量，进行生产准备工作。

9.4.1　序号

1. 基本规定

每一种零件只编写一个序号，序号应按水平或铅垂方向排列整齐，同时按顺时针或逆时针排序，零件序号应与明细栏中的序号一致。

2. 序号编排方法与标注

序号编写方法有两种：一种是将一般件和标准件混合在一起编排（见图 9-3），另一种是将一般件编号填入明细栏中，标准件直接在图样上标注规格、数量及国标号。

序号应标注在图形轮廓线的外边，并填写在指引线的横线上或圆内，横线或圆用细实线画出。指引线应从所指零件的可见轮廓内引出，并在末端画一圆点；若所指部分（很薄的零件或涂黑的剖面）不宜画圆点时，可在指引线末端画出箭头指向该部分轮廓。指引线尽可能分布均匀且不要彼此相交，也不要过长。当指引线通过有剖面线的区域时，应尽量不与剖面线平行；必要时，指引线可以画成折线，但只允许弯折一次。零部件序号与指引线如图9-4所示。

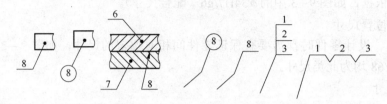

图9-4 零部件序号与指引线

9.4.2 明细栏

明细栏是全部零件的详细目录，其内容一般有序号、代号、名称、数量以及备注等。明细栏画在标题栏的上方，序号的编写应自下而上，以便增加零件，位置不够时可在标题栏左侧继续向上填写，明细栏的最上方一条线为细实线，如图9-5所示。

序号	代 号	名 称	数量	材 料	单件 总计	备注
					质 量	
设计		（日期）	（材 料）		（学校名称）	
校核						
审核			比 例		（图样名称）	
班级	学号		共 张 第 张		（图样代号）	

图9-5 明细栏

9.5 装配图的画法

9.5.1 装配工艺结构

为使零件装配成机器（或部件）后，能达到性能要求，并考虑拆装方便，对装配结构要求有一定的合理性。下面介绍几种常见的装配结构。

1. 倒角与切槽

孔与轴配合且两端面互相贴合时，为保证轴肩和孔端接触良好，孔端应制成倒角或轴根部切槽，如图9-6所示。

2. 单方向接触一次性

当两个零件接触时，在同一方向上最好只有一组接触面，否则就必须大大提高接触面处的尺寸精度，增加加工成本。如图9-7所示，既保证了零件接触良好，又降低了加工要求。

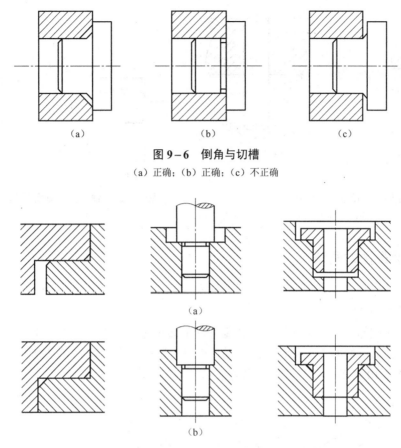

图 9-6　倒角与切槽

（a）正确；（b）正确；（c）不正确

图 9-7　单方向接触一次性

（a）合理结构；（b）不合理结构

3. 方便拆装

在用螺纹连接件连接时，为保证拆装方便，必须留出扳手活动空间，如图 9-8 所示。

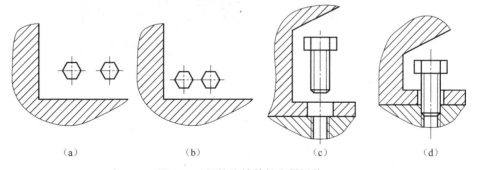

图 9-8　螺纹连接件的方便拆装

（a）正确；（b）不正确；（c）正确；（d）不正确

用圆柱销或圆锥销定位两零件时，为便于加工、拆装，应将销孔做成通孔，如图 9-9 所示。

安装滚动轴承时，如图 9-10（a）所示，由于轴肩过高，轴承无法拆卸，而图 9-10（b）所示结构会很方便地将轴承顶出。

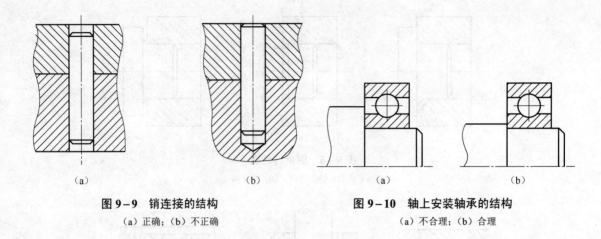

图 9-9 销连接的结构

（a）正确；（b）不正确

图 9-10 轴上安装轴承的结构

（a）不合理；（b）合理

9.5.2 装配图的画法

现以微动机构为例，说明画装配图的方法和步骤。

1. 确定表达方案

分析机器（或部件）的工作原理、各零件间的装配关系，参看图 9-11 所示的微动机构分解立体图。微动机构的工作原理是：转动手轮 1，通过紧定螺钉 2 带动螺杆 6 转动，再通过螺纹带动导杆 10 移动。在了解工作原理的基础上确定视图表达方案。

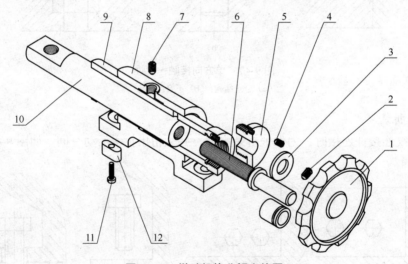

图 9-11 微动机构分解立体图

1—手轮；2，4，7—紧定螺钉；3—垫圈；5—轴套；6—螺杆；8—支座；9—导套；10—导杆；11—螺钉；12—键

（1）主视图的选择

通常按机器或部件的工作位置选择，并使主要装配干线、主要安装面处于水平或铅垂位置。微动机构的主要装配干线处于水平位置，按照机构的工作位置选择，主视图采用全剖视图，可以表达清楚从手轮 1 到键 12 所有零件的相对位置和装配关系。

（2）其他视图的选择

为进一步表达支座的结构，采用半剖的左视图，既能看到手轮 1 的外形，又能从轴断面看清支座 8、导套 9、导杆 10、螺杆 6 之间的装配关系。B—B 移出断面表达螺钉 11、键 12、导杆 10 和导套 9 之间的装配关系，从 B—B 图中可以看清装配尺寸 8H9/h9。

2. 选择合适的比例及图幅

根据机器或部件的大小、视图数量，确定画图的比例及图幅。画出图框，留出标题栏和明细栏的位置。

3. 画图步骤

（1）合理布局视图

根据视图的数量及轮廓尺寸，画出确定各视图位置的基准线，同时，各视图之间应留出适当的位置，以便标注尺寸和编写零件序号，如图 9-12（a）所示。

（2）画各视图底稿

按照装配顺序，先画主要零件，后画次要零件；先画内部结构，由内向外逐个画；先确定零件的位置，后画零件的形状；先画主要轮廓，后画细节。从主视图开始，按照投影关系，把几个视图联系起来一起画。

微动机构的装配图，应从主要零件开始，先画支座 8，如图 9-12（b）所示；再画支座内部结构、螺杆 6、导杆 10、轴套 5、垫圈 3、键 12、螺钉等，如图 9-12（c）所示；最后画外部手轮 1、B—B 断面图及标注等，如图 9-12（d）、（e）所示。

（3）完成装配图

画完底稿后，经校核加深，标注尺寸，画剖面线，写技术要求，编写零、部件序号，最后填写明细栏及标题栏，完成装配图，如图 9-12（f）所示。

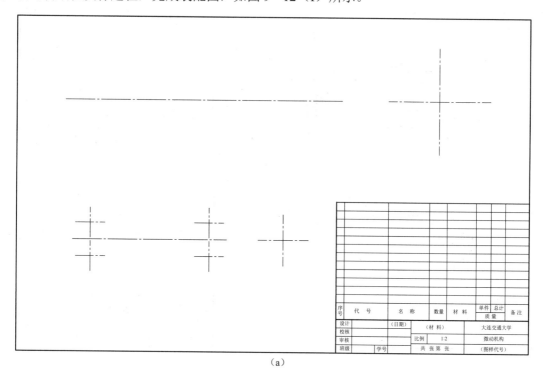

（a）

图 9-12　微动机构装配图的画法

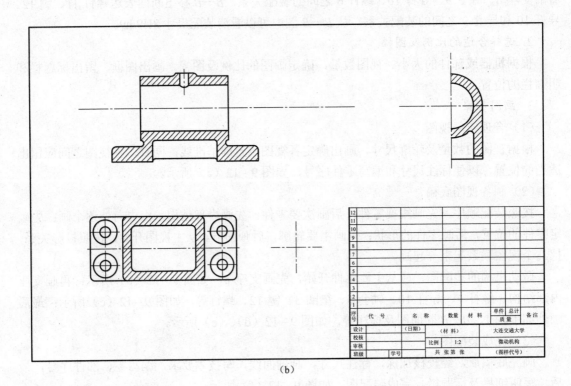

12								
11								
10								
9								
8								
7								
6								
5								
4								
3								
2								
1								
序号	代 号	名 称	数量	材 料	单件 质量	总计	备 注	

设计		（日期）	（材 料）	大连交通大学
校核			比例 1:2	微动机构
审核				
班级		学号	共 张 第 张	（图样代号）

(b)

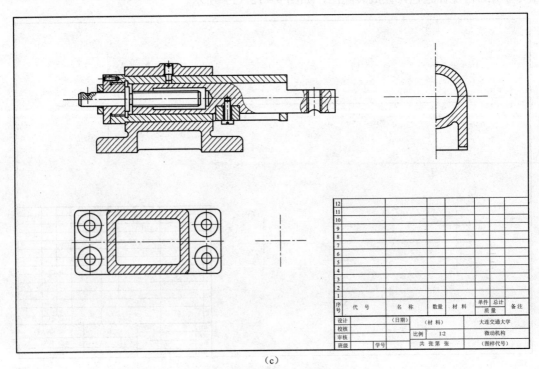

12								
11								
10								
9								
8								
7								
6								
5								
4								
3								
2								
1								
序号	代 号	名 称	数量	材 料	单件 质量	总计	备 注	

设计		（日期）	（材 料）	大连交通大学
校核			比例 1:2	微动机构
审核				
班级		学号	共 张 第 张	（图样代号）

(c)

图 9-12 微动机构装配图的画法（续）

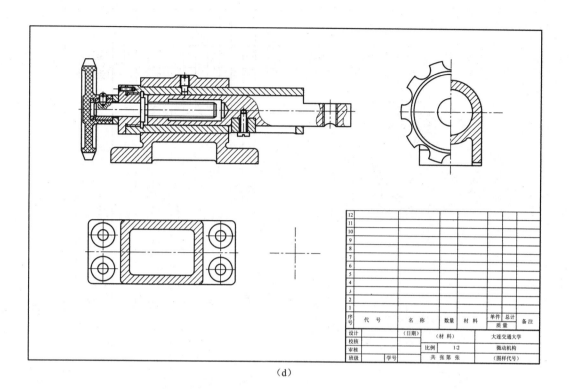

（d）

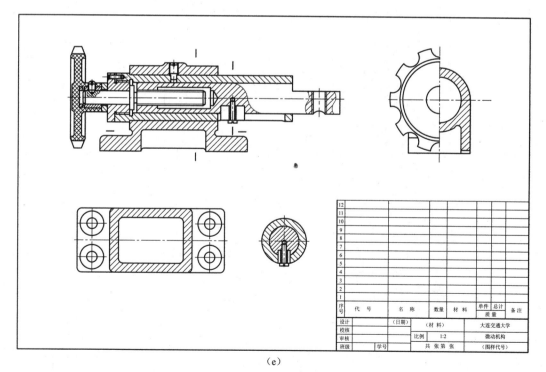

（e）

图 9-12　微动机构装配图的画法（续）

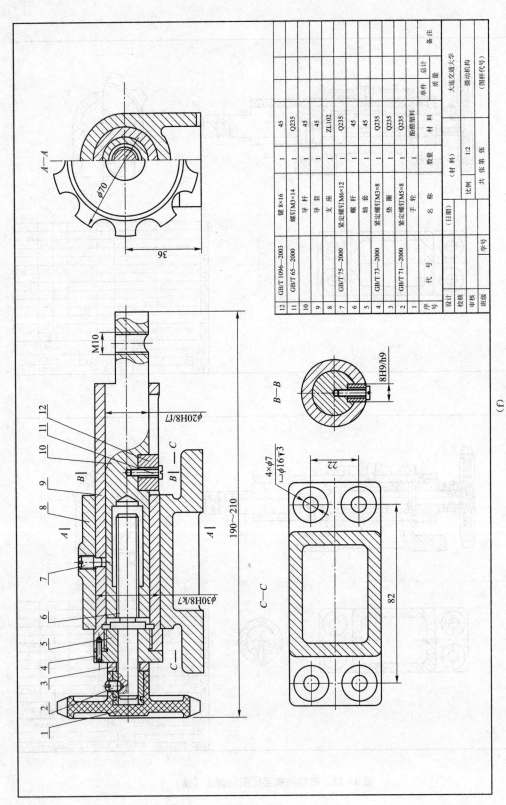

12	GB/T 1096—2003	键 8×16	1	45	
11	GB/T 65—2000	螺钉M3×14	1	Q235	
10		导杆	1	45	
9		导套	1	45	
8	GB/T 75—2000	支座	1	ZL102	
7		紧定螺钉M6×12	1	Q235	
6		螺杆	1	45	
5	GB/T 73—2000	轴套	1	45	
4		紧定螺钉M3×8	1	Q235	
3	GB/T 71—2000	垫圈	1	Q235	
2		紧定螺钉M5×8	1	Q235	
1		手轮	1	酚醛塑料	
序 号	代 号	名 称	数量	材 料	备注

设计		（日期）		单件	总计	大连交通大学
校核				质 量		微动机构
审核		比例 1:2		（材 料）		（图样代号）
班级	学号	共 张 第 张				

（f）

图9-12 微动机构装配图的画法（续）

9.6 由装配图拆画零件图

机器或部件在设计、装配和使用过程中，会遇到读装配图的问题。读装配图就是通过装配图中的图形、尺寸和技术要求等内容，并参阅使用说明书，了解机器或部件的性能、工作原理和装配关系等，明确主要零件的结构形状和作用以及机器或部件的使用、调整方法。

9.6.1 读装配图的方法步骤

1. 读装配图的要求

1）了解机器或部件的性能、功用和工作原理。

2）了解各零件间的装配关系及拆装顺序。

3）了解各零件的名称、数量、材料及结构形状和作用。

2. 读装配图举例

以图9-13所示的千斤顶装配图为例，说明读装配图的方法和步骤。

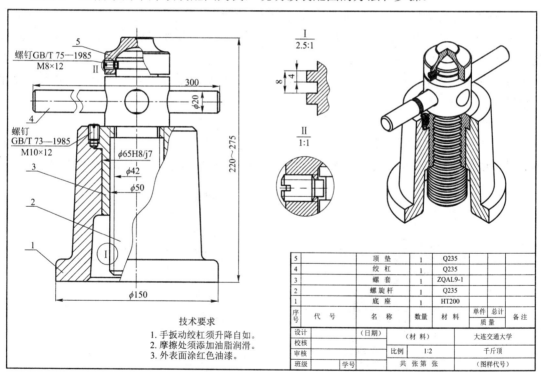

5		顶 垫	1	Q235			
4		绞 杠	1	Q235			
3		螺 套	1	ZQAL9-1			
2		螺旋杆	1	Q235			
1		底 座	1	HT200			
序号	代 号	名 称	数量	材料	单件 质量	总计 质量	备注

图9-13 千斤顶装配图

（1）概括了解

首先要通过阅读有关说明书、装配图中的技术要求及标题栏等了解部件的名称、性能和用途。从图9-13的标题栏中可知，该部件的名称为千斤顶。从明细栏可知，千斤顶共由5个零件组成，即底座、螺旋杆、螺套、绞杠和顶垫。

（2）分析视图

阅读装配图时，应分析采用了哪些表达方法，并找出各视图间的投影关系，明确各视图所表达的内容。千斤顶装配图采用了一个主视图（局部剖视图）和两个局部放大图，它表达了各零件之间的装配关系。

（3）细致分析部件的工作原理和装配关系

概括了解之后，还应仔细阅读装配图。一般方法是：从主（要）视图入手，根据装配干线，对照零件在视图中的投影关系；由各零件剖面线的不同方向和间隔，分清零件轮廓的范围；由装配图上所标注的配合代号，了解零件间的配合关系；根据规定画法和常见结构的表达方法，识别零件。根据零件序号对照明细栏，找出零件的数量、材料、规格，帮助了解零件的作用并确定零件在装配图中的位置；利用相互连接两零件的接触面应大致相同和一般零件结构有对称性的特点，帮助想象出零件的结构形状。

千斤顶的工作原理从主视图中可以看出：螺套 3 安装在底座 1 里，转动绞杠 4 带动螺旋杆 2 转动，由于螺旋杆 2 的外螺纹与螺套 3 的内螺纹旋合，从而带动螺旋杆 2 上下移动，也带动顶垫 5 上下移动，以顶起重物。

（4）分析零件

弄清楚每个零件的结构形状和各零件间的装配关系。一般应首先从主要零件开始分析，确定零件的范围、结构、形状和装配关系。首先要根据零件各视图的投影轮廓确定其投影范围，同时利用剖面线的方向、间隔把要分析的零件从其他零件中分离出来。千斤顶的主要零件底座 1 从主视图中可以看出形状，还可以看出有半个 M10 的螺纹孔，与螺套 3 的配合尺寸为 $\phi 65H8$。

（5）归纳总结

对装配关系和主要零件的结构进行分析之后，还要对技术要求、尺寸进行研究，进一步了解机器（或部件）的设计思想和装配工艺性，综合想象出部件的结构形状，如图 9-14 所示。

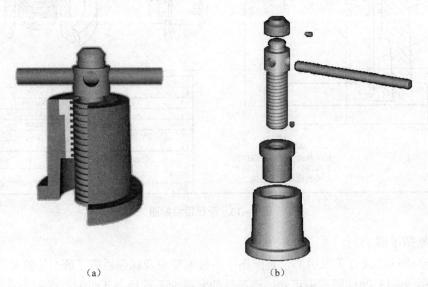

（a）   （b）

图 9-14　千斤顶轴测装配图和零件分解图

（a）轴测装配图；（b）零件分解图

9.6.2　拆画零件图

由装配图拆画零件图是设计工作中的一个重要环节。装配图表达的是机器或部件的工作原理、零件之间的装配关系，对每个零件的具体形状和结构不一定完全表达清楚，因此，由装配图拆画零件图是设计工作的进一步，需要由装配图读懂零件的功能及主要结构，对装配图中没有表达清楚的零件的某些结构形状，在拆画零件图时，要结合零件的功能与工艺要求，完成零件的设计。下面结合实例说明拆画零件图的方法和步骤。

1. 零件分类

对标准件不需要画出零件图，只要按照标准件的规定标记列出汇总表即可。

对借用零件（即借用定型产品上的零件）可利用已有的图样，不必另行画图。

对设计时确定的重要零件，应按给出的图样和数据绘制零件图。

对一般零件，基本上是按照装配图表示的形状、大小和技术要求来画图，是拆画零件图的主要对象。

2. 对表达方案的处理

由装配图拆画零件图时，零件的表达方案是根据零件的结构形状特点确定的，不要求与装配图一致。在多数情况下，箱体类零件的主视图与装配图所选的位置一致，对于轴套类零件应按加工位置选取主视图。在装配图中，对零件上某些标准结构，如倒角、倒圆、退刀槽等未完全表达清楚，在拆画零件图时，应考虑设计要求和工艺要求，补画出这些结构。

3. 对零件图上尺寸的处理

装配图上没有完整的尺寸，零件的结构形状和尺寸是设计人员经过设计确定的。零件的尺寸由装配图决定，通常有以下几种情况。

（1）直接抄注

装配图上已标注的尺寸，在有关的零件图上直接抄注。

（2）计算得出

根据装配图所给数据进行计算的尺寸，如齿轮的分度圆、齿顶圆直径等，要经过计算，才能标注。

（3）查找

与标准件相连接或配合的有关尺寸，要从相应的标准中查取。如倒角、沉孔、退刀槽、越程槽等，要从有关手册中查取。

（4）从图中量取

其他尺寸可以从装配图中直接量取，并注意数字的圆整。应注意相邻零件接触面的有关尺寸及连接件的尺寸应协调一致。

4. 技术要求

零件表面粗糙度是根据其作用和要求确定的，一般接触面与配合面的粗糙度数值较小，自由表面的粗糙度数值较大。

技术要求在零件图中占重要地位，它直接影响零件的加工质量。正确制定技术要求涉及很多专业知识，本书不作进一步介绍。

5. 拆画零件图举例

下面以千斤顶为例介绍拆画零件图的步骤。

（1）确定表达方案

根据装配图中底座 1 的剖面符号，在主视图中找到底座 1 的投影，确定底座 1 的轮廓。底座 1 零件图的主视图与装配图一致，另外，添加了俯视图，俯视图采用对称零件的简化画法，如图 9−15 所示。

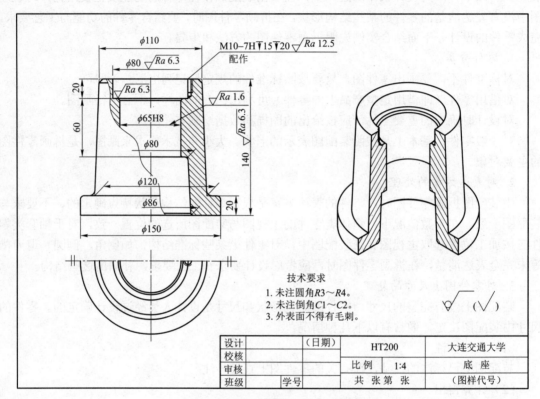

图 9−15 底座 1 零件图和轴测剖视图

根据装配图中螺套 3 的剖面符号，在主视图中找到螺套 3 的投影，确定螺套 3 的轮廓。螺套 3 零件图的主视图与装配图的表达方案不同，轴线水平，半剖主视图，并添加了左视图和局部放大视图，其中左视图采用了对称零件的简化画法，如图 9−16 所示。

根据装配图中螺旋杆 2 的投影，确定螺旋杆 2 的轮廓，螺旋杆 2 零件图的主视图与装配图的表达方案不同，轴线水平，并添加了移出断面和局部放大图，其中移出断面采用了对称零件的简化画法，如图 9−17 所示。

（2）尺寸标注

根据上面介绍的几种尺寸处理方法标注，一般尺寸可以直接从装配图上量取。

（3）表面粗糙度

参考有关表面粗糙度资料，确定各加工面的粗糙度。

（4）技术要求

根据千斤顶的工作情况，注出相应的技术要求。

顶垫 5 和绞杠 4 的零件图分别如图 9−18 和图 9−19 所示。

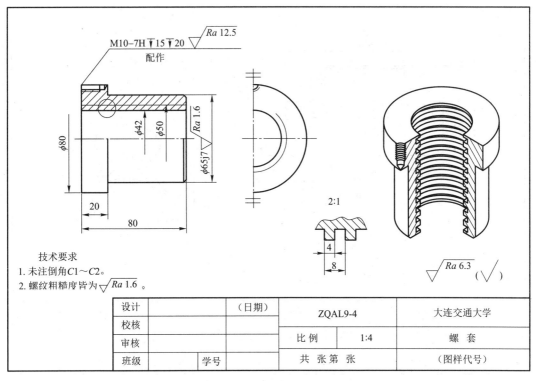

图 9-16 螺套 3 零件图和轴测剖视图

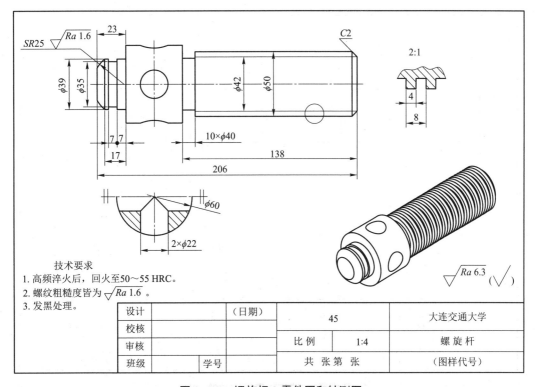

图 9-17 螺旋杆 2 零件图和轴测图

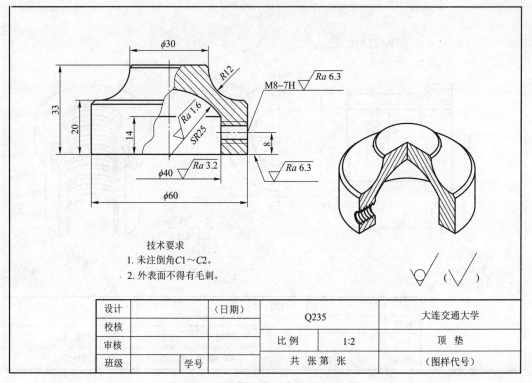

技术要求
1. 未注倒角C1～C2。
2. 外表面不得有毛刺。

设计		（日期）	Q235		大连交通大学
校核			比例	1:2	顶　垫
审核					
班级		学号	共　张第　张		（图样代号）

图 9-18　顶垫 5 零件图和轴测剖视图

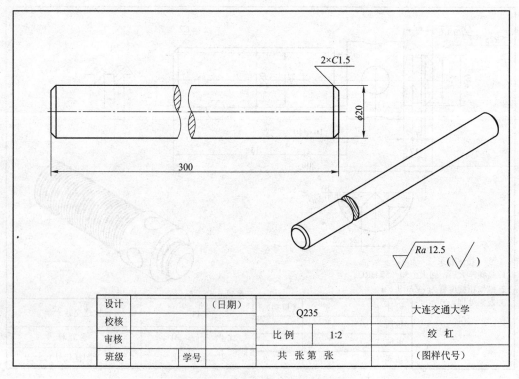

设计		（日期）	Q235		大连交通大学
校核			比例	1:2	绞　杠
审核					
班级		学号	共　张第　张		（图样代号）

图 9-19　绞杠 4 零件图和轴测图

第 10 章

AutoCAD 绘图

AutoCAD 2014 是美国 AutoCAD 公司推出的最新版本。计算机绘图（Computer Graphics，CG）、计算机辅助设计（Computer Aided Design，CAD）是近年来发展起来的一项新技术。随着计算机的发展和应用，这项技术受到人们的广泛关注，具有广阔的应用前景。目前，在一些大中型企业中，越来越多的工程设计人员开始使用计算机绘制各种图形，解决了传统手工绘图中存在的效率低、准确度差、劳动强度大等问题。在目前的计算机绘图领域，AutoCAD已成为应用最广泛的计算机辅助绘图与设计软件之一。

10.1 绘图基础知识

10.1.1 世界坐标系和用户坐标系

在工程制图中，无论是二维还是三维图形，其图形的输入和输出都是在一定的坐标系下进行的，为准确描绘图形的形状、大小和位置，在输入输出的不同阶段可以采用不同的坐标系。在 AutoCAD 2014 中，坐标系分为世界坐标系（World Coordinate System，WCS）和用户坐标系（User Coordinate System，UCS），默认情况下，当进入图形编辑状态时，当前坐标系为世界坐标系（WCS），包括 X 轴和 Y 轴，坐标原点位于图形窗口的左下角，所有的位移都是相对于原点计算的，并且沿着 X 轴正向及 Y 轴正向的位移规定为正方向。

世界坐标系（WCS）是固定不变的，即任何点的 X、Y 和 Z 坐标都是以固定的原点（0，0，0）为参照进行测量的，在大多数情况下，X 轴和 Y 轴用于二维绘图。WCS 坐标轴的交汇处显示"□"标记。

在 AutoCAD 2014 中，为了方便用户画图，有时使用用户坐标系（UCS），对坐标系的原点和 X、Y、Z 轴重新定位和定向，以适应图形的要求。用户坐标系（UCS）是一种可以根据用户需要移动的自定义坐标系，多用于三维绘图。

10.1.2 坐标的表示方法

AutoCAD 2014 中有一些基本的输入操作方法，是深入学习 AutoCAD 功能的前提。绘图是以点为基础的，而在 AutoCAD 2014 中，点坐标的输入方式有 4 种，即直角坐标、极坐标、球面坐标和柱面坐标，每一种又分为绝对坐标和相对坐标，其中直角坐标和极坐标最为常用，见表 10-1。

表 10-1　点坐标的输入方式

输入方式	坐标表示方法		输入格式	使用说明
键盘输入	绝对坐标	直角坐标	(x, y, z) (x, y)	通过键盘输入 x, y, z 三个数值所指定的点的位置，可以使用分数、小数或科学记数等形式表示点的坐标值，数值之间用","分隔开。画二维图形时，不需要输入 z 坐标值。 例如，点（5，5）表示从（0，0）点出发，向 X 轴方向移动 5，向 Y 轴方向移动 5，按空格确定
		极坐标	$(l<\alpha)$	l：表示输入点与坐标原点之间的距离。 α：表示输入点与坐标原点的连线同 X 轴正半轴之间的夹角，距离和角度之间用"<"分隔开，规定 X 轴正向为 0°，按逆时针旋转形成正的角度。 例如，点（9<60）表示在 60° 方向上距离（0，0）为 9 的点
	相对坐标	直角坐标	$(@x, y, z)$ $(@x, y)$	@：表示相对坐标，相对坐标是指当前点相对于前一个作图点的坐标增量。其中，角度值是指当前点和前一个作图点的连线与 X 轴正向之间的夹角。 例如，点（@-4，6）表示相对于前一点位移分别为-4 和 6
		极坐标	$(@l<\alpha)$	

【例 10-1】使用相对直角坐标和相对极坐标的方法，画一个五角星。

（1）直角坐标系

_line 指定第一点：输入 200，50↓（↓：表示回车）

指定下一点或［放弃（U）］：输入@-30.9，95.1↓

指定下一点或［放弃（U）］：输入@-30.9，-95.1↓

指定下一点或［闭合（C）/放弃（U）］：输入@80.9，58.8↓

指定下一点或［闭合（C）/放弃（U）］：输入@-100，0↓

指定下一点或［闭合（C）/放弃（U）］：输入C↓

命令行窗口输入：ZOOM↓

再输入A↓

注意确定点之后，点的坐标为相对坐标（@x，y）。图形绘制完成后，如果在当前绘图窗口内看不到五角星图形，可以在命令行窗口输入"ZOOM"；根据提示，再输入"A"，便能看到五角星图形。

（2）极坐标系

_line 指定第一点：输入 200，50↓

指定下一点或 [放弃（U）]：输入@100＜108↓

指定下一点或 [放弃（U）]：输入@100＜－108↓

指定下一点或 [闭合（C）/放弃（U）]：输入@100＜36↓

指定下一点或 [闭合（C）/放弃（U）]：输入@100＜180↓

指定下一点或 [闭合（C）/放弃（U）]：输入 C↓

10.1.3　控制坐标的显示

在绘图窗口中移动光标时，状态栏左侧的坐标显示区将动态地显示当前指针的坐标值。在 AutoCAD 2014 中，坐标显示方式取决于所选择的模式和程序中运行的命令，共有三种模式，见表 10-2。

表 10-2　坐标显示方式

序号	选项	功　　能
1	模式 0，"关"	显示前一个拾取点的绝对坐标，此时，坐标不能动态更新，只有使用光标拾取一个新点时，坐标显示才会更新。但是，从键盘输入一个新点坐标时，不会改变该显示模式
2	模式 1，"绝对"	显示光标的绝对坐标，是动态更新的，默认情况下，该显示模式是打开的
3	模式 2，"相对"	表示相对极坐标。它显示当前点所在位置相对于前一个点的距离和角度，可以在绘制直线等功能时选择此模式，当离开当前拾取点时，系统自动切换到模式 1。 在实际绘图过程中，可以根据需要随时按下 "F6" 键、"Ctrl+D" 组合键，或单击状态栏的坐标显示区（或右击状态栏的坐标显示区，在弹出的菜单中选择模式，如图 10-1 所示），在三种模式之间切换，如图 10-2 所示

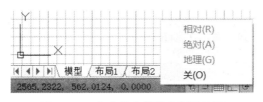

图 10-1　右击状态栏的坐标显示区

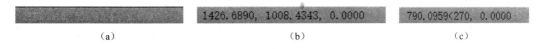

（a）　　　　　　　　　　　　（b）　　　　　　　　　　　　（c）

图 10-2　坐标的三种显示模式

（a）模式 0：关；（b）模式 1：绝对坐标；（c）模式 2：相对极坐标

10.1.4　创建坐标系

在 AutoCAD 2014 中，可以很方便地创建和命名用户坐标系。

1. 创建用户坐标系

在快捷工具栏中选择"显示菜单栏"命令，在弹出的菜单中单击"工具"→"新建 UCS"命令的子命令，如图 10-3 所示。

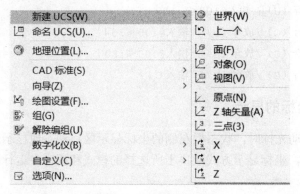

图 10-3　新建 UCS

在 UCS 面板中单击相应的按钮，可以方便地创建 UCS，其含义见表 10-3。

表 10-3　"新建 UCS"命令子命令的含义

命令	含　义
世界	世界坐标系，它是所有用户坐标系的基准，不能被重新定义
上一个	从当前的坐标系恢复到上一个坐标系
面	将 UCS 与实体对象的选定面对齐
对象	根据选取对象快速简单地建立 UCS，使对象位于新的 XY 平面，其中 X 轴和 Y 轴的方向取决于选择的对象类型
视图	以垂直于观察方向（平行于屏幕）的平面为 XY 平面，建立新的坐标系，原点保持不变
原点	通过移动当前 UCS 的原点，保持 X 轴、Y 轴和 Z 轴方向不变，定义新的 UCS
Z 轴矢量	用特定的 Z 轴正半轴定义 UCS
三点	通过在三维空间的任意位置指定 3 点，确定新 UCS 原点、X 轴的正方向、Y 轴的正方向，Z 轴由右手定则确定
X/Y/Z	旋转当前的 UCS 轴来建立新的 UCS

2. 命名用户坐标系

在 AutoCAD 2014 中，首先设置 UCS，在快捷工具栏中选择"显示菜单栏"命令，在弹出的菜单中单击"工具"→"命名 UCS"，如图 10-4 所示。此时系统打开"UCS"对话框，如图 10-5 所示。选择"命名 UCS"选项卡（默认），在"当前 UCS"列表中选择"世界""上一个"或某个 UCS 选项，见表 10-4。单击"置为当前"图标按钮，可将其置为当前坐标系。如单击"原点"按钮，若单击图中圆心 O 点，则以位于窗口左下角原点的世界坐标系变为用户坐标系并移动到 O 点，O 点成为新坐标系的原点。

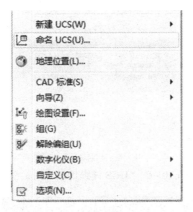

图 10-4　命名 UCS

表 10-4　"UCS" 对话框各选项的含义

选项卡	含　义
命名 UCS	列出 UCS 定义并设置当前 UCS
正交 UCS	将 UCS 改为正交 UCS 设置之一。列出当前图形中定义的六个正交坐标系，是根据相对于列表中指定 UCS 定义的
设置	显示和修改与视口一起保存的 UCS 图标设置和 UCS 设置

也可以在"当前 UCS"列表中的坐标系选项上右击，弹出一个快捷菜单，可以重命名坐标系、删除坐标系、将该坐标系置为当前坐标系等。

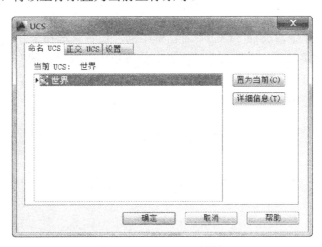

图 10-5　"UCS" 对话框

在当前坐标系下，可以单击"详细信息"按钮，系统打开"UCS 详细信息"对话框。在"UCS 详细信息"对话框中可查看坐标系的详细信息，如图 10-6 所示。

3. 使用正交用户坐标系

在"UCS"对话框中，选择"正交 UCS"选项卡，可以在"当前 UCS"列表中选择需要的正交坐标系，如俯视、仰视、前视、后视、左视和右视等，如图 10-7 所示。

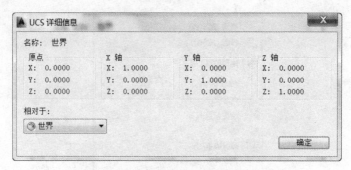

图 10-6 "UCS 详细信息"对话框

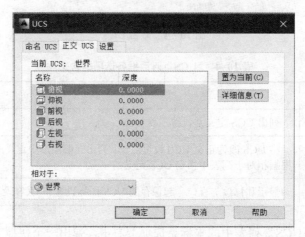

图 10-7 "正交 UCS"选项卡

4. 设置 UCS

在 AutoCAD 2014 中，选择"UCS"对话框中的"设置"选择卡（见图 10-8），或从快捷工具栏中，选择"显示菜单栏"命令，在弹出的菜单中选择"视图"→"显示"→"UCS坐标"子菜单命令。可以设置 UCS 图标和 UCS，控制坐标系图标的显示方式和是否可见，其中各选项的含义见表 10-5。

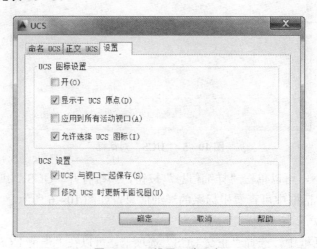

图 10-8 "设置"选项卡

表 10-5　设置 UCS 选项的含义

序号	选项	含　义
1	开	同菜单中的"开"命令，显示当前视口的 UCS 图标
2	显示于 UCS 原点	同菜单中的"原点"命令，在当前视口坐标系的原点处显示 UCS 图标，如果取消选中该选项，则在视口的左下角显示 UCS 图标
3	应用到所有活动视口	将 UCS 图标设置应用到当前图形中的所有活动视口
4	UCS 与视口一起保存	将坐标系设置与视口一起保存
5	修改 UCS 时更新平面视图	修改视口中的坐标系时，恢复平面视图

10.1.5　用户界面

用户界面是 AutoCAD 显示、编辑图形的区域。启动中文版 AutoCAD 2014，在默认状态下，打开"二维草图与注释"工作空间，其界面主要由标题栏、菜单栏、功能区、文件选项板、绘图区、命令行（文本）窗口和状态栏等组成，如图 10-9 所示。

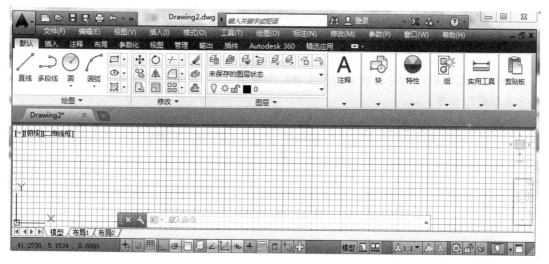

图 10-9　中文版用户界面

1. 标题栏

标题栏位于工作界面的最上方，用于显示当前正在运行的程序名及文件名等信息，AutoCAD 2014 默认的图形文件名称为 Drawing*N*.dwg（*N* 是数字）。同 Windows 的标题栏一样，其右侧按钮可以最小化、最大化或关闭应用程序窗口。单击左侧图标按钮可弹出下拉菜单，执行最小化或最大化窗口、恢复窗口、移动窗口、关闭 AutoCAD 2014 等操作。它由"菜单浏览器"按钮、工作空间、快速访问工具栏、当前图形标题、搜索栏、Autodesk Online 服务以及窗口控制按钮组成。

2. 绘图区

大部分带网格空白区域是绘图区，是用户可以完成一幅设计的地方，相当于桌面上的一张图纸。可以根据需要关闭周围和里面的各个工具栏增大绘图空间。如果图纸较大，要查看未显示部分时，可以单击窗口右边与下边滚动条上的箭头或拖动滚动条上的滑块来移动图纸。

图 10-10 世界坐标系

在绘图窗口中除了显示当前绘图结果外，还显示当前使用的坐标系类型以及坐标原点，*X* 轴、*Y* 轴、*Z* 轴方向等。用户刚进入时坐标系为世界坐标系，是固定的坐标系，如图 10-10 所示。世界坐标系是坐标系统中的基准，默认情况下，坐标为世界坐标系（WCS）。多数情况是在世界坐标系下完成。

绘图窗口下方有"模型"和"布局"选项卡，单击其标签可以在模型空间或图纸空间之间来回切换。一般情况下，在模型空间创建和设计图形，然后创建布局以绘制和打印图纸空间中的图形。

3. 菜单栏、工具栏和命令行

应用程序调用命令有三种方式，可以通过菜单中的命令、工具栏上的功能命令按钮或在命令行直接输入命令。

在"AutoCAD 经典"工作空间下会显示如图 10-11 所示的菜单栏，其中包括文件、编辑、视图、插入、格式、工具、绘图、标注、修改、参数、窗口、帮助 12 个主菜单。

默认情况下，在"草图与注释""三维基础"和"三维建模"工作空间下是不显示菜单栏的。若要显示菜单栏，则可在快速访问工具栏中单击下拉按钮▼，在弹出的快捷菜单中选择"显示菜单栏"命令。

图 10-11 菜单栏

AutoCAD 2014 的工具栏通常处于隐藏状态，要显示所需的工具栏，用户应单击菜单"工具"→"工具栏"→"AutoCAD"，将显示所有工具栏选项名称，如图 10-12 所示。

命令行位于绘图界面的下方，主要用于显示提示信息、接收用户输入的数据和反馈各种信息，有若干文本行，用户要时刻关注该窗口中显示的信息，如图 10-13 所示。在 AutoCAD 2014 中，用户可以按下"Ctrl+9"键来控制命令行的显示与隐藏。当用户按住命令左侧的标题栏进行拖动时，将使其成为一个浮动的面板，如图 10-14 所示。选择菜单栏中的"视图"→"用户界面"→"文本窗口"命令，打开命令窗口。其可以通过移动拆分条扩大、缩小该窗口，也可任意拖动为浮动窗口，也可以上下拖动改变其显示的行数和位置。当用户按下"F2"键时，可以显示一个文本窗口，见图 10-13。该窗口用来记录操作中的所有操作命令，包括单击按钮和所执行的菜单命令（在文档窗口中按下"回车"键也可以执行相应的操作）。

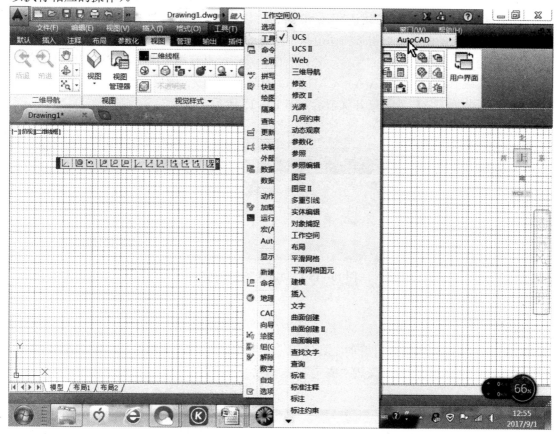

图 10-12　工具栏

图 10-13　文本窗口

图 10-14　命令行

4. 使用"功能区"选项板

"功能区"选项板集成了"默认""块和参照""注释""工具""视图"和"输出"等选项卡，在这些选项卡的面板中单击按钮即可执行相应的绘制或编辑操作。

工具栏是一组图标形工具的集合，光标放在工具图标上有相应提示，点取图标可以启动相应命令。默认情况下，中文版 AutoCAD 2014 的绘图、修改、图层、注释、块、特性、组、实用工具、剪贴板工具栏处于打开状态，如图 10-15 所示。

图 10-15 "功能区"选项板

（1）设置工具栏

将光标放在工具栏的非标题区，单击鼠标右键，系统会自动打开单独的工具栏标签，如图 10-16 所示。可以单击要打开的工具栏，选中会出现"√"，再单击鼠标则关闭工具栏。如将其拖动到图形区边界则可变为"固定"工具栏，反之则为"浮动"工具栏。

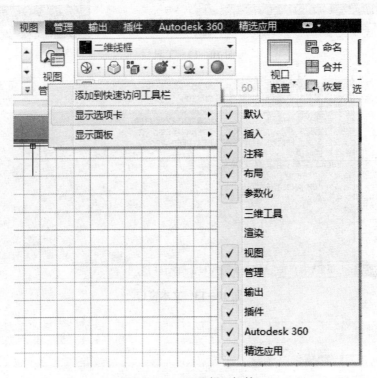

图 10-16 "工具栏"标签

（2）固定、浮动与打开工具栏

如果要显示当前隐藏（或关闭当前显示）的工具栏，可在当前显示工具栏的任意图标按钮上右击，在弹出的快捷菜单中选择命令，即可显示（或关闭）相应的工具栏，如图 10-17 所示。

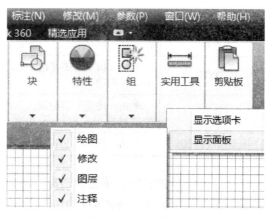

图 10-17　工具栏

5. 状态栏

状态栏位于绘图窗口底部，如图 10-18 所示，它反映了此时的工作状态，在绘图窗口中移动光标时，状态栏的"坐标"区会动态地显示当前的坐标值，可以单击坐标值将其关闭。

图 10-18　状态栏

状态栏中还包括辅助绘图工具，可以帮助用户快速准确地完成图形的绘制，如"推断约束""捕捉模式""栅格显示""正交""极轴追踪""对象捕捉""对象追踪""DUCS""DYN""线宽""模型（或图纸）"10 个功能按钮，见表 10-6。

表 10-6　辅助绘图工具功能按钮

名称	说　　明
捕捉模式	单击（按下）该按钮，打开捕捉模式，此时，光标只能沿 X 轴、Y 轴或极轴方向移动整数距离（精确按坐标值为整数的距离移动）。可以选择菜单栏中的"工具"→"草图设置"命令，在打开的"草图设置"对话框的"捕捉和栅格"选项卡中设置 X 轴、Y 轴或极轴的捕捉间距
栅格显示	单击（按下）该按钮，打开栅格显示，类似于方格纸，有助于准确定位。栅格的 X 轴、Y 轴间距也可以通过"草图设置"对话框的"捕捉和栅格"选项卡进行设置
正交	单击（按下）该按钮，打开正交模式，此时，只能绘制垂直线或水平线
极轴追踪	单击（按下）该按钮，打开极轴追踪模式，绘图时，系统根据设置，显示一条追踪线，可以在该追踪线上根据提示精确移动光标，进行精确绘图。默认情况下，系统设置了 4 个极轴，与 X 轴的夹角分别为 0°、90°、180° 和 270°（角度增量为 90°）。可以使用"草图设置"对话框的"极轴追踪"选项卡设置角度增量
对象捕捉	单击（按下）该按钮，打开对象捕捉模式，利用对象捕捉功能，可以锁定图形上与目标有关的点（关键点），如端点、中点、圆心、交点、垂足、最近点等，使捕捉更方便。可以使用"草图设置"对话框的"对象捕捉"选项卡设置对象的捕捉模式
对象追踪	单击（按下）该按钮，打开对象追踪模式，通过捕捉对象上的关键点，并沿正交方向或极轴方向拖动光标，可以显示光标当前位置与捕捉点之间的相对关系，找到符合要求的点，单击鼠标即可
DUCS	单击该按钮，打开或关闭动态 UCS

名称	说　明
DYN	单击（按下）该按钮，在绘制图形时，自动显示动态输入文本框，方便用户在绘图时设置精确数值
线宽	单击（按下）该按钮，打开线宽显示，在屏幕上显示线宽，以标识各种具有不同线宽的对象
模型（或图纸）	单击（按下）该按钮，可以在模型空间和图纸空间之间切换

此外，在状态栏中，单击"清屏"按钮，可以清除 AutoCAD 2014 窗口中的工具栏和选项板等界面元素，使 AutoCAD 2014 的绘图窗口全屏显示。单击"注释比例"按钮，可以更改可注解对象的注释比例。单击"注释可见性"按钮，可以用来设置仅显示当前比例的可注解对象或显示所有比例的可注解对象。单击"自动缩放"按钮，可以用来设置注释比例更改时自动将比例添加至可注解对象。

10.1.6　文件管理

中文版 AutoCAD 2014 的菜单栏是通用型的，与其他软件工具菜单一样，也由"文件""编辑""视图""插入"等命令组成，如图 10-19 所示。

| 文件(F) | 编辑(E) | 视图(V) | 插入(I) | 格式(O) | 工具(T) | 绘图(D) | 标注(N) | 修改(M) | 参数(P) | 窗口(W) | 帮助(H) |

图 10-19　菜单栏

1. 新建图形文件

新建图形文件即建新图。选择标题栏上的 图标按钮→"新建"命令（见图 10-20），或在工具栏中单击"新建"图标按钮 ，都可以创建新图形文件，此时，打开"选择样板"对话框，如图 10-21 所示。

在弹出的"选择样板"对话框中有 3 种格式的图形样板：*.dwt（标准性的样板文件）、.dwg（普通样板文件）、.dws（包含标准图层、标注样式、线型和文字样式的样板文件）。可以在样板列表框中选择 acad.dwt 样板文件，这时，右侧的"预览"框中将显示该样板的预览图像，单击"打开"按钮，选中的样板文件将作为样板来创建新图形。

2. 打开图形文件

选择标题栏上的 图标按钮→"打开"命令（见图 10-20），或在工具栏中单击"打开"图标按钮 ，都可以打开图形文件。

3. 保存和另存为

保存与打开功能的操作一样。在 AutoCAD 2014 中，保存文件时可以使用密码保护功能，对文件进行加密保护。选择标题栏上的 图标按钮→"保存"或"另存为"命令，打开"图形另存为"对话框。在该对话框中，选择"工具"→"安全选项"命令，如图 10-22 所示。此时打开"安全选项"对话框，如图 10-23 所示。在该对话框的"密码"选项卡中的"用于打开此图形的密码或短语"文本框中输入密码，然后单击"确定"按钮，打开"确认密码"对话框。在"再次输入用于打开此图形的密码"文本框中输入确认密码，单击"确定"按钮，如图 10-24 所示。

图 10-20　文件下拉菜单

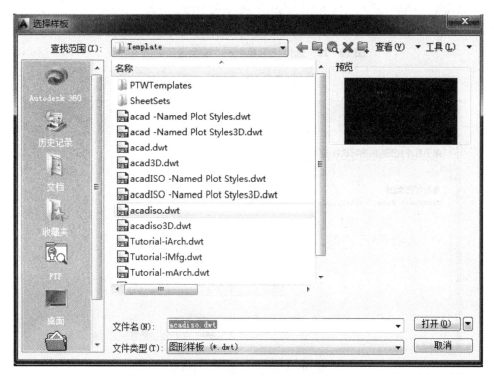

图 10-21　"选择样板"对话框

图 10-22 选择"工具"→"安全选项"命令

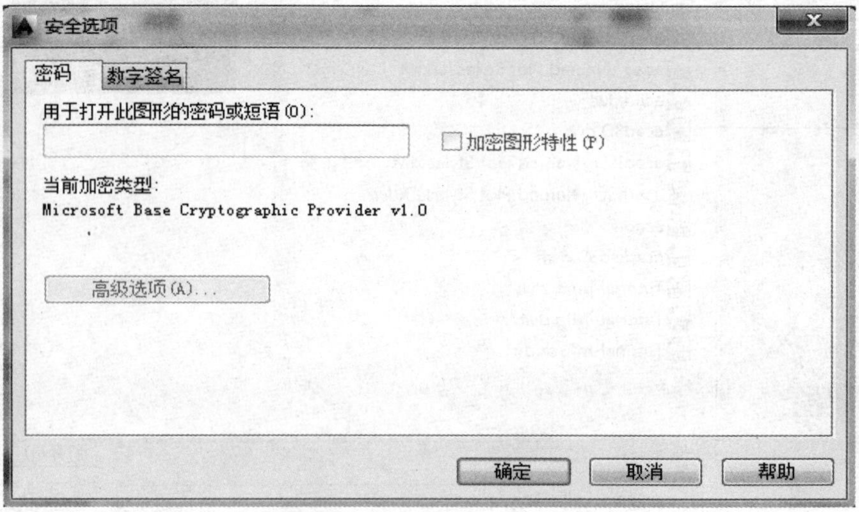

图 10-23 "确认密码"对话框

为文件设置密码后，在打开文件时，系统将弹出"密码"对话框，要求输入正确的密码，否则无法打开文件。

进行加密设置时，可以在"安全选项"对话框中，单击"高级选项"图标按钮，打开"高级选项"对话框，在该对话框的"选择密钥长度"下拉列表框中选择加密长度，如图 10－25 所示。

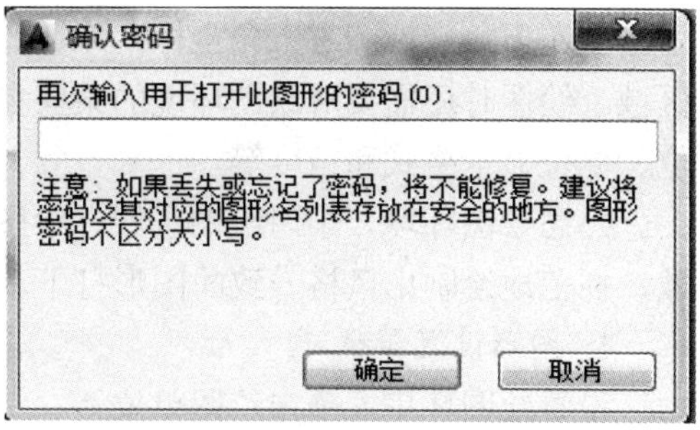

4. 图形输出

图 10－24　"密码"对话框

AutoCAD 2014 在绘制完成图形后，可以用多种样式和外设（如绘图仪或打印机）进行输出。

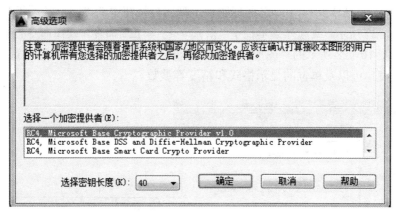

图 10－25　"高级选项"对话框

5. 退出

单击图 10－22 所示标题栏右上角"关闭"按钮，或选择▲图标按钮→"关闭"命令，或在命令行输入"QUIT（EXIT）"，均可关闭当前文件。

也可选择菜单栏中的"文件"→"关闭"命令，或单击工作界面右上角的"关闭"按钮⊠，关闭当前图形文件。

图 10－26　"警告"对话框

执行关闭命令后，如果没有保存当前图形文件，系统将弹出"AutoCAD"警告对话框，询问是否保存文件，如图 10－26 所示。此时，单击"是"按钮，或按"Enter"键，保存当前文件，并将其关闭；单击"否"按钮，关闭当前图形文件，但不保存；单击"取消"按钮，既不保存也不关闭当前图形文件。

如果当前编辑的图形文件没有命名，那么，单击"是"按钮后，系统会弹出"图形另存为"对话框，要求输入图形文件保存的位置和文件名。

10.1.7　设置绘图环境

在使用 AutoCAD 2014 绘图之前，需要设置图形界限，即绘图区域。在命令窗口中按提示输入左下角坐标和右上角坐标，或通过执行"格式"→"图形界限"命令，均可设置绘图区域。绘图时还需要对绘图环境的某些参数进行设置，如绘图时所使用的长度单位、角度单位、单位显示格式和精度等。

熟悉绘图环境，学习绘图区域、绘图单位的设置以及线型及颜色的选择等，为方便、高效、规范地绘制出风格一致的图形打下基础。

1. 图形设置单位

设置绘图环境，确定绘图单位。

在 AutoCAD 2014 中，可以采用 1:1 的比例因子绘图，因此，图形中所有的直线、圆等对象都可以用真实的大小来绘制。在需要打印输出图形时，再根据需要将图形按图纸尺寸进行缩放。

在中文版 AutoCAD 2014 中，选择标题栏上 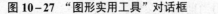 图标按钮中的"图形实用工具"→"单位"命令，如图 10-27 所示，或选择菜单栏中"格式"→"单位"命令，或在命令行输入"UNITS"命令，打开如图 10-28 所示的"图形单位"对话框。在该对话框中，可以设置绘图时使用的长度单位、角度单位以及单位的显示格式和精度等参数。

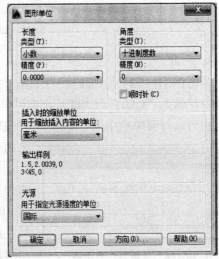

图 10-27 "图形实用工具"对话框   图 10-28 "图形单位"对话框

在"长度"测量单位的类型中，"工程"和"建筑"是以英寸[①]、英尺[②]显示，每个图形单位表示 1 英寸。其他类型没有设定，每个图形单位可以表示任何实际的单位，各选项的内容注释见表 10-7。

---

① 1 英寸=25.4 毫米。
② 1 英尺=0.304 8 米。

表 10-7 "图形单位"对话框中的各选项的内容注释

序号	选项	内容注释
1	长度类型	测量单位的类型，包括小数、分数、工程、建筑和科学
2	长度精度	线性测量值的显示精度
3	角度类型	角度格式
4	角度精度	角度显示精度
5	插入比例	插入到当前图形中的块和图形的测量单位
6	光源	光源强度单位的类型
7	顺时针	以顺时针方向计算角度正值，默认的角度正值方向是逆时针方向

如果块或图形创建时使用的单位与该选项指定的单位不同，则在插入这些块或图形时，将对其按比例缩放。插入比例是源块图形使用的单位与目标图形使用的单位之比。如果插入块时不按指定比例缩放，选择"无单位"选项。

在"图形单位"对话框中，单击"方向"按钮，打开"方向控制"对话框，利用该对话框，可以设置起始角度（0°）的方向，如图 10-29 所示。在默认情况下，角度 0°的方向是指正东方或 3 点钟的方向，如图 10-30 所示，逆时针旋转方向认为是角度的正值方向。

图 10-29 "方向控制"对话框

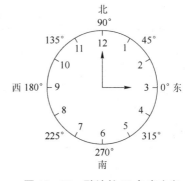

图 10-30 默认的 0°角度方向

2. 图形边界设置

绘图界限是在模型空间中设置一个想象的矩形绘图区域，也称为图限，它确定的区域是可见栅格指示的区域，以避免用户所绘制图形超出边界。

在中文版 AutoCAD 2014 中，选择菜单栏中的"格式"→"图形界限"命令，或在命令行输入"LIMITS"命令，弹出命令行窗口，如图 10-31 所示。在命令提示符下输入左下角点坐标值（X，Y）（例如"0，0"）和右上角点坐标值（X，Y）（例如"297，210"），坐标值（X，Y）或选用默认值。再单击命令"ZOOM"，选择 A（全部），将显示范围设置的和图形极限相同。

选择"开（ON）"命令将打开图形界限检查，不能在图形界限之外指定一点或结束一个对象，也不能使用"移动"或"复制"命令将图形移到图形界限之外，但可以指定两个点（圆心和圆周上的点）画圆，圆的一部分可能在图形界限之外。

选择"关（OFF）"将禁止图形界限检查，可以在图形界限之外绘图或指定点。

```
命令：LIMITS
重新设置模型空间界限：
LIMITS 指定左下角点或 [开(ON) 关(OFF)] <0.0000,0.0000>：
```

图 10-31　图形边界设置命令行窗口

【例 10-2】以 A2（594 mm×420 mm）图纸幅面，设置图形界限。

选择菜单栏中的"格式"→"图形界限"命令或在命令行输入 LIMITS 命令↓

指定左下角点或 [开（ON）/关（OFF）] <0.0000,0.0000>：输入 0, 0↓

指定右上角点<420.0000,297.0000>：输入 594,420↓

输入 ZOOM↓

系统提示如下信息：

指定窗口角点，输入比例因子（nX 或 nP）或 [全部（A）/中心点（C）/动态（D）/范围（F）/上一个（P）/比例（S）/窗口（W）] <实时>：

输入 A↓

启动 AutoCAD 用户默认的绘图单位是 A3 图幅的尺寸。国家标准的图纸基本幅面及周边见表 10-8。

表 10-8　国家标准图幅尺寸　　　　　　　　　　　　　　　　　　mm

幅面代号	A0	A1	A2	A3	A4
$L×B$	1 189×840	841×594	594×420	420×297	297×210
e	20			10	
内边宽 a	25				
内边长 c	10		5		

3. 设置绘图环境

如果对当前绘图环境不是很满意，想更改屏幕背景、光标大小等，可以选择"视图"→"用户界面"→"用户界面"命令，或选择菜单"工具"→"选项"命令，打开如图 10-32 所示的"选项"对话框。在该对话框中包含"文件""显示""打开和保存""打印和发布""系统""用户系统配置""绘图""三维建模""选择集""配置"和"联机"11 个选项卡。通过它们可以定制 AutoCAD，以便符合自己的要求。

（1）设置背景

在默认情况下，绝大多数用户不习惯 AutoCAD 的黑色背景、白色线条绘图窗口，通常需要进行修改绘图窗口的颜色。打开"显示"选项卡，单击"窗口元素"区域中的"颜色"按钮，打开"图形窗口颜色"对话框。按视觉习惯改成白色为窗口颜色。"字体"按钮可以修改命令行字体。

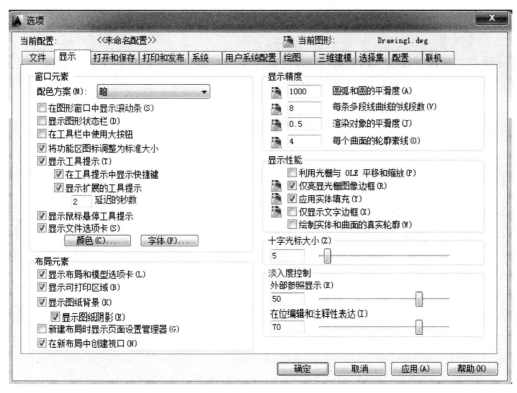

图 10-32　"选项"对话框

"显示"选项卡还可以用于设置是否显示屏幕菜单、是否显示滚动条、是否在启动时最小化 AutoCAD 2014 窗口等。

（2）设置光标大小

在绘图区光标变成十字，AutoCAD 2014 通过光标显示当前点位置。通过修改"显示"选项卡中的"十字光标大小"选项组，用户可根据实际需要更改光标大小，还可更改样式。或者在绘图窗口选择菜单"默认"→"实用工具"→"点样式"命令，打开如图 10-33 所示的对话框。将点大小修改成 5.000 0%，即预设为屏幕大小的 5%。

"显示精度"和"显示性能"选项组用于设置渲染对象的平滑度、每个曲面的轮廓素线等。所有这些设置均会影响系统的刷新时间与速度，进而影响操作的流畅性。

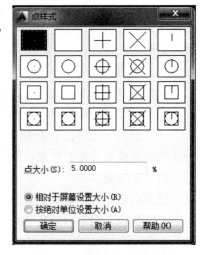

10.1.8　基本绘图命令输入方式

1. 命令输入方式

在 AutoCAD 2014 中，菜单命令、工具栏按钮、命令和系统变量基本是对应的，人们通常可以用鼠标操作从菜单中选择某一项内容执行命令，或单击某个工具栏按钮，或在命令行中输入命令和系统变量这三种方式实现基本绘图命令的输入

图 10-33　"点样式"对话框

和执行。其中，命令是 AutoCAD 2014 功能实现的核心。

2. 命令重复

无论使用何种方法输入执行命令，都可以在命令行窗口中提示的下一个"命令："提示符出现以后，通过按"空格"键来重复这个命令。

10.2 绘 图 命 令

10.2.1 点

1. 绘制点

在 AutoCAD 2014 中，点对象可作为捕捉和偏移对象的节点或参考点，可以通过"单点""多点""定数等分"和"定距等分"4 种方法创建点对象。点在图形中的表示样式共有 20 种。选择菜单栏中的"格式"→"点样式"命令，如图 10-33 所示，打开"点样式"对话框，可以在该对话框中选择点的样式，设置点的大小。

选择菜单栏中的"绘图"→"点"→"单点"命令，可以在绘图窗口中指定一个点；选择菜单栏中的"绘图"→"点"→"多点"命令，可以在绘图窗口中指定多个点，直到按"Esc"键结束。

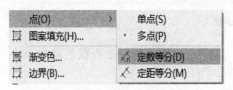

图 10-34　定数等分

2. 定数等分点对象

在 AutoCAD 2014 中，选择菜单栏中的"绘图"→"点"→"定数等分"命令，如图 10-34 所示。此时打开"命令行"对话框，可以在指定的对象上绘制等分点或在等分点处插入块。使用该命令时，应注意输入的是等分数，不是放置点的个数，如果将所选的对象分成 N 等份，实际上只生成 $N-1$ 个点。其次，一次只能对一个对象操作，不能对一组对象操作。

3. 定矩等分点对象

定距等分可以在指定的对象上按指定的长度绘制点或插入块。

在 AutoCAD 2014 中，选择菜单栏中的"绘图"→"点"→"定距等分"命令，或在"默认"→"绘图"选项板中单击"定距等分"按钮█，系统弹出"命令行"对话框，然后在绘图区选取需要被等分的对象，系统将提示"指定线段长度"，输入数值后，系统将按指定数值距离将对象等分。

注意：放置点的起始位置从距离对象选取点较近的端点开始；如果对象的总长度不能被所选长度整除，则最后放置点到对象端点的距离不等于所选长度。

10.2.2 直线

直线类绘图命令包括"直线""射线"和"构造线"等，是 AutoCAD 2014 中最简单的绘图命令。

1. 绘制直线段

在 AutoCAD 2014 中,"直线"是最常用、最简单的图形对象,只要指定了起点和终点,即可绘制一条直线。可以用二维坐标 (x, y) 或三维坐标 (x, y, z) 来指定端点,也可以混合使用二维坐标和三维坐标。如果输入二维坐标,AutoCAD 2014 将会用当前的高度作为 z 坐标值,默认值为 0。

选择"功能区"→"选项面板"→"绘图"选项区域中单击"直线"图标按钮 ✎,可以绘制直线。

成角度直线是与 X 轴方向成一定夹角的直线类型。如果设置的角度为正值,其表示从 X 轴正半轴开始逆时针旋转该角度大小;如果为负值,则顺时针进行旋转。

选择"绘图"→"直线"命令,指定一点为起点,然后在命令行输入"@长度∠角度",按"Enter"键结束该操作。

在图 10-35 所示对话框中选择合适的线型和线宽。也可加载其他形式的线型,打开如图 10-36 所示的"线型管理器"对话框,单击"加载"按钮,选择所需线型即可。

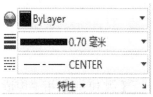

图 10-35　线型和线宽

图 10-36　"线型管理器"对话框

2. 绘制构造线

直线类还有射线和构造线。单向延伸的构造线即射线。两端可以无限延伸的直线称为构造线,构造线没有起点和终点,可以放置在三维空间的任何地方,它主要是用于绘制等分角、等分圆等图形的辅助线,如图素的定位线。

构造线模拟手工作图的辅助线,是构造线最主要的用途,保证了三视图之间"主俯视图长对正、主左视图高平齐、俯左视图宽相等"的对应关系。

选择菜单栏中的"绘图"→"构造线"命令,或在"功能区"→"选项面板"→"绘图"选项区域中单击"构造线"图标按钮 ✎,或在命令行输入"XLINE",都可以绘制构造线,此时命令行提示"指定点或 [水平(H)/垂直(V)/角度(A)/二等分(B)/偏移(Q)]:",各选项的含义见表 10-9。

表 10-9　"构造线"各选项的含义

序号	选项	含义
1	水平（H）	默认辅助线为水平直线，单击一次绘制一条水平辅助线，直到用户右击或按下"回车"键时结束
2	垂直（V）	默认辅助线为垂直直线，单击一次创建一条垂直辅助线，直到用户右击或按下"回车"键时结束
3	角度（A）	创建一条用户指定角度的倾斜辅助线，单击一次创建一条倾斜辅助线，直到用户右击或按下"回车"键时结束
4	二等分（B）	创建一条用户指定角的定点并平分该角的辅助线。首先指定一个角的定点，再分别指定该角两条边上的点即可
5	偏移（Q）	创建平行于另一个对象的辅助线，类似于偏移编辑命令。选择的另一个对象可以是一条辅助线、直线或复合线对象

【例 10-3】用"构造线"绘制竖直、水平以及 45°构造线。

选择菜单栏中的"工具"→"绘图设置"命令，打开"绘图设置"对话框，在该对话框中，选择"极轴追踪"选项卡，选中"启用极轴追踪"复选框，在"增量角"下拉列表框中选择 45，单击"确定"按钮。再单击"构造线"画图。

3. 绘制射线

一端固定、另一端无限延伸的直线称为射线，是只有起点而没有终点或终点无穷远的直线。主要用于绘制图形中投影所得线段的辅助引线，或绘制某些长度参数不确定的角度线等。

选择菜单栏中的"绘图"→"射线"命令，或在"功能区"→"选项面板"→"绘图"选项区域中单击"射线"图标按钮 ，或在命令行输入"XLINE"，指定射线的起点后，可在"指定通过点："提示下指定多个通过点，绘制以起点为端点的多条射线，直到按 Esc 键或按 Enter 键退出。

10.2.3　圆（弧）类

1. 绘制圆

在 AutoCAD 2014 中，可以使用 6 种方法绘制圆。

（1）选择菜单栏中的"绘图"→"圆"命令中的子命令；或在"功能区"→"选项面板"→"绘图"选项区域中单击"圆"图标按钮 ，出现如图 10-37 所示的"圆"工具栏；或在命令行窗口输入"CIRCLE"命令。

命令行提示：

_circle 指定圆的圆心或 [三点（3P）/两点（2P）/相切、相切、半径（T）]：

默认情况下，先指定圆的圆心，然后再指定圆的半径（或直径）。

"三点（3P）"选项：指定不在一条直线上的三点，即可绘制圆。

"两点（2P）"选项：指定圆的直径上的两个端点。

"相切、相切、半径（T）"选项：先指定与圆相切的两个对象，如直线、圆或圆弧等，然后，再指定圆的半径。

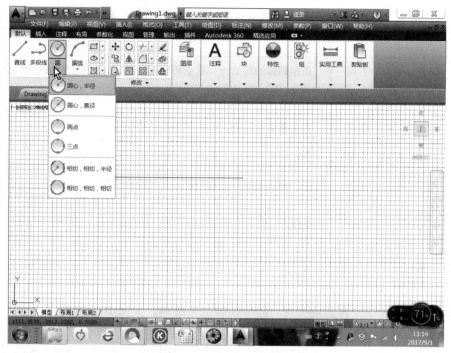

图 10-37　"圆"工具栏

2. 绘制圆弧

圆弧可以用于建立圆弧曲线和扇形，也可以用于放样图形的放样界面。由于圆弧是圆的一部分，也由起点和终点构成，绘制圆弧可以通过选择菜单栏中的"绘图"→"圆弧"命令中的子命令，需要给出起点、半径和圆弧所跨弧度的大小，或在"功能区"→"选项面板"→"绘图"选项区域单击"圆弧"图标按钮 ，或在命令行窗口输入"ARC"。

在 AutoCAD 2014 中，圆弧绘制方法有 11 种，如图 10-38 所示，各选项的含义见表 10-10。

表 10-10　"圆弧"各选项的含义

序号	选项	含　义
1	三点	通过给定三个点绘制一段圆弧，需要指定圆弧的起始点、通过的第二点和端点，其中第二点决定圆弧位置，第三点端点决定圆弧的形状和大小
2	起点、圆心、端点	指定圆弧的起始点、圆心，再选取圆弧的端点绘制圆弧
3	起点、圆心、角度	指定圆弧的起始点、圆心和角度绘制圆弧，该角度为圆心角。如果当前环境设置逆时针为角度正值的方向，则输入角度为正值时，圆弧从起始点绕圆心逆时针方向绘制；输入角度为负值时，圆弧从起始点绕圆心顺时针方向绘制
4	起点、圆心、长度	指定圆弧的起始点、圆心和弦长绘制圆弧。给定的弦长不得超过起始点到圆心距离的两倍。如果在设置弦长为负值时，则该值的绝对值将作为对应整圆的空缺部分圆弧的弦长
5	起点、端点、角度	指定圆弧的起始点、端点和包含角度绘制圆弧

续表

序号	选项	含 义
6	起点、端点、方向	指定圆弧的起始点、端点和圆弧在起始点处的切线方向绘制圆弧
7	起点、端点、半径	指定圆弧的起始点、端点和半径绘制圆弧
8	圆心、起点、端点	指定圆弧的圆心、起始点和端点绘制圆弧
9	圆心、起点、角度	指定圆弧的圆心、起始点和包含角度绘制圆弧
10	圆心、起点、长度	指定圆弧的圆心、起始点和弦长绘制圆弧

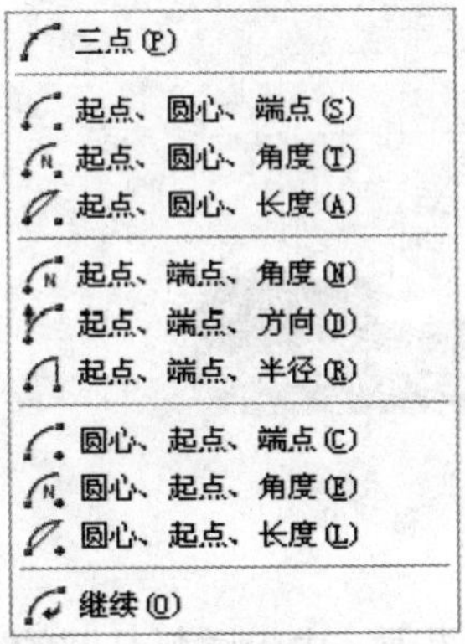

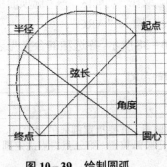

图 10-38 "圆弧"子命令

"继续"选项：选择该选项，命令行提示"指定圆弧的起点或[圆心（C）]:"，直接按"Enter"键，系统将以最后绘制线段或圆弧过程中确定的最后一点作为新圆弧的起始点，以最后所绘制线段方向或圆弧终止点处的切线方向为新圆弧起始点处的切线方向，然后再指定一点，即可绘制一个圆弧，如图 10-39 所示。

3. 绘制圆环

通过选择菜单栏中的"绘图"→"圆环"命令中的子命令，需要给出起点、半径和圆弧所跨弧度的大小；或在"功能区"→"选项面板"→"默认"选项区域中单击"绘图"命令，选中"圆环"按钮即可，如图 10-40 所示；或在命令行输入"DONUT"，在命令行中需要给出圆环内径、外径和中心点。

图 10-39 绘制圆弧

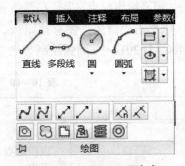

图 10-40 "圆弧"子命令

4. 绘制椭圆和椭圆弧

椭圆和椭圆弧曲线是机械绘图中最常用的曲线对象。该类曲线 X、Y 轴方向对应的圆弧直径有差异，由于椭圆长轴和短轴直径完全相同时可以形成规则的圆轮廓线，因而可将圆看成是椭圆的特例。

（1）绘制椭圆

椭圆是指平面上到定点距离与定点直线间距离之比为常数的所有点的集合。零件上圆孔特征在某一角度上的投影轮廓线、圆管零件上相贯线的近似画法等均以椭圆显示。

选择菜单栏中的"绘图"→"椭圆"命令中的子命令，或在"功能区"→"选项面板"→"绘图"选项区域中单击  右侧的黑色三角，或在命令行输入"ELLIPSE"，如图 10-41 所示，会显示以下两种方式绘制椭圆。

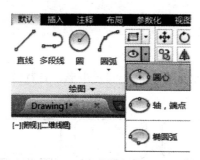

图 10-41　"椭圆"子命令

　　指定圆心绘制椭圆，采用"圆心"选项，指定椭圆的中心点、一个轴的端点和另一个半轴的长度绘制椭圆。

　　指定端点绘制椭圆，该方法是 AutoCAD 2014 中默认绘制椭圆的方法，采用"轴、端点"选项，只需要给出椭圆的两个端点和另一个轴的半轴长度即可完成绘制。

　　（2）绘制椭圆弧

　　椭圆弧是椭圆的一部分，需要指定圆弧的起始角和终止角来确定椭圆弧。在指定椭圆弧终止角时，在命令行中输入数值，或直接在图形中指定位置点定义终止角。

　　选择菜单栏中的"绘图"→"椭圆"→"圆弧"命令；或在"功能区"→"选项面板"→"绘图"选项区域中单击 右侧的黑色三角，选中"椭圆弧"命令；或在 AutoCAD 经典工作空间的"绘图"工具栏中单击"椭圆弧"图标按钮 ；或在命令行输入"ARC"，即可绘制椭圆弧，如图 10-42 所示。

图 10-42　绘制椭圆弧

　　此时，命令行提示：

指定椭圆的轴端点或 [圆弧（A）/中心点（C）]：_a

指定椭圆弧的轴端点或 [中心点（C）]：　　　　　　//输入椭圆弧的轴端点。

指定轴的另一个端点：　　　　　　　　　　　　　//输入轴的另一个端点。

指定另一条半轴长度或 [旋转（R）]：　　　　　　//输入另一个半轴的长度。

指定起始角度或 [参数（P）]：　　　　　　　　　//输入起始角度（通过给定椭圆弧的起始角度
　　　　　　　　　　　　　　　　　　　　　　　来确定椭圆弧）。

指定终止角度或 [参数（P）/包含角度（I）]：　　//给出椭圆弧的终止角度，用于确定椭圆弧
　　　　　　　　　　　　　　　　　　　　　　　另一端点的位置。

"参数（P）"选项：通过参数确定椭圆弧另一个端点的位置。

"包含角度（I）"选项：根据椭圆弧的包含角度来确定椭圆弧。

10.2.4 平面图形

1. 矩形

在 AutoCAD 2014 中，绘制倒角矩形、圆角矩形、有宽度的矩形等，如图 10-43 所示。

图 10-43 矩形的种类

选择菜单栏中的"绘图"→"矩形"命令，或在"功能区"→"选项面板"→"绘图"选项区域中单击"矩形"图标按钮 □，或在命令行输入"RECTANG"，命令行提示：

指定第一个角点或 [倒角（C）/标高（E）/圆角（F）/厚度（T）/宽度（W）]：

默认情况下，通过指定两个点作为矩形的对角点来绘制矩形，当指定了矩形的第一个角点后，命令行提示各选项的含义见表 10-11。

表 10-11 "矩形"命令各选项的含义

序号	选项	含义
1	面积（A）	已知矩形的面积和长度（或宽度）绘制矩形
2	尺寸（D）	已知矩形的长度、宽度和矩形另一角点的方向绘制矩形
3	旋转（R）	指定旋转的角度和拾取两个参考点绘制矩形
4	倒角（C）	绘制倒角矩形，需要指定矩形的两个倒角距离
5	标高（E）	指定矩形所在平面的高度。默认情况下，矩形在 XY 平面内。该选项一般用于三维绘图
6	圆角（F）	绘制圆角矩形，需要指定圆角半径
7	厚度（T）	按已设定的厚度绘制矩形，该选项一般用于三维绘图
8	宽度（W）	按已设定的线宽绘制矩形，需要指定线宽

2. 正多边形

多边形命令包括矩形和正多边形命令。在 AutoCAD 2014 中，矩形及正多边形的每一条边并不是单一对象，它们构成一个单独的对象。

选择菜单栏中的"绘图"→"正多边形"命令，或在"功能区"→"选项面板"→"绘图"选项区域中单击"矩形"图标右侧黑色三角，再单击"正多边形"图标按钮 ⬡，或在命

令行输入 "POLYGON"，命令行提示：

命令：输入边的数目<4>：

在 AutoCAD 2014 中，可以绘制边数为 3～1 024 的正多边形，输入正多边形的边数后，命令行继续提示：

指定正多边形的中心点或 [边 （E）]：　　　 //在绘图窗口内，指定正多边形的中心点。

输入选项 [内接于圆 （I）/外切于圆 （C）] <I>：

"内接于圆 （I）"选项：绘制的正多边形内接于假想的圆。

"外切于圆 （C）"选项：绘制的正多边形外切于假想的圆。

如果在命令行的提示下选择 "边 （E）" 选项，则需要在绘图窗口内，指定两个点作为正多边形一条边的两个端点来绘制正多边形，并且，AutoCAD 总是从第一个端点到第二个端点，沿着当前角度的方向绘制正多边形。

3. 绘制区域覆盖

区域覆盖是在现有的对象上生成一个空白区域，用于覆盖指定区域或要在指定区域内添加注释。该区域与区域覆盖边框进行绑定，用户可以打开区域进行编辑，也可以关闭区域进行打印操作。

在 "绘图" 选项板中单击 "区域覆盖" 按钮，如图 10 - 44 所示。命令行将提示 "指定第一点或 [边框 （F）/多段线 （P）/] <多段线>："，其中各选项的含义及设置方法见表 10 - 12。

图 10 - 44 "区域覆盖" 按钮

表 10 - 12 "区域覆盖" 命令各选项的含义及设置方法

序号	选项	含义及设置方法
1	边框	绘制一个封闭的多边形区域，并使用当前的背景色遮盖被覆盖的对象。默认情况下可以通过指定一系列控制点来定义区域覆盖的边界，并可以根据命令行的提示信息对区域覆盖进行编辑，确定是否显示区域覆盖对象的边界。若选择 "开 （ON）" 选项，则可以显示边界；若选择 "关 （OFF）" 选项，则可以隐藏绘图窗口中所要覆盖区域的边界
2	多段线	该方式是适用原有的封闭多段线作为区域覆盖对象的边界。当选择一个封闭的多段线时，命令行将提示是否要删除源对象，输入 "Y" 系统将删除用于绘制区域覆盖的多段线，输入 "N" 则保留该多段线

10.2.5　多段线

多段线是由单个对象创建的相互连接的线段整体，可以由直线、圆弧段或两者的组合线段构成，并且是任意开放或封闭的图形。一次 "多段线" 命令产生的线段序列被作为一个实体来处理。"多段线" 具有一些特点，如具有一定的线宽且使起点与终点具有不同的线宽、可以进行曲线拟合、可以进行编辑等。根据多段线组合显示样式不同，分为直线段多段线、直线和圆弧组合多段线及带宽度的多段线三种。

1. 绘制直线段多段线

直线段多段线是最简单的多段线，全部由直线构成，通常用于创建封闭的线性面域。选择菜单栏中的 "绘图" → "多段线" 命令，或在 "功能区" → "选项面板" → "绘图" 选项区域中单击"多段线"图标按钮 ⌐ ，或在命令行输入"PLINE"，依据在绘图区中选取多段线起点和其他通过的点，即可绘制多段线。如需绘制封闭多段线，可以在命令行输入"C"，按"Enter"确定。但需要注意，如果指定起点和多段线通过的点在一条直线上，则该多段线不能封闭。

此时，命令行提示：

指定起点：输入起始点

当前线宽为 0.0000

指定下一个点或 ［圆弧（A）/半宽（H）/长度（L）/放弃（U）/宽度（W）]：输入一点

指定下一点或 ［圆弧（A）/闭合（C）/半宽（H）/长度（L）/放弃（U）/宽度（W）]：

默认情况下，当指定了多段线另一端点的位置后，将从起点到该点绘制出直线段。该命令提示中，其他选项的含义见表 10－13。

表 10－13 "多段线"其他选项的含义

序号	选项	含　义
1	圆弧（A）	从绘制直线的方式切换到绘制圆弧的方式
2	闭合（C）	封闭多段线并结束命令
3	半宽（H）	此选项可以创建带宽度的多段线。设置完成后，显示多段线的宽度等于设置输入值的 2 倍，可以分别指定对象的起点半宽和终点半宽，因此在同一个图元上可以显示相同或不同的线宽。 选择"多段线"，在命令行输入"H"，给出起点和终点的半宽值
4	长度（L）	指定所绘制直线段的长度。此时，AutoCAD 2014 将以该长度沿着前一段直线的方向绘制直线段。如果前一段线是圆弧，则该直线的方向为圆弧端点的切线方向
5	放弃（U）	取消多段线前一段直线或圆弧
6	宽度（W）	此选项可以创建带宽度的多段线，其通过设置多段线的实际宽度，显示的宽度与设置宽度相等。与半宽方式相同，可以分别指定对象的起点半宽和终点半宽，因此在同一个图元上可以显示相同或不同的线宽。 选择"多段线"，在命令行输入"W"，给出起点和终点的半宽值

2. 绘制直线和圆弧组合多段线

直线和圆弧组合多段线是由直线和圆弧两部分组成的开放或封闭的组合图形，主要用于表达绘制圆角过渡的棱边，或具有圆弧曲面的 U 形槽等实体投影轮廓界限。

在绘制这类多段线时，通常需要在命令行内不断切换圆弧和直线段的输入命令。

如果在"指定下一点或 ［圆弧（A）/闭合（C）/半宽（H）/长度（L）/放弃（U）/宽度（W）]："提示下输入"A"↓，可以切换到圆弧绘制方式，命令行显示如下提示：

指定圆弧的端点或

［角度（A）/圆心（CE）/闭合（CL）/方向（D）/半宽（H）/直线（L）/半径（R）/第二个点（S）/放弃（U）/宽度（W）]：

该命令提示中，各选项的含义见表 10-14。

表 10-14　"直线和圆弧组合多段线"各选项的含义

序号	选项	含　义
1	角度（A）	指定圆弧的包含角绘制圆弧段，圆弧的绘制方向与角度的正负值有关
2	圆心（CE）	指定圆弧的圆心位置绘制圆弧段
3	闭合（CL）	以最后一点和起始点为圆弧的两个端点绘制圆弧，封闭多段线，并结束多段线绘制命令
4	方向（D）	根据起始点处的切线方向绘制圆弧
5	半宽（H）	设置圆弧起始点的半宽值和终点的半宽值
6	直线（L）	将多段线命令由绘制圆弧方式切换到绘制直线的方式
7	半径（R）	指定半径绘制圆弧
8	第二个点（S）	指定 3 点绘制圆弧
9	放弃（U）	取消前一段圆弧
10	宽度（W）	设置圆弧的起始点宽度和终点宽度

3. 编辑多段线

对于由多段线构成的封闭或开放图形，可以利用"编辑多段线"工具进行编辑修改。

在"功能区"→"选项面板"→"修改"选项区域中单击"编辑多段线"按钮，如图 10-45 所示。然后选取需要编辑的多段线，打开相应的快捷菜单，选取相应的命令即可。菜单罗列各选项的含义见表 10-15。

图 10-45　"编辑多段线"按钮

表 10-15　"编辑多段线"快捷菜单罗列各选项的含义

序号	选项	含　义
1	闭合（C）	输入字母 C，将开放的多段线封闭，自动以最后一段的直线或圆弧将多段线的起点和终点连接成闭合图形
2	合并（J）	输入字母 J，将直线段、圆弧或多段线连接到指定的非闭合多段线上。若编辑的是多个多段线，需要设置合并多段线的允许距离；若编辑的是单个多段线，将连续选取首尾连接的直线、圆弧和多段线等对象，并将它们连成一条多段线。合并多段线时需注意各相邻对象必须彼此首尾相连
3	宽度（W）	输入字母 W，可以重新设置所编辑多段线的宽度
4	编辑顶点（E）	输入字母 E，可以进行移动顶点、插入顶点以及拉直任意两顶点之间的多段线等操作。选择该命令，将打开新的快捷菜单

续表

序号	选项	含　义
5	拟合（F）	输入字母 F，可以采用圆弧曲线拟合多段线拐角，也就是创建连接每点的平滑圆弧曲线，将原来的直线转换为拟合曲线
6	样条曲线（S）	输入字母 S，可以用样条曲线拟合多段线，且拟合时以多段线的各顶点作为样条曲线的控制点
7	非曲线化（D）	输入字母 D，可以删除在执行"拟合"或"样条曲线"命令时插入的额外顶点，并拉直多段线中的所有线段，同时保留多段线顶点的所有切线信息
8	线型生成（L）	输入字母 L，可以设置非连续线型多段线在各顶点处的绘线方式。输入"ON"，多段线以全长绘制线型；输入"OFF"，多段线的各个线段独立绘制线型，当长度不足以表达线型时，以连续线代替

10.2.6　样条曲线

样条曲线是通过或接近一系列给定点的光滑曲线，可以控制曲线与点的拟合程度。在机械绘图中，该类曲线通常用于表示区分断面的部分；还可以在建筑图中表示地形、地貌等。它的形状是一条光滑的曲面，并且具有单一性，即整个样条曲线是一个单一的对象。

样条曲线是一种通过或接近指定点的拟合曲线，适于表达具有不规则变化曲率半径的曲线。

1. 绘制样条曲线

选择菜单栏中的"绘图"→"样条曲线"→"拟合点"命令，或在"功能区"→"选项面板"→"绘图"选项区域中单击"样条曲线拟合"图标按钮，或在命令行输入"SPLINE"，即可绘制样条曲线。

此时，命令行提示：

命令：_spline

指定第一个点或［对象（O）］：在绘图窗口内，指定样条曲线的起点。

指定下一点：指定样条曲线上的另一个点。

指定下一点或［闭合（C）/拟合公差（F）］＜起点切向＞：

继续指定样条曲线的控制点创建样条曲线，各选项的含义见表 10－16。

表 10－16　"样条曲线"各选项的含义

序号	选项	含　义
1	起点切向（O）	表示样条曲线在起点处的切线方向，可以直接输入表示切线方向的角度值，也可以移动光标确定样条曲线起点处的切线方向，即单击拾取一点，以样条曲线起点到该点的连线作为起点的切向。当指定了样条曲线在起点处的切线方向后，还需要指定样条曲线终点处切线方向

序号	选项	含　义
2	闭合（C）	封闭样条曲线，并提示"指定切向："，要求指定样条曲线在起点同时也是终点处的切线方向（起点与终点重合），确定了切线方向后，即可绘出一条封闭的样条曲线
3	拟合公差（F）	设置样条曲线的拟合公差。拟合公差是指实际样条曲线与输入的各个控制点，但总是通过起点与终点。该方法适用于拟合点比较多的情况

2. 编辑样条曲线

选择菜单栏中的"修改"→"对象"→"样条曲线"命令，或在命令行输入"SPLINEDIT"，命令行提示：

输入选项［拟合数据（F）/闭合（C）/移动顶点（M）/精度（R）/反转（E）/放弃（U）］：

"拟合数据（F）"选项的功能是：编辑样条曲线所通过的某些控制点。选择该选项后，样条曲线上各控制点的位置出现小方格。命令行提示各选项的含义见表 10-17。

表 10-17　"拟合数据选项"命令行提示各选项的含义

序号	选项	含　义
1	添加（A）	为样条曲线添加新的控制点
2	删除（D）	删除样条曲线集中的一些控制点
3	移动（M）	移动集中控制点的位置
4	清理（P）	从图形数据库中清除样条曲线的拟合数据
5	相切（T）	修改样条曲线起点和端点的切线方向
6	公差（L）	重新设置拟合公差的值
7	移动顶点（M）	移动样条曲线上的当前控制点
8	精度（R）	对样条曲线上的控制点进行细化操作。精度选项包括以下几项： <添加控制点（A）>选项：增加样条曲线的控制点。 <提高阶数（E）>选项：控制样条曲线的阶数，阶数越高控制点越多，样条曲线越光滑，允许的最大阶数值是 26。 <权值（W）>选项：改变控制点的权值
9	反转（E）	使样条曲线的方向相反

10.2.7　多线

多线是由多条平行线组成的一种复合型图形，主要用于绘制建筑图中的墙壁或电子图中的线路等平行线段。其中，平行线之间的间距和数目可以调整，并且平行线数量最多不可超过 16 条。

1. 多线样式

在绘制多线之前，通常先设置多线样式。通过设置多线样式，可以改变平行线的颜色、线型、数量、距离和多线封口的样式等显示属性。

选择菜单栏中的"格式"→"多线样式"命令，打开"多线样式"对话框，如图 10-46

所示。可以根据需要创建多线样式，设置线条数目和线的拐角方式。"多线样式"对话框中的主要选项的含义见表 10-18。

图 10-46 "多线样式"对话框

表 10-18 "多线样式"对话框中的主要选项的含义

序号	选项	含 义
1	"样式"列表框	显示已经加载的多线样式。该选项组主要用于显示当前设置的所有多线样式。选择一种样式，并单击"置为当前"按钮，可将该样式设置为当前的使用样式
2	"置为当前"按钮	在"样式"列表框中选择需要的多线样式后，单击该按钮，可将其设置为当前样式
3	"新建"按钮	单击该按钮，打开"创建新的多线样式"对话框，输入一个新样式名，并单击"继续"按钮，即可在打开的"新建多线样式"对话框中设置新建的多线样式。"新建多线样式"的功能如下： "封口"选项组：主要用于控制多线起点或端点处的样式。"直线"选项区域表示多线的起点或端点处以一条直线连接；"外弧"/"内弧"选项区域表示起点或端点处以外圆弧或内圆弧连接，并可以通过"角度"文本框设置圆弧包角。 "填充"选项组：用于设置多线之间的填充颜色，可以通过"填充颜色"列表框选取或配置颜色。 "图元"选项组：该选项组用于显示并设置多线的平行线数量、距离、颜色和线型等属性。单击"添加"按钮，可以向其中添加新的平行线；单击"删除"按钮，可以删除选取的平行线。"偏移"文本框用于设置平行线相对中心线的偏移距离。"颜色"和"线型"选项区域用于设置多线显示的颜色或线型

续表

序号	选项	含　义
4	"修改"按钮	单击该按钮，打开"修改多线样式"对话框，可以修改创建的多线样式
5	"重命名"按钮	重命名"样式"列表框中选中的多线样式名称，但不能重命名标准（STANDARD）样式
6	"删除"按钮	删除"样式"列表框中选中的多线样式
7	"加载"按钮	单击该按钮，打开"加载多线样式"对话框，可以从中选择多线样式并将其加载到当前图形中。也可以单击"文件"按钮，打开"从文件加载多线样式"对话框，选择多线样式文件。默认情况下，AutoCAD 2014 提供的多线样式文件为 acad.mln
8	"保存"按钮	单击该按钮，打开"保存多线样式"对话框，可以将当前的多线样式保存为一个多线文件（*.mln）

2. 绘制多线

设置多线样式后，绘制的多线将按照当前样式显示效果。绘制多线和绘制直线的方法基本相似，不同的是在指定多线的路径后，沿路径显示多条平行线。

选择菜单栏中的"绘图"→"多线"命令，或在命令行输入"MLINE"，然后根据提示选取多线的起点和终点，可以绘制默认为"STANDARD"样式的多线。

命令行提示：

当前设置：对正=上，比例=20.00，样式=STANDARD

指定起点或［对正（J）/比例（S）/样式（ST）］：

"当前设置"说明当前的绘图格式。

其他选项的含义见表 10-19。

表 10-19　"多线"其他选项的含义

序号	选项	含　义
1	对正（J）	指定多线的对正方式。输入对正类型［上（T）/无（Z）/下（B）］＜上＞： ＜上（T）＞选项：从左向右绘制多线时，多线上最顶端的线将随着光标移动，表示多线位于中心线之上。 ＜无（Z）＞选项：绘制多线时，多线的中心线将随着光标移动，表示多线位于中心线之下。 ＜下（B）＞选项：从左向右绘制多线时，多线上最底端的线将随着光标移动
2	比例（S）	指定所绘制多线的宽度相对于多线定义宽度的比例因子，该比例不影响多线的线型比例。如果要修改多行比例，可能需要对线型比例做相应的修改，以防点画线的尺寸不正确
3	样式（ST）	指定绘制多线的样式，默认为标准（STANDARD）型。选择该选项时，命令行提示："输入多线样式名或［？］："，可以直接输入已有的多线样式名，也可以输入"？"，显示已定义的多线样式

3. 编辑多线

如果图形中有两条多线，则可以控制它们相交的方式。多线可以相交成十字形或 T 字形，也可以被闭合、打开或合并。使用"多线编辑"工具可以对多线对象执行闭合、结合、修剪和合并等操作，从而使绘制的多线符合预想的设计效果。

选择菜单栏中的"修改"→"对象"→"多线"命令，打开"多线编辑工具"对话框，该对话框中的图像按钮形象地说明了编辑多线的方法，如图 10-47 所示。

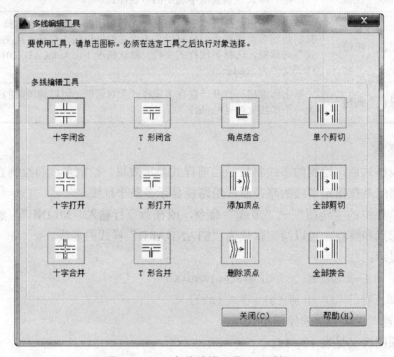

图 10-47 "多线编辑工具"对话框

使用"十字闭合""十字打开"和"十字合并"工具可以消除各种相交线。当选择十字形中的某种工具后，还需要选取两条多线，AutoCAD 2014 总是切断所选的第一条多线，并根据所选工具切断第二条多线。在使用"十字合并"工具时，可以生成配对元素的直角，如果没有配对元素，则多线将不被切断。

使用"T 形闭合""T 形打开""T 形合并"和"角点结合"工具也可以消除相交线。此外，"角点结合"工具还可以消除多线一侧的延伸线，形成直角。使用该工具时，需要选取两条多线，在需要保留的多线上拾取点，AutoCAD 2014 就会将多线剪裁或延伸到它们的相交点。

使用"添加顶点"工具可以为多线增加顶点。使用"删除顶点"工具可以从包含 3 个以上顶点的多线上删除顶点，若选取的多线只有两个顶点，则该工具无效。

使用"单个剪切"和"全部剪切"工具可以切断多线。"单个剪切"工具用于切断多线中的一条，只需用光标拾取要切断的多线某一元素上的两点，则两点之间的连线被切断（实际上是不显示）。"全部剪切"工具用于切断整条多线。

使用"全部接合"工具可以重新显示所选两点之间的任何切断部分。

10.2.8　操作与实践

1. 使用直线命令绘制表面粗糙度符号

1）选择菜单栏中的"绘图"→"直线"命令，或在"面板"选项板的"二维绘图"选项区域中（或在 AutoCAD 经典工作空间的"绘图"工具栏中），单击"直线"图标按钮✔。

2）命令行提示：

命令：_line 指定第一点：输入 1000，1000↓

指定下一点或［放弃（U）］：输入@200＜180↓

指定下一点或［放弃（U）］：输入@200＜－60↓

指定下一点或［闭合（C）/放弃（U）］：输入@400＜60↓

指定下一点或［闭合（C）/放弃（U）］：↓（见图 10-48）

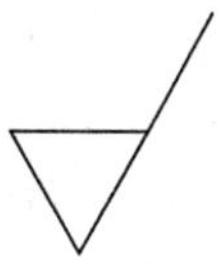

2. 绘制圆

1）选择菜单栏中的"绘图"→"直线"命令，或在"功能区"→"选项面板"→"绘图"选项区域中，单击"直线"图标按钮✔，或在命令行窗口输入"LINE"。

图 10-48　表面粗糙度符号

命令行提示：

命令：_line 指定第一点：输入 1000，400↓

指定下一点或［放弃（U）］：输入@600＜180↓

指定下一点或［放弃（U）］：输入@800＜45↓

指定下一点或［闭合（C）/放弃（U）］：↓（见图 10-49）

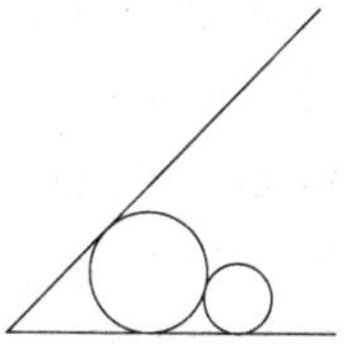

图 10-49　图形

2）在"面板"选项板的"二维绘图"选项区域中（或在 AutoCAD 经典工作空间的"绘图"工具栏中），单击"圆"图标按钮⊙。

3）命令行提示：

命令：_circle 指定圆圆心或［三点（3P）/两点（2P）/相切、相切、半径（T）］：输入 820，460↓

指定圆的半径或［直径（D）］：60↓

4）选择菜单栏中的"绘图"→"圆"→"相切、相切、相切"命令。

5）命令行提示：

命令：_circle 指定圆的圆心或［三点（3P）/两点（2P）/相切、相切、半径（T）］：_3p 指定圆上的第一个点：_tan 到

在绘图窗口内移动光标，当光标移动到水平线上时，如图 10-50 所示，显示"Ŏ..."提示符（切点：对象捕捉模式），单击鼠标左键。

6）命令行继续提示：

指定圆上的第二个点：_tan 到

移动光标，当光标移动到倾斜线上时，见图 10-50，显示"Ŏ..."提示符，单击鼠标左键。

7）命令行继续提示：

指定圆上的第三个点：_tan 到

图 10-50　直线和圆

移动光标，当光标移动到圆周上时，见图 10-50，显示 "⊖ ..." 提示符，单击鼠标左键，完成图形绘制。

3. 绘制倒角矩形

1）选择菜单栏中的 "绘图" → "矩形" 命令，或单击 "矩形" 图标按钮。

2）命令行提示：

指定第一个角点或 ［倒角（C）/标高（E）/圆角（F）/厚度（T）/宽度（W）］：输入 C↓

指定矩形的第一个倒角距离＜0.0000＞：输入 50↓

指定矩形的第二个倒角距离＜50.0000＞：输入 50↓

指定第一个角点或 ［倒角（C）/标高（E）/圆角（F）/厚度（T）/宽度（W）］：//在绘图窗口内，单击鼠标左键。

指定另一个角点或 ［面积（A）/尺寸（D）/旋转（R）］：//在绘图窗口内，单击鼠标左键。

完成倒角矩形的绘制。

10.3　精确绘图工具

10.3.1　图层的设置与管理

绘制图形之前，应先选择合适的图纸，为了方便绘图，在 AutoCAD 2014 中经常需要借助辅助工具来提高效率。一个复杂的图形中，有许多不同类型的图形对象，将其设置划分成不同的图层（图层是将一幅图切成若干个透明部分），每一部分上集合全部类型相似的对象，从而将图形中的对象、不同类型的图形信息进行按类分组管理和维护，便于修改、使用和输出图形，可以方便地控制图形对象的显示和编辑，提高绘图的效率和准确性。例如，可以将文字、标注和标题栏放在不同图层上，需要修改时只对某一层特性改变，而其他部分不会改变，再将各层叠加到一起构成所需图形。一个复杂的图形中，有许多不同类型的图形对象，为了方便管理，可以创建多个图层，将特性相似的图形对象绘制在同一个图层上，使图形的各种信息清晰有序，而且给图形的编辑、修改和输出提供方便。

在 AutoCAD 2014 中，用户可以通过图层来管理图形。所有的图形对象都具有图层、颜色、线型和线宽 4 个基本属性。图层特点见表 10-20。

表 10-20　图层特点

序号	特　点
1	一个图形文件中，可以有任意数量的图层，每一图层上的对象数量没有任何限制
2	每一个图层有一个名称。当新建一个文件时，AutoCAD 2014 自动创建 0 图层，这是默认图层，不能被删除或重命名，其余图层需要自定义
3	一般情况下，同一图层上的图形对象具有相同的线型、颜色。各图层上的线型、颜色等基本属性可以改变
4	AutoCAD 2014 允许建立多个图层，但只能在当前图层上绘图

续表

序号	特　　点
5	各图层具有相同的坐标系、绘图界限、显示缩放倍数，可以对不同图层上的图形对象同时进行编辑操作
6	可以对各图层进行打开、关闭、冻结、解冻、锁定、解锁等操作，以决定各图层的可见性和可操作性

1. 创建新图层

在开始绘制新图形时，AutoCAD 2014 会自动创建一个名为 0 的特殊图层。默认情况下，图层 0 将被指定使用 7 号颜色（白色或黑色，由背景决定）、Continuous 线型、"默认"线宽及 NORMAL 打印样式。一个复杂的图形中有许多不同类型的图形对象需要使用更多的图层进行区分，因而首先就要创建图层。

选择菜单栏中的"格式"→"图层"命令，打开"图层特性管理器"对话框，如图 10-51 所示。单击该对话框中的"新建图层"图标按钮，在图层列表框中出现一个"图层 1"的新图层。在默认情况下，新建图层与当前图层的状态、颜色、线型、线宽等设置相同。单击"新建图层"图标按钮，也可以创建一个新图层，只是该图层在所有的视口中都被冻结。

图 10-51　"图层特性管理器"对话框

创建新图层后，默认的图层名称显示在图层列表框中，如果需要更改图层名称，可以单击该图层名称，然后，输入一个新的图层名称并按"Enter"键确认。图层的名称不能包含通配符（*和？）和空格，也不能与已存在的其他图层名称相同。

2. 设置图层

（1）图层颜色设置

图层的颜色其实质是图层中各个图形对象的颜色。不同图层颜色可以相同，也可以不同，当绘制复杂图形时，其各图层应设置不同颜色，方便区别不同对象。

建立图层后，需要改变图层的颜色，可以在"图层特性管理器"对话框中，单击图层"颜色"列对应的图标，打开"选择颜色"对话框，如图 10-52 所示。在该对话框中，可以使用"索引颜色""真彩色"和"配色系统"三个选项卡为图层设置颜色。

图 10-52 "选择颜色"对话框

"索引颜色"选项卡：实际上是一张包含 256 种颜色的颜色表。在 AutoCAD 2014 的 ACI 颜色表中，每一种颜色对应一个 ACI 编号（1～255）进行标识。

"真彩色"选项卡：使用 24 位颜色定义显示 16M 色。指定真色彩时，可以使用 GRB 或 HSL 颜色模式，进一步指定颜色的色调、饱和度和亮度。两种颜色模式都可以得到同一种颜色，只是组合方式不同。

"配色系统"选项卡：使用标准 Pantone 配色系统设置图层的颜色。

（2）图层线型使用与设置

在 AutoCAD 2014 中，线型是指图形基本元素中线条的组成和显示方式，有简单线型，也有由一些特殊符号组成的复杂线型，以满足不同国家或行业标准的使用要求。

默认的情况下，在"图层特性管理器"对话框中，图层的线型为 Continuous。需要改变线型时，可以在图层列表框中，单击"线型"列的 Continuous，打开"选择线型"对话框，如图 10-53 所示。

在"已加载的线型"列表框中选择一种线型，将其应用到图层中。如果需要其他线型，可以单击该对话框中的"加载"按钮，打开"加载或重载线型"对话框，如图 10-54 所示，从"可用线型"列表框中选择需要加载的线型。在 AutoCAD 2014 中，用户可根据自身需要，选择合适的线型库定义文件，如果在英制测量系统中的线型选择在线型库定义文件 acad.lin，如果在公制测量系统中选择在线型库定义文件 acadiso.lin。

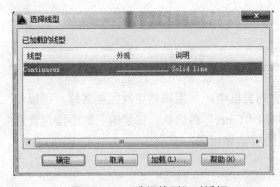

图 10-53 "选择线型"对话框

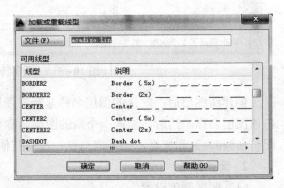

图 10-54 "加载或重载线型"对话框

AutoCAD 2014 可以通过菜单设置线型比例，选择菜单栏中的"格式"→"线型"命令，打开"线型管理器"对话框，如图 10-55 所示。在该对话框中，可以设置线型比例，改变非连续线型的外观。"线型管理器"对话框显示了当前使用的线型和可供选择的其他线型。在线型列表框中选择某一种线型后，单击"显示细节"按钮，可以在"详细信息"选项区域中设置线型的"全局比例因子"和"当前对象缩放比例"。其中,"全局比例因子"用于设置图形中所有线型的比例,"当前对象缩放比例"用于设置当前选中线型的比例。

图 10-55 "线型管理器"对话框

(3) 线宽设置

在"图层特性管理器"对话框的"线宽"列中,单击该图层对应的线宽"—默认",打开"线宽"对话框,有 20 多种线宽可供选择,如图 10-56 所示。也可以选择菜单栏中的"格式"→"线宽"命令,打开"线宽设置"对话框,通过调整线宽比例,改变图形中的线宽,如图 10-57 所示。

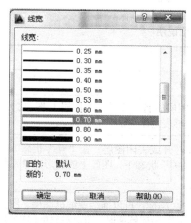

图 10-56 "线宽"对话框

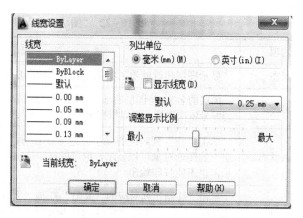

图 10-57 "线宽设置"对话框

在"线宽设置"对话框的"线宽"列表框中选择需要的线宽后,还可以设置其单位和显示比例等参数,具体见表 10-21。

表 10-21 "线宽设置"选项的含义

选项	含 义
列出单位	设置线宽的单位，可以是毫米或英寸
显示线宽	设置是否按照实际线宽来显示图形，也可以单击状态栏上的"线宽"按钮来显示或关闭线宽
默认下拉列表框	设置默认线宽值，即关闭显示线宽后 AutoCAD 所显示的线宽
调整显示比例	通过调节显示比例滑块，可以设置线宽的显示比例大小

3. 管理图层

在 AutoCAD 2014 中创建图层完成后，需要对其进行管理，包括图层的切换、重命名、删除以及图层的显示控制等。

（1）设置修改图层属性

利用"图层特性管理器"，如图 10-58 所示，完成每个图层都包含状态、名称、打开/关闭、冻结/解冻、锁定/解锁、线型、颜色、线宽和打印样式等操作，详细说明见表 10-22。

图 10-58 "图层特性管理器"对话框

表 10-22 "图层管理工具"详细说明

选项	说 明
状态	显示图层和过滤器的状态，其中当前图层显示为✔
名称	图层的名字，是图层的唯一标识。默认的情况下，图层的名称按图层 0，图层 1，图层 2，……的编号依次递增，可以根据需要为图层输入一个能够表达用途的名称
开关状态	单击"开"列对应的"小灯泡" 💡 图标，可以打开或关闭图层。在"开"状态下，图层上的图形对象可以显示，也可以打印输出；在"关"状态下，图层上的图形对象不能显示，也不能打印输出
冻结	单击"冻结"列对应的"太阳" ☀ 或"雪花" ❄ 图标，可以冻结或解冻图层。图层被冻结时，图形对象不能显示、打印输出和编辑修改；图层被解冻时，图形对象能够被显示、打印输出和编辑修改
锁定	单击"锁定"列对应的"小锁" 🔓 或"关闭" 🔒 图标，可以锁定或解锁图层。图层在锁定状态下，不能对已有的图形对象进行编辑，但可以绘制新的图形对象，而且，不影响图形对象的显示，还可以使用查询命令和对象捕捉功能

续表

选项	说　　明
颜色	单击"颜色"列对应的图标,打开"选择颜色"对话框,选择图层颜色
线型	单击"线型"列显示的线型名称,打开"选择线型"对话框,选择需要的线型
线宽	单击"线宽"列显示的线宽值,打开"线宽"对话框,选择需要的线宽
打印样式	"打印样式"列确定各图层的打印样式,彩色绘图仪不能改变打印样式
打印	单击"打印"列对应的打印机图标,可以设置图层是否能够被打印
说明	单击"说明"列两次,可以为图层或组过滤器添加必要的说明信息

选择菜单栏中的"格式"→"图层工具"命令中的子命令,如图 10-59 所示,可以使用图层工具来管理图层,各图形工具主要功能见表 10-23。

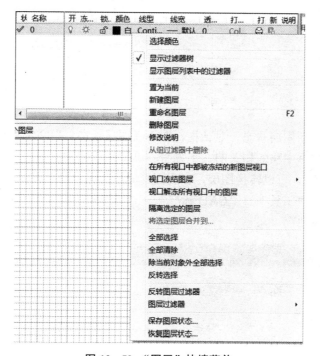

图 10-59　"图层"快捷菜单

表 10-23　各图形工具主要功能

序号	菜单子命令	按钮	主要功能
1	将对象图层置为当前层		将图元复制到不同图层
2	上一个图层		恢复上一个图层设置
3	图层漫游		隔离每一个图层
4	图层匹配		将选定对象的图层更改为选定目标对象的图层

续表

序号	菜单子命令	按钮	主要功能
5	更改为当前图层		将选定对象的图层更改为当前图层
6	将对象复制到新图层		将图元复制到不同图层
7	图层隔离		将选定对象的图层隔离
8	将图层隔离到当前视口		将对象的图层隔离到当前视口
9	取消图层隔离		恢复由"隔离"命令隔离的图层
10	图层关闭		将选定对象的图层关闭
11	打开所有图层		打开图形中所有图层
12	图层冻结		冻结图形中该图层
13	解冻所有图层		解冻图形中所有图层
14	图层锁定		锁定选定对象的图层
15	图层解锁		将选定对象的图层解锁
16	图层合并		合并两个图层,并从图形中删除第一个图层
17	图层删除		从图形中永久删除该图层

打开"要保存的新图层状态"对话框,在"新图层状态名"文本框中输入图层状态的名称,在"说明"文本框中输入相关的文字说明,单击"确定"按钮。

用"图层转换器",可以转换图层,实现图形的标准化和规范化。

选择菜单栏中的"工具"→"CAD 标准"→"图层转换器"命令,打开"图层转换器"对话框,如图 10-60 所示。

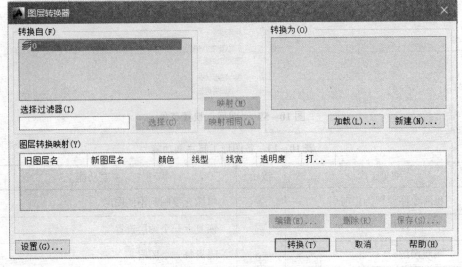

图 10-60 "图层转换器"对话框

（2）设置当前图层

在"图层"对话框的图层列表中，选择某一图层后，单击"置为当前"图标按钮✔，如图 10-61 所示，即可将该图层设置为当前图层。

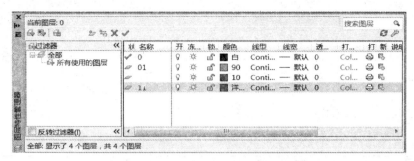

图 10-61　设置当前图层对话框

在"功能区"选项板中选择"常用"选项卡，在"图层"面板中单击"图层状态管理器"图标按钮，也可以将该图层设置为当前图层，如图 10-62 所示。

图 10-62　"设置当前层"图标按钮

设置当前层也可利用功能区选项板中的"常用"选项卡，在"图层"面板中单击"更改为当前图层"按钮或"将对象的图层设为当前图层"按钮。

（3）保存与恢复图层

要保存图层状态，可以在"图层特性管理器"对话框的图层列表中，右击需要保存的图层，在弹出的快捷菜单中，选择"保存图层状态"命令。还可实现"恢复图层状态"命令、保存图层状态、新建图层、修改图层、重命名图层、修改说明等功能。

如果恢复以前保存的图层设置，可以利用菜单中的"格式"→"图层状态管理器"，或在"图层特性管理器"选项板的图层列表中选中某一个图层，单击鼠标右键，在弹出的快捷菜单中找到"恢复图层状态"命令，这两种方法都可以打开"图层状态管理器"对话框，单击"恢复"按钮。

4. 过滤图层

（1）使用"图层过滤器特性"对话框过滤图层

过滤如图 10-63 所示的"图层特性管理器"对话框中显示的所有图层，创建一个图层过滤器 Filter1，要求被过滤的图层颜色为"白色"。

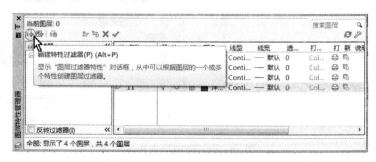

图 10-63　"图层特性管理器"对话框

1）选择菜单栏中的"格式"→"图层"命令，打开"图层特性管理器"对话框。图形中包含很多图层时，在"图层特性管理器"对话框中单击"新建特性过滤器"图标按钮🖳，打开"图层过滤器特性"对话框来命名图层过滤器，如图10-64所示。

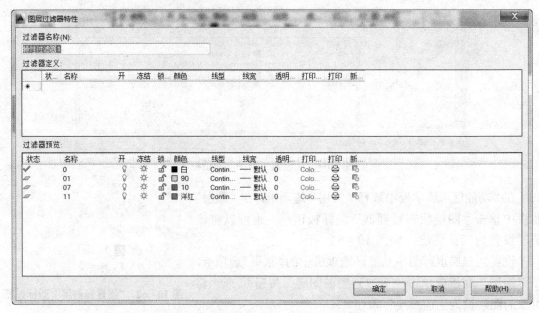

图10-64 "图层过滤器特性"对话框

2）在"过滤器名称"文本框中输入过滤器名称为：Filter1。

3）在"过滤器定义"列表框中，单击"颜色"列空白行，出现图标🔲，单击该图标，打开"选择颜色"对话框，在"颜色"文本框中输入"白"，单击"确定"按钮，如图 10-65所示。

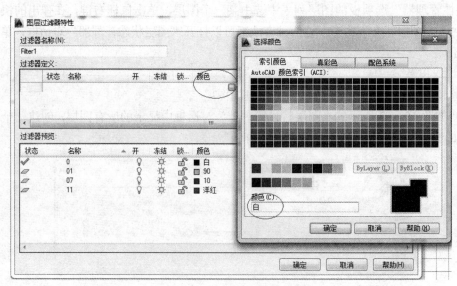

图10-65 设置过滤条件

4）单击"图层过滤器特性"对话框中的"确定"按钮，在"图层特性管理器"对话框的左侧过滤器树列表中，显示 Filter1 选项，选择该选项，在该对话框右侧的图层列表中显示该过滤器对应的图层信息，如图 10－66 所示。

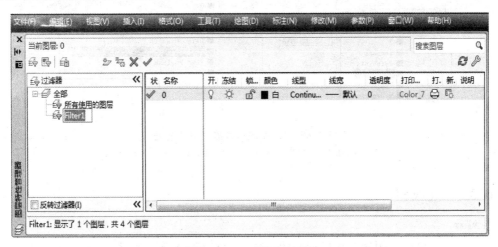

图 10－66　过滤后的图层

（2）使用"新组过滤器"过滤图层

在"图层特性管理器"对话框中，单击"新建组过滤器"图标按钮，对话框左侧过滤器树列表中自动添加一个"组过滤器 1"（也可以根据需要重命名组过滤器）。在过滤器树列表中，单击"所有使用的图层"节点或其他过滤器，显示对应的图层信息，将需要分组过滤的图层拖动到创建的"组过滤器 1"上即可，如图 10－67 所示。

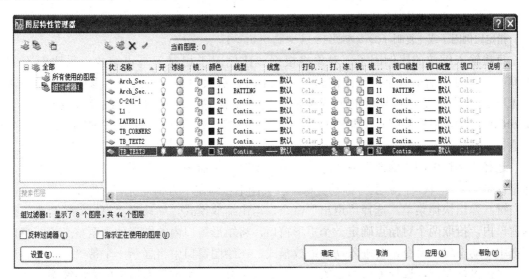

图 10－67　使用"新建组过滤器"过滤图层

（3）使用"应用的过滤器"改变对象所在图层

在实际绘图过程中，如果绘制完某一图形后，发现该图形对象并没有绘制在预先设置的图层上，可以选中该图形对象，在"面板"选项板中"图层"选项区域的"应用的过滤器"

下拉列表框中选择预设的图层名，即可改变图形对象所在的图层，如图10－68所示。

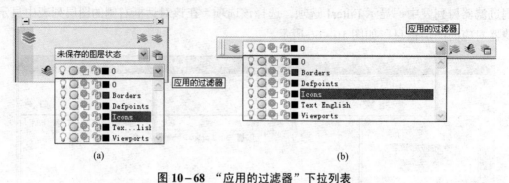

(a)   (b)

图10－68 "应用的过滤器"下拉列表

(a)"二维草绘与注释"工作空间；(b)"AutoCAD经典"工作空间

10.3.2 缩放和平移

1. 缩放

利用该工具可以将图形对象以指定的缩放基点为缩放参照，放大或缩小一定比例，创建出与源对象成一定比例且形状相同的新图形对象。视图缩放工具和"修改"菜单里的"缩放"工具完全不同，视图缩放工具只是改变了图形显示的大小，图形的实际尺寸并没有改变。

选择菜单栏中的"修改"→"缩放"命令；或在"功能区"→"选项面板"→"修改"选项区域中单击"缩放"图标按钮▣，如图10－69所示；或在命令行输入"SCALE"，命令行提示：

选择对象：选择需要缩放的对象

指定基点：指定缩放对象的基点

指定比例因子或［复制（C）/参照（R）］<1.0000>：

直接输入缩放的比例因子，对象将根据该比例因子相对于基点缩放。当比例因子大于0小于1时，缩小对象；当比例因子大于1时，放大对象；若选择"参照（R）"选项，对象将按参照长度和新长度的方式缩放，需要依次输入参照长度的值和新的长度值，AutoCAD 2014根据参照长度与新长度的值自动计算比例因子（比例因子=新长度值/参照长度值），进行缩放。

选择菜单栏中的"修改"→"缩放"→"实时"子命令，进入实时缩放模式。此时，鼠标指针呈 ₵⁺ 形状，向右上方拖动光标，放大图形；向左下方拖动光标，缩小图形；单击鼠标右键，弹出快捷菜单，选择"退出"命令，退出缩放模式。如选择"窗口"子命令，在绘图窗口内，拾取两个对角点确定一个矩形窗口，将矩形窗口内的图形放大至整个绘图窗口。如选中"动态"子命令，会进入动态缩放模式，在绘图窗口中将显示一个带"×"的矩形方框，单击鼠标左键，选择窗口中心的"×"消失，显示一个位于右边框的方向箭头，拖动鼠标可改变选择窗口的大小，以确定选择区域大小，按下"Enter"键，即可缩放图形。

由于图形尺寸太小，可以用缩放来放大显示尺寸以便于观察和操作，而不是改变绘图尺寸。菜单"视图"→"缩放"，视图空间将最大尺度地显示所有已经画完的图形。还有"平移""实时缩放""窗口缩放"和"缩放上一个"等选项（见图10－69），可根据需要进行选择。

2. 平移

该操作可以在指定的方向上按指定的距离移动对象，在指定移动基点、目标点时，不仅可以在图中拾取现有点作为移动参照，还可以利用输入坐标值的方法定义出参照点的具体位置。

选择菜单栏中的"视图"→"平移"命令，可以选择"实时""点""左""右""上""下"子命令（见图 10−70），选取要移动的对象并指定基点，然后根据命令行提示指定第二个点或输入相对坐标来确定目标点，即可完成移动操作。

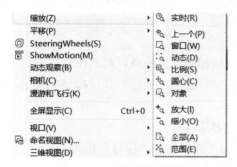

图 10−69　"缩放"命令

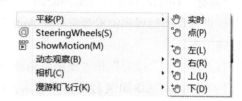

图 10−70　"平移"命令

使用平移命令平移视图时，视图的显示比例不变。

选择菜单栏中的"视图"→"平移"→"实时"命令，光标指针变成一只小手，按住鼠标左键拖动，绘图窗口内的图形就可以按光标移动的方向移动。单击鼠标右键，弹出快捷菜单，选择"退出"命令，退出实时平移模式。

选择菜单栏中的"视图"→"平移"→"定点"命令，可以通过指定基点和位移来平移视图。

10.3.3　精确定位工具

1. 正交模式

正交模式是在任意角度和直角之间对约束线段进行切换的一种模式，正交模式只能沿水平或垂直方向移动，取消后可沿任意角度进行绘制。

使用"ORTHO"命令，可以打开正交模式。在正交模式下，可以方便地绘制与当前 X 轴或 Y 轴平行的线段。打开或关闭正交模式有以下两种方法：

1）在 AutoCAD 2014 程序窗口的状态栏中单击"正交"按钮。

2）按"F8"键打开或关闭。

2. 设置栅格

栅格显示只能提供绘制图形的参考背景，捕捉才是约束鼠标光标移动的工具。在绘制图形时，使用捕捉和栅格功能有助于创建和对齐图形中的对象。一般两个功能同时使用，能保证鼠标准确定位。

状态栏的"栅格显示"是一种可见的位置参考图标，有助于定位，相当于坐标纸，如图 10−71 所示。栅格不是图形的组成部分，不能打印输出。

图 10-71 "栅格显示"状态栏

选中状态栏中的"捕捉模式",可以设置鼠标光标移动的固定步长,即栅格点阵的间距,使鼠标在 X 轴和 Y 轴方向上的移动量总是步长的整数倍,以提高绘图的精度。

3. 捕捉工具

在 AutoCAD 2014 中,可以使用系统提供的对象捕捉、对象捕捉追踪等功能,在不输入坐标的情况下,快速、精确地绘制图形。

要确定点的准确位置,必须使用坐标或捕捉功能。

"捕捉"用于设置光标移动的间距。"栅格"是一些标定位置的点,起到坐标纸的作用,可以提供直观的距离和位置参考。在 AutoCAD 2014 中,使用"捕捉"和"栅格"功能,可以提高绘图效率。

打开或关闭"捕捉"和"栅格"功能有以下几种方法:

1)在 AutoCAD 2014 程序窗口的状态栏中,单击"捕捉"和"栅格"按钮。

2)按"F7"键打开或关闭栅格,按"F9"键打开或关闭捕捉。

3)选择菜单栏中的"工具"→"绘图设置"命令,如图 10-72 所示,打开"草图设置"对话框。在该对话框的"捕捉和栅格"选项卡中,选中或取消"启用捕捉"和"启用栅格"复选框,如图 10-73 所示。

图 10-72 "工具"下拉菜单

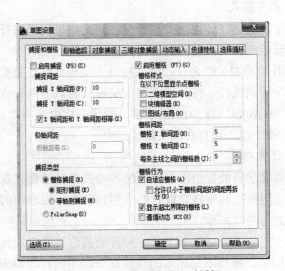

图 10-73 "草图设置"对话框

利用"绘图设置"对话框中的"捕捉和栅格"选项卡，可以设置捕捉和栅格的相关参数，各选项的含义见表 10-24。

表 10-24　"捕捉和栅格"各选项的含义

选项	含　义
"启用捕捉"复选框	打开或关闭捕捉方式。选中该复选框，启用捕捉
"捕捉间距"选项区域	设置捕捉间距、捕捉角度以及捕捉基点坐标
"启用栅格"复选框	打开或关闭栅格的显示。选中该复选框，启用栅格
"栅格间距"选项区域	设置栅格间距。如果栅格的 X 轴和 Y 轴间距值为 0，则栅格采用捕捉 X 轴和 Y 轴间距的值
"捕捉类型"选项区域	设置捕捉类型和样式，包括"栅格捕捉"和"极轴捕捉"两种。选中"栅格捕捉"单选按钮，设置捕捉样式为栅格，其中有"矩形捕捉"和"等轴测捕捉"单选模式。选中"极轴捕捉"单选按钮，设置捕捉样式为极轴捕捉
"栅格行为"选项区域	用于设置"视觉样式"下栅格线的显示样式（三维线框除外）。"自适应栅格"复选框，用于限制缩放时栅格的密度；"允许以小于栅格间距的间距再拆分"复选框，用于是否能够以小于栅格间距的间距来拆分栅格；"显示超出界限的栅格"复选框，用于确定是否显示图限之外的栅格；"遵循动态 UCS"复选框，遵循动态 UCS 的 XY 平面而改变栅格平面

10.3.4　对象捕捉功能

AutoCAD 2014 为用户提供了对象捕捉功能，可以迅速、准确地捕捉到对象上的特殊点，如端点、中点、圆心和两个对象的交点等，从而能够精确地绘制图形。对象捕捉有两种方式，一种是自动对象捕捉，另一种是临时对象捕捉。

1. 设置对象捕捉工具

在 AutoCAD 2014 中，可以通过菜单"工具"→"工具栏"→"AutoCAD"→"对象捕捉"，打开如图 10-74 所示的"对象捕捉"工具栏。或通过"工具"→"绘图设置"对话框等方式来设置对象捕捉模式。

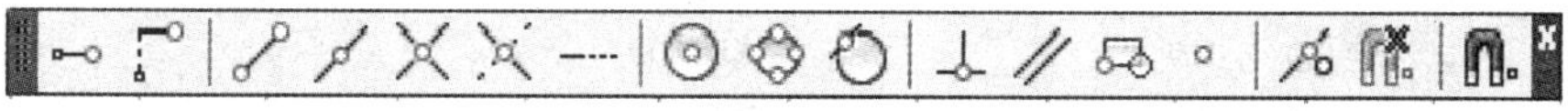

图 10-74　"对象捕捉"工具栏

2. 设置自动捕捉功能

在绘图过程中使用对象捕捉的频率非常高，为此 AutoCAD 2014 提供了一种自动对象捕捉模式。

自动捕捉就是把光标放在对象上时，系统自动捕捉到对象上所有符合条件的几何特征点，并显示相应的标记和提示，这样，在选择点之前，就可以预览和确认捕捉点。

要打开对象捕捉模式，可以选择菜单栏中的"工具"→"绘图设置"命令，在打开的"草图设置"对话框中，选择"捕捉和栅格"选项卡，选中"启用捕捉"复选框，在"捕捉类型"

选项区域中选中相应的复选框，如图 10 – 75 所示。

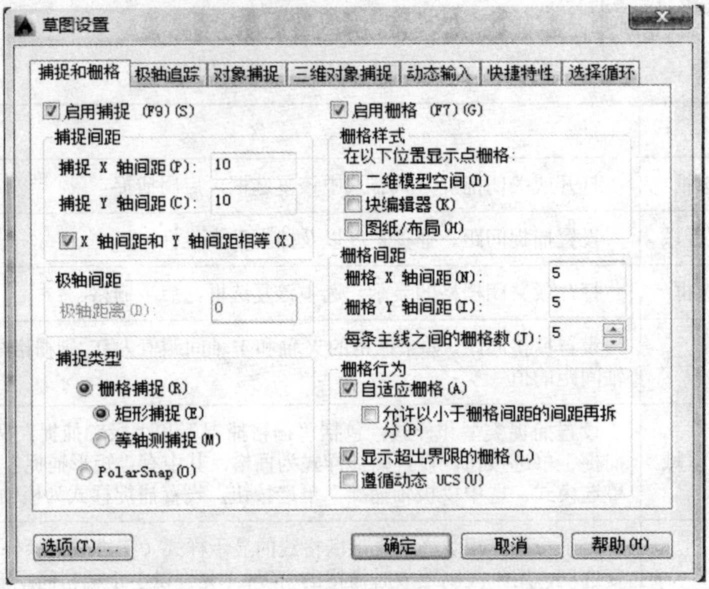

图 10 – 75 "捕捉和栅格"选项卡

3. 使用"对象捕捉"快捷菜单

右击状态栏中的"对象捕捉"按钮，在弹出的快捷菜单中，选择"设置"，同样可以打开"草图设置"对话框的"对象捕捉"选项卡，或者按下"Shift"键或"Ctrl"键右击打开"对象捕捉"快捷菜单，如图 10 – 76 所示。选择需要的子命令，再把光标移到要捕捉对象的特征点附近，即可捕捉到相应的对象特征点。

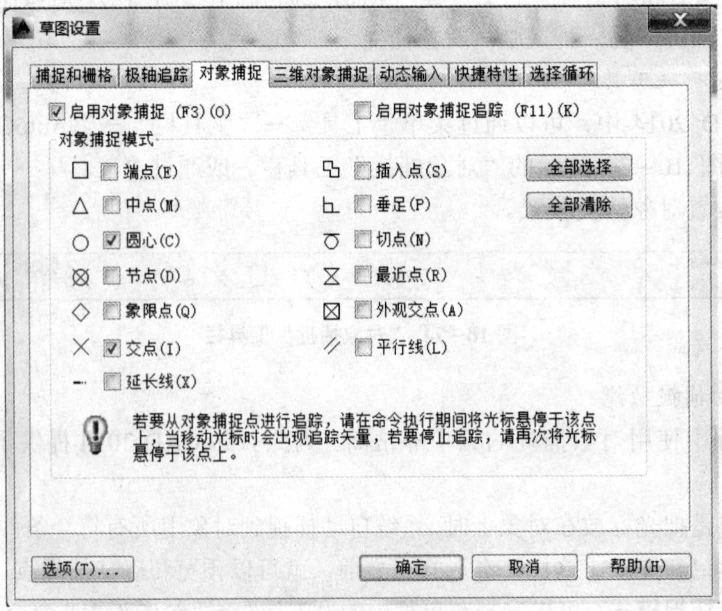

图 10 – 76 "对象捕捉"选项卡

10.3.5　对象追踪

在 AutoCAD 2014 中，自动追踪可按指定角度绘制对象或者绘制与其他对象有特定关系的对象。自动追踪功能分为极轴追踪和对象捕捉追踪两种，是常用的辅助绘图工具。

1. 极轴追踪和对象捕捉追踪

极轴追踪是按事先给定的角度增量来追踪特征点；而对象捕捉追踪则是按与对象的某种特定关系来追踪，这种特定关系确定了一个未知角度。如果事先知道要追踪的方向（角度），则使用极轴追踪；如果事先不知道具体的追踪方向（角度），但知道与其他对象的某种关系（如相交等），则使用对象捕捉追踪。

极轴追踪和对象捕捉追踪可以同时使用。

极轴追踪功能可以在系统要求指定一个点时，按预先设置的角度增量显示一条无限延伸的辅助线（虚线），这时，可以沿着辅助线追踪到目标点。可以选择菜单栏的"工具"→"绘图设置"打开"草图设置"对话框，选中"极轴追踪"选项卡中进行设置，如图 10-77 所示。

图 10-77　"极轴追踪"选项卡

对象追踪必须与对象捕捉同时工作，即在追踪对象捕捉到特征点之前，必须先打开对象捕捉功能。"极轴追踪"选项卡中各选项的含义见表 10-25。

表 10-25　"极轴追踪"选项卡中各选项的含义

序号	选项	含　义
1	"启用极轴追踪"复选框	打开或关闭极轴追踪，也可以按"F10"键来打开或关闭极轴追踪

续表

序号	选项	含　义
2	"极轴角设置"选项区域	设置极轴角度。在"增量角"下拉列表框中选择系统预设的角度，若该下拉列表框中的角度不能满足需要，可选中"附加角"复选框，单击"新建"按钮，在"附加角"列表中增加新的角度
3	"对象捕捉追踪设置"选项区域	设置对象捕捉追踪。选中"仅正交追踪"单选按钮，在启用对象捕捉追踪时，只显示水平、垂直的对象捕捉追踪路径；选中"用所有极轴角设置追踪"单选按钮，将极轴追踪设置应用到对象捕捉追踪
4	"极轴角测量"选项区域	设置极轴追踪对齐角度的测量基准。选中"绝对"单选按钮，基于当前用户坐标系（UCS）确定极轴追踪角度；选中"相对上一段"单选按钮，基于最后绘制的线段确定极轴追踪角度

2. 临时追踪

"临时追踪点" ▬▬◦ 工具：可以在一次操作中创建多条追踪线，并根据这些追踪线确定需要定位的点。

10.3.6　动态输入

在 AutoCAD 2014 中，使用动态输入功能可以在指针位置处显示标注输入和命令提示等信息，从而极大地方便了绘图。

1. 启用指针输入

选择菜单栏的"工具"→"绘图设置"打开"草图设置"对话框，选中"动态输入"选项卡，选中"启用指针输入"复选框可以启用指针输入功能，如图 10-78 所示。用户可以在"动态输入"选项卡中的"指针输入"选项区域中单击"设置"按钮，然后使用打开的"指针输入设置"对话框设置指针的格式和可见性。

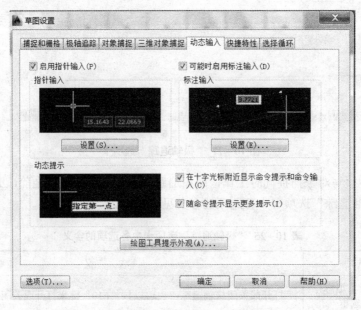

图 10-78　"动态输入"选项卡

2. 启用标注输入

在"草图设置"对话框的"动态输入"选项卡中，选中"可能时启用标注输入"复选框可以启用标注输入功能。在"标注输入"选项区域中单击"设置"按钮，使用打开的"标注输入的设置"对话框可以设置标注的可见性。

3. 显示动态提示

在"草图设置"对话框的"动态输入"选项卡中，选中"动态提示"选项区域中的"在十字光标附近显示命令提示和命令输入"复选框，可以在光标附近显示命令提示，如图 10-78 所示。

10.4　平面图形的编辑

10.4.1　选择对象

AutoCAD 2014 具有强大的图形编辑功能，使用这些编辑命令，可以修改已有图形或通过已有图形编辑、构造新的复杂图形。

1. 选择对象

在对图形进行编辑操作之前，需要选择编辑对象，AutoCAD 2014 用虚线加亮所选的对象，这些对象构成选择集。选择菜单栏中的"工具"→"选项"命令，打开如图 10-79 所示的"选项"对话框。在该对话框中选择"选择集"选项卡，如图 10-80 所示，可以设置选择集模式、拾取框大小及夹点功能等。

图 10-79　"选项"对话框

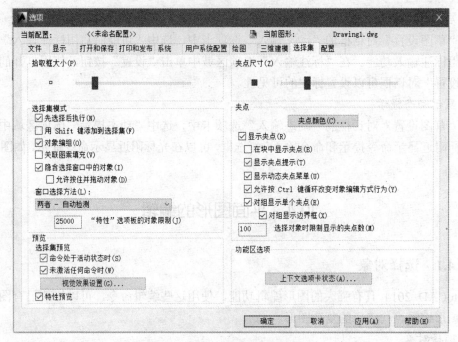

图 10-80 "选项集"选项卡

（1）选择对象的方法

在 AutoCAD 2014 中，选择对象的方法有很多，如单击对象逐个拾取、利用矩形窗口或交叉窗口选择、选择最近创建的对象、选择前面的选择集或图形中的所有对象，也可以向选择集中添加或删除对象。

常用的选择方法主要有以下几种。

1）点选择：在默认情况下，用光标每次只能直接选择一个对象进行拾取，拾取时，光标变成一个小方框（拾取框）。

2）全部选择：选取当前图形中所有对象。

3）矩形窗口选择：指定对角点定义矩形窗口大小的方法选取完全包含在矩形框内的对象，不在窗口内的或只有部分在窗口内的对象不被选中。用鼠标从左向右或从右向左两种方式，先左上角或右上角单击一下鼠标，然后拖动鼠标，显示一个虚线的矩形窗口，让此窗口完全包含要编辑的图形对象，命令行窗口提示"指定对角点或栏选［F］/圈围［WP］/圈交［CP］"。各选项输入命令及说明见表 10-26，可以输入相应命令，也可以再单击鼠标左键，确认选中。

表 10-26 "矩形窗口选择"各选项输入命令及说明

序号	选项	输入命令	说　明
1	栏选	F	可以指定一个不封闭的多边形窗口，与窗口边线相交的对象均被选取
2	圈围	WP	以指定若干个点的方式通过定义不规则形状的区域来选择对象，圈围的窗口只选择完全包含在内的对象
3	圈交	CP	用户无须将需要选择的对象全部包含在不规则形状的区域中，只要位于窗口之内以及与窗口边界相交的对象都被选中

（2）过滤选择

在命令行提示下输入"FILTER"，打开"对象选择过滤器"对话框，如图 10-81 所示，将对象的类型（如直线、圆、圆弧等）、图层、颜色、线型、线宽等特性作为条件，过滤符合条件的对象，此时，必须考虑图形中对象的特性是否设置为随层。

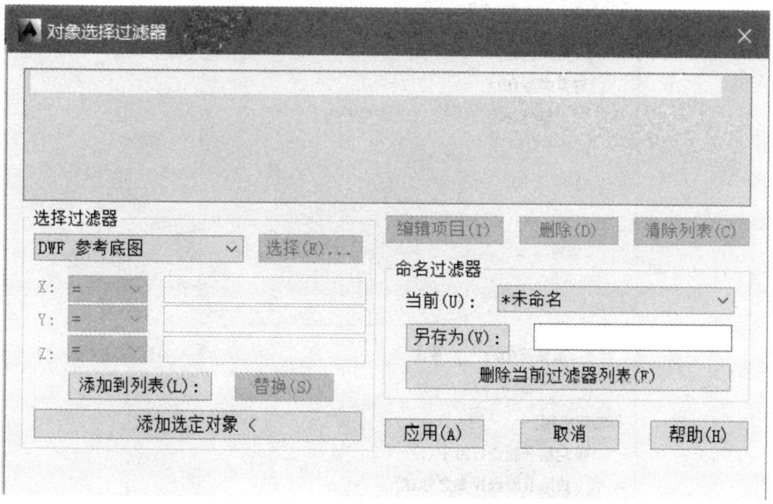

图 10-81 "对象选择过滤器"对话框

"对象选择过滤器"对话框上面的列表框中显示了当前设置的过滤条件。其他各选项的含义见表 10-27。可以在"选择过滤器"选项区域设置选择过滤器。

表 10-27 "对象选择过滤器"对话框各选项的含义

序号	选项	含　义
1	"选择过滤器"选项区域	为当前过滤器添加过滤特性
2	"X、Y、Z"下拉列表框	按对象定义附加过滤参数
3	"添加到列表"按钮	将选择的过滤器及附加条件添加到过滤器列表中
4	"替换"按钮	用当前"选择过滤器"选项区域中的设置代替列表中选定的过滤器
5	"添加选定对象"按钮	切换到绘图窗口中，选择对象，然后将选中的对象特性添加到过滤器列表框中
6	"编辑项目"按钮	编辑过滤器列表框中选中的项目
7	"删除"按钮	删除过滤器列表框中选中的项目
8	"清除列表"按钮	删除过滤器列表框中的所有项目
9	"命名过滤器"选项区域	选择已命名的过滤器。包括"当前"下拉列表框、"另存为"按钮和"删除当前过滤器列表"按钮

（3）快速选择

在 AutoCAD 2014 中，当需要选择具有某些共同特性的对象时，可以利用"快速选择"

对话框，根据对象的图层、线型、颜色、图案填充等特性和类型，创建选择集。选择菜单栏中的"工具"→"快速选择"命令，打开"快速选择"对话框，如图 10−82 所示，其中各选项的含义见表 10−28。

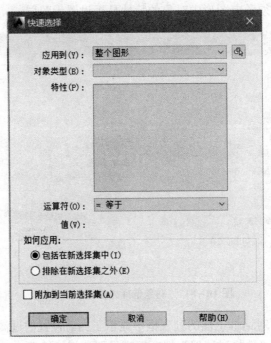

图 10−82 "快速选择"对话框

表 10−28 "快速选择"对话框中各选项的含义

序号	选项	含 义
1	"应用到"下拉列表框	选择过滤条件的应用范围，可以应用于整个图形，也可以应用到当前选择集中
2	"选择对象"图标按钮	单击该按钮，切换到绘图窗口，根据过滤条件选择对象，之后按"Enter"键，回到"快速选择"对话框，同时，AutoCAD 2014 将"应用到"下拉列表框中的选项设置为"当前选择"
3	"对象类型"下拉列表框	指定要过滤的对象类型
4	"特性"列表框	指定作为过滤条件的对象特征
5	"运算符"下拉列表框	控制过滤的范围
6	"值"下拉列表框	设置过滤的特性值
7	"如何应用"选项区域	选择"包括在新选择集中"单选按钮，则由满足过滤条件的对象构成选择集；选择"排除在新选择集之外"单选按钮，则由不满足过滤条件的对象构成选择集
8	"附加到当前选择集"复选框	指定由 QSELECT 命令所创建的选择集是追加到当前选择集中，还是替代当前选择集

（4）使用编组

在 AutoCAD 2014 中，可以将图形对象进行编组，创建选择集。

编组是已命名的对象选择集，随图形一起保存。在命令行提示下输入"GROUP"并回车，或在"功能区"→"组"选项卡中单击"编组"图标，如图 10-83 所示。打开"对象编组"对话框，各选项的含义见表 10-29。

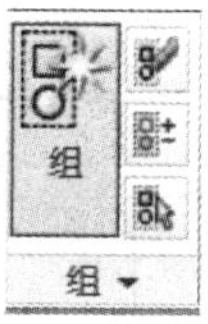

图 10-83　编组图标

表 10-29　"对象编组"对话框中各选项的含义

序号	选项	含　义
1	"编组名"列表框	显示了当前图形中已存在的对象编组名称
2	"编组标识"选项区域	设置编组的名称及说明等。包括："编组名"文本框，输入或显示选中的对象编组的名称；"说明"文本框，显示选中的对象编组的说明信息；"查找名称"按钮，单击该按钮，切换到绘图窗口，选择要查找的对象后，该对象所属的组名即显示在"编组成员列表"中；"亮显"按钮，在"编组名"列表框中选择一个对象编组，单击该按钮，在绘图窗口中加亮显示对象编组的所有成员对象；"包含未命名的"复选框，控制是否在"编组名"列表框中列出未命名的编组
3	"创建编组"选项区域	创建一个新组。包括："新建"按钮，单击该按钮，切换到绘图窗口，选择要创建编组的图形对象，回车；"可选择的"复选框，选中该复选框，当选择对象编组中的一个成员对象时，该对象编组的所有成员对象都将被选中；"未命名的"复选框，确定是否要创建未命名的对象编组

2. 修改编组

在"对象编组"对话框中，使用"修改编组"选项区域中的选项可以修改对象编组中的单个成员或对象编组本身。只有在"编组名"列表框中选择了一个对象编组后，该选项区域中的按钮才可用。"修改编组"包括以下选项，各选项的含义见表 10-30。

表 10-30　"修改编组"各选项的含义

序号	选项按钮	含　义
1	删除	单击该按钮，切换到绘图窗口，选择要从对象编组中删除的对象，按"Enter"键或"空格"键，结束选择对象并删除已选对象
2	添加	单击该按钮，切换到绘图窗口，选择要加入到对象编组中的对象，选中的对象将被加入到对象编组中
3	重命名	单击该按钮，可在"编组标识"选项区域中的"编组名"文本框中输入新的编组名
4	重排	单击该按钮，打开"编组排序"对话框，可以重排编组中的对象顺序，该对话框中其他选项的功能如下： ＜编组名＞列表框：显示当前图形中定义的所有对象编组名称。 ＜删除的位置＞文本框：输入要删除的对象位置。

续表

序号	选项按钮	含　义
4	重排	＜输入对象新位置编号＞文本框：输入对象的新位置。 ＜对象数目＞文本框：输入对象重新排序的序号。 ＜重排序＞和＜逆序＞按钮：单击这两个按钮，可以按指定数字改变对象的顺序或按相反的顺序排序。 ＜亮显＞按钮：单击该按钮，可以使所选对象编组中的成员在绘图区中加亮显示
5	说明	单击该按钮，可以使所选对象编组中的成员在绘图区中加亮显示
6	分解	单击该按钮，可以删除所选的对象编组，但不删除图形对象
7	可选择的	单击该按钮，可以控制对象编组的可选择性

10.4.2　复制类编辑命令

在 AutoCAD 2014 中，可以使用"修改"下拉菜单和"修改"工具栏中的相关命令来编辑图形对象，如图 10-84 所示。

图 10-84　"修改"工具栏

1. 复制

选择菜单栏中的"修改"→"复制"命令；或在"功能区"→"修改"选项板上单击"复制"图标按钮 🔧；或在命令行输入"COPY"，命令行提示：

选择对象：选择需要复制的对象↓

当前设置：复制模式=多个

指定基点或［位移（D）/模式（O）］＜位移＞：光标拾取图形对象的基点。

指定第二个点或＜使用第一个点作为位移＞：光标拾取第二个点。

指定第二个点或［退出（E）/放弃（U）］＜退出＞：可以继续使用光标拾取点，也可以按"Enter"键结束。

"位移（D）"选项：通过指定位移，复制对象。

"模式（O）"选项：确定复制模式，单个、多个复制模式。

2. 镜像

利用镜像只需绘出结构规则对称图形的一半或几分之一，如轴、轴承和槽轮等零件图形，然后将图形对象的其他部分对称复制即可。这样即保证了图形的对称性，同时提高了绘图的速度和准确度。

在绘制该类图形时，可以先绘制出处于对称中线一侧的图形轮廓线。然后单击"镜像"按钮，选取绘制的图形轮廓线为源对象后右击，最后指定对称中心线上的两点以确定镜像中心线，按"回车"键即可完成镜像操作。

默认情况下，对图形直线镜像操作后，系统仍然保留源对象。如果对图形进行镜像操作后需要将源对象删除，只需在选取源对象并指定镜像中心线后，在命令行中输入"Y"，然后按下"回车"键，完成操作。

选择菜单栏中的"修改"→"镜像"命令，或在"功能区"→"修改"选项板上单击"镜像"图标按钮，或在夹点编辑模式下，确定基点后，在命令行提示下输入"MI"，进入镜像模式，命令行提示：

指定第二点或［基点（B）/复制（C）/放弃（U）/退出（X）］：

指定镜像线上的第二个点后，AutoCAD 将以基点作为镜像线上的第一点，新指定的点作为镜像线上的第二个点，将对象进行镜像操作，并删除源对象。

注意：若选取的对象为文本，可配合系统变量 MIRRTEXT 来创建镜像文字。当 MIRRTEXT ＝1 时，文字对象将同其他对象一样被镜像处理；当 MIRRTEXT ＝0 时，创建的镜像文字对象方向不作改变。

3. 偏移

利用偏移图形工具可以创建出与源对象成一定距离并且形状相同或类似的新对象。对于直线而言，可以绘制出与其平行的多个相同副本对象；对于圆、椭圆、矩形以及由多段线围成的图形而言，则可以绘制出一定偏移距离的同心圆或近似的图形。

选择菜单栏中的"修改"→"偏移"命令，或在"功能区"→"修改"选项板上单击"偏移"图标按钮，或在命令行输入"Offset"，命令行提示各选项及含义见表10-31。

表 10-31　"偏移"命令各选项及含义

序号	选项按钮	含　义
1	指定偏移距离	该偏移方式是系统默认的偏移类型。它是根据输入的偏移距离数值为偏移参照，指定的方向为偏移方向，偏移复制出源对象的副本对象。 单击"偏移"按钮，根据命令行提示输入偏移距离，并按"回车"键，然后选取图中的源对象，在对象的偏移侧单击左键，即可完成定距偏移操作
2	通过点偏移	该偏移方式能够以图形中现有的端点、各节点、切点等定对象作为源对象的偏移参照，对图形执行偏移操作。单击"偏移"按钮，在命令行输入"T"并按"回车"键，然后选取图中的偏移源对象后制定通过点，即可完成该偏移操作
3	删除源对象	系统默认的偏移操作是在保留源对象的基础上偏移出新图形对象。但如果仅以源图形对象为偏移参照，偏移出新图形对象后需要将源对象删除，即可利用删除源对象的方法。单击"偏移"按钮，在命令行输入"E"并按"回车"键，然后选取图中的偏移源对象后制定通过点，即可完成该偏移操作
4	图层偏移	默认情况下，对对象进行偏移操作时，偏移出新对象的图层与源对象的图层相同。通过变图层偏移操作，可以将偏移出的新对象图层转换为当前层，从而可以避免修改图层的重复性操作，因此大幅度地提高了绘图速度。单击"偏移"按钮，在命令行输入"L""C"并按"回车"键，然后选取图中的偏移源对象后制定通过点，即可完成该偏移操作

首先启用"偏移"命令，指定偏移距离，选择要偏移的对象，指定要放置新对象的一侧，最后选择另一个要偏移的对象，或按"回车"键完成命令。

4. 移动

要精确地移动对象，可以使用捕捉模式、夹点和对象捕捉模式。

在夹点编辑模式下，确定基点后，选择菜单栏中的"修改"→"移动"命令，或在"功能区"→"移动"选项板上单击"移动"图标按钮✛，或在命令行输入"MOVE"，命令行提示：

指定基点或 [位移（D）]：

通过输入点的坐标或使用光标拾取点，确定平移对象的目标点，以基点为平移起点，以目标点为终点将所选对象平移到新位置。

5. 旋转

在夹点编辑模式下，确定基点后，选择菜单栏中的"修改"→"旋转"命令，或在"功能区"→"旋转"选项板上单击"旋转"图标按钮⟳，或在命令行输入"ROTATE"，命令行提示：

指定旋转角度或 [复制（C）/参照（R）]：

默认情况下，输入旋转角度指的是指对象绕指定点旋转的角度，旋转轴通过指定的基点，并且平行于当前用户坐标系 Z 轴。旋转角度大于 0° 时，逆时针旋转；旋转角度小于 0° 时，顺时针旋转。选择复制是指在旋转对象的同时创建对象的旋转副本。也可以选择"参照"选项，是将对象从指定的角度旋转到新的绝对角度。

6. 阵列

在绘制孔板、法兰等具有均匀分布特征的图形时，通常可以利用阵列准确地实现，同时可以减少重复性操作。阵列是以定义的距离或角度对源对象进行多个复制。阵列有矩形阵列、路径阵列和环形阵列三种方式，这里只介绍矩形阵列和环形阵列。

（1）矩形阵列

矩形阵列将对象按行列方式复制排列，需确定矩形阵列的行数、列数、行间距及列间距等，如要沿倾斜方向生成矩形阵列，还应输入阵列的倾斜角度值。

选择菜单栏中的"修改"→"阵列"，如图 10-85 所示；或在"功能区"→"修改"选项板中单击"阵列"图标▦右侧的黑色三角下拉列表，选择"矩形阵列"；或在命令行输入"ARRAYRECT"。

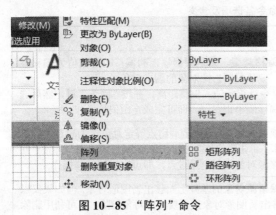

图 10-85 "阵列"命令

首先在绘图窗口选择阵列复制的对象，回车确认后，出现：

[关联（AS）、基点为（B）、计数（COU）、间距（S）、列数（COL）、行数（R）、层数（L）、退出（X）]

输入"COU"，依次设置矩形阵列行数和列数，接着输入"S"，设置行间距和列间距即可。

说明：一般情况下，实体在阵列中一开始是在左下角位置，如果行间距为正数，则由原图向上排；如果列间距为正数，则由原图向右排；输入要绘制的项数包括被选中的实体本身在内。

（2）环形阵列

环形阵列能以任一点为阵列中心点，将阵列源对象按圆周或扇形的方向均匀分布，路径可以是直线、多段线、三维多段线、样条曲线、螺旋线、圆弧、圆或椭圆，以指定的阵列填充角度、项目数或项目之间的夹角阵列值进行源图形的阵列复制。该阵列方法经常用于绘制具有圆周均匀分布特征的图形。

选择菜单栏中的"修改"→"阵列";或在"功能区"→"修改"选项板中单击"阵列"图标🔳右侧的黑色三角下拉列表,可以选择"环形阵列"子命令;或在命令行输入"ARRAYPOLAR"。

首先在绘图窗口选择阵列复制的对象,回车确认后,出现指定阵列中心点或[基点(B)、旋转轴(A)],在绘图区指定阵列中心点后,连续按两次空格键,打开如图 10-86 所示的窗口。

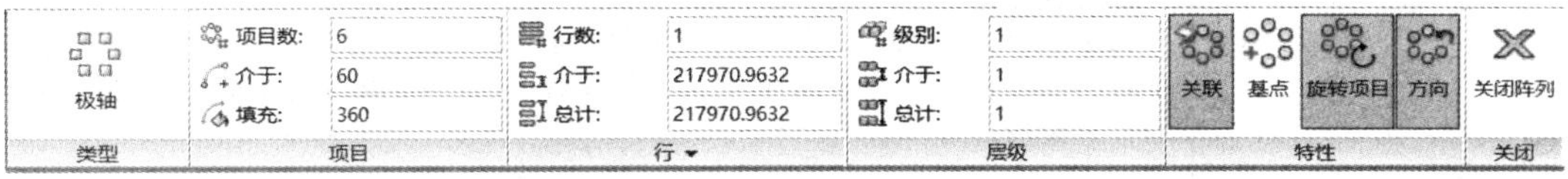

类型	项目		行 ▼		层级		特性		关闭
极轴	项目数:	6	行数:	1	级别:	1	关联　基点　旋转项目　方向		关闭阵列
	介于:	60	介于:	217970.9632	介于:	1			
	填充:	360	总计:	217970.9632	总计:	1			

图 10-86 "环形阵列"窗口

在"项目"选项区域中设置环形阵列项目数、介于(指项目间的角度)和填充(指的是项目第一项和最后一项填充的角度)。"行"选项区域中设置行数、行距和行的总距离。在"层级"选项区域中设置级别、层级距离和层级总距离。选中"旋转项目"确定阵列是否旋转复制对象。"方向"指明是逆时针还是顺时针旋转。

10.4.3　改变几何特性类命令

1. 修剪

修剪是以图形中现有的图形对象为参照,以两图形对象间的交点为切割点,对与其相交或成一定角度的对象进行去除操作。

选择菜单栏中的"修改"→"修剪"命令;或在"功能区"→"修改"选项板中单击"修剪"图标按钮 ╱ ,或在命令行输入"TRIM",命令行提示:

当前设置:投影=UCS,边=无

选择剪切边...

选择对象或<全部选择>:　　　//选择对象作为剪切边,可以选择多个对象作为剪切边↓

选择要修剪的对象,或按住"Shift"键选择要延伸的对象,或[栏选(F)/窗交(C)/投影(P)/边(E)/删除(R)/放弃(U)],单击"Enter"键后完成。注意:此操作选中的是要去除的部分。

在 AutoCAD 2014 中,可以作为"剪切边"的对象有直线、圆、圆弧、椭圆、椭圆弧、多段线、样条曲线、构造线、射线以及文字等。在默认情况下,选择被剪切边,系统将以剪切边为界,将被剪切对象上位于拾取点一侧的部分剪切掉,如图 10-87 所示。如果按住"Shift"键,并同时选择与剪切的边不相交的对象,剪切的边将变为延伸边界,将选择的对象延伸至与剪切的边相交。该命令提示中,主要选项的含义见表 10-32。

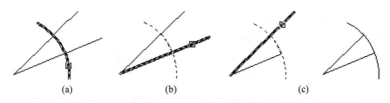

(a)　　　　　　　　　(b)　　　　　　　　　(c)

图 10-87 修剪对象

(a)选择剪切边;(b)选择被剪切边;(c)完成剪切

表 10－32 "修剪"主要选项的含义

序号	选项	含 义
1	投影（P）	主要应用于三维空间两个对象的修剪，也可将对象投影到某一平面上进行修剪操作
2	边（E）	选择 E（边），命令行提示： 输入"隐含边"延伸模式［延伸（E）/不延伸（N）］＜不延伸＞： 　如果选择 E（延伸），当剪切的边太短而没有与被剪切对象相交时，延伸剪切的边并进行修剪；如果选择 N（不延伸），只有当剪切的边与被剪切对象相交时，才能修剪
3	放弃（U）	取消上一次操作

2. 延伸

与修剪类似，延伸也是以现有图形为参照，以图形对象间的交点为延伸终点，对与其相交或成一定角度的对象进行延伸。

选择菜单栏中的"修改"→"延伸"命令；或在"功能区"→"修改"选项板中单击"延伸"图标按钮；或在命令行输入"EXTEND"，命令行提示：

当前设置：投影=UCS，边=延伸

选择边界的边…

选择对象或＜全部选择＞：选择边界↓

选择要延伸的对象，或按住"Shift"键选择要修剪的对象，或［栏选（F）/窗交（C）/投影（P）/边（E）/放弃（U）］：

延伸命令的使用方法和修剪命令的使用方法相似，如图 10－88 所示。不同之处是：使用延伸命令时，如果在按住"Shift"键的同时选择对象，则执行修剪命令；使用修剪命令时，如果在按住"Shift"键的同时选择对象，则执行延伸命令。

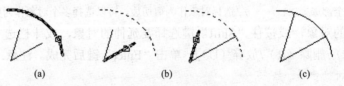

(a) (b) (c)

图 10－88 延伸对象

(a) 选择边界；(b) 选择要延伸的对象；(c) 完成延伸

3. 倒角

通常在轴端、孔口、抬肩和拐角处加工倒角（即圆台面），以去除零件尖锐刺边，避免装配时刮伤零件。在 AutoCAD 2014 中可以为直线、多段线、构造线、射线或三维实体等对象提供多种倒角，如多段线倒角、指定半径绘制圆角、指定角度绘制倒角等。

选择菜单栏中的"修改"→"倒角"命令；或在"功能区"→"修改"选项板中单击"倒角"图标按钮；或在命令行输入"CHAMFER"，命令行提示：

("修剪"模式) 当前倒角距离 1=0.0000，距离 2=0.0000

选择第一条直线或［放弃（U）/多段线（P）/距离（D）/角度（A）/修剪（T）/方式（E）/多个（M）］：

输入 D↓（设定倒角大小）

指定第一个倒角距离<0.0000>：输入倒角距离值（如输入 10↓）

指定第二个倒角距离<10.0000>：20↓

若两个倒角距离值相同，可直接回车，接受默认值。也可输入不同的倒角距离值，如本例输入两个不同的倒角距离值。

选择第一条直线或 [放弃（U）/多段线（P）/距离（D）/角度（A）/修剪（T）/方式（E）/多个（M）]：选择需要倒角的第一条直线。

选择第二条直线，或按住 Shift 键选择要应用角点的直线：选择需要倒角的第二条直线，如图 10-89 所示。

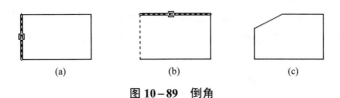

图 10-89　倒角

（a）选择第一条直线；（b）选择第二条直线；（c）完成倒角

"倒角"其他选项的含义见表 10-33。

表 10-33　"倒角"其他选项的含义

序号	选项	含　义
1	多段线（P）	以当前设定的倒角距离值，对多段线的各顶点倒角
2	距离（D）	设定倒角距离值
3	角度（A）	根据第一个倒角距离值和角度值，设定倒角尺寸
4	修剪（T）	设置倒角后是否保留原来的拐角边
5	方式（E）	设置倒角方法：选择 D（距离）选项，以两条边的倒角距离修倒角；选择 A（角度）选项，以一条边的距离和角度修倒角
6	多个（M）	对多个对象倒角

倒角时，倒角距离值或倒角角度值不能太大，否则无效。当两个倒角距离值均为 0 时，不产生倒角。另外，如果两条直线平行或发散，则不能倒角。

4. 拉伸

选择菜单栏中的"修改"→"拉伸"命令，如图 10-90 所示；或在"功能区"→"修改"选项板中单击"拉伸"图标按钮。执行该命令时，命令行提示：

命令：_stretch

以交叉窗口或交叉多边形选择要拉伸的对象...

选择对象：输入 C↓（使用"交叉窗口"或"交叉多边形"方式选择对象）

图 10-90　"拉伸"命令

指定基点或 [位移（D）] <位移>：指定拉伸的基点。

指定第二个点或<使用第一个点作为位移>：指定第二个点（见图 10-91）。

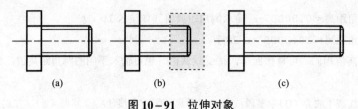

图 10-91 拉伸对象

（a）图形对象；（b）以交叉窗口选择对象；（c）完成水平方向拉伸

5. 拉长

选择菜单栏中的"修改"→"拉长"命令，或在"功能区"→"修改"选项板中单击"拉长"图标按钮![icon]，可以修改线段或圆弧的长度。执行该命令时，命令行提示：

命令：_lengthen

选择对象或［增量（DE）/百分数（P）/全部（T）/动态（DY）］：

默认情况下，选择对象后，系统会显示出选中对象的长度和包含角等信息。其他选项的功能简单介绍如下。

"增量（DE）"选项：以增量方式修改圆弧的长度。可以直接输入长度增量来拉长直线或圆弧，长度增量为正值时拉长，为负值时缩短。也可以输入"A"，通过指定圆弧的包含角增量来修改圆弧的长度。

"百分数（P）"选项：以相对于原长度的百分比来修改直线或圆弧的长度。

"全部（T）"选项：以给定直线新的总长度或圆弧的新包含角来修改长度。

"动态（DY）"选项：允许动态地修改直线或圆弧的长度。

6. 打断

在 AutoCAD 2014 中，使用"打断"命令可以把对象分成两部分或删除部分对象，使用"打断于点"命令可以将对象在某一点处断开成两个对象。

打断是删除部分或将对象分解成两部分，并且对象之间可以有间隙，也可以没有间隙。可以打断的对象包括直线、圆、圆弧、椭圆等。

选择菜单栏中的"修改"→"打断"命令；或在"功能区"→"修改"选项板中单击"打断"图标按钮![icon]；或在命令行输入"BREAK"，命令行提示：

命令：_break 选择对象：（选择需要打断的对象）

指定第二个打断点或［第一点（F）］：

默认情况下，以选择对象时的拾取点作为第一个打断点，需要继续指定第二个打断点。

如果选择"F（第一点）"选项，可以重新指定第一个打断点。

在指定第二个打断点时，如果在命令行输入@，可以使第一个和第二个打断点重合，将对象分成两部分。

在对圆图形使用打断命令时，AutoCAD 2014 将沿着逆时针方向把第一个断点和第二个断点之间的圆弧删除，如图 10-92 所示。其中，A 为第一个打断点，B 为第二个打断点。

在"功能区"→"修改"选项板中单击"打断于点"图标按钮![icon]。"打断于点"是"打断"的后续命令，是将对象在一点处断开生成两个对象。一个对象在执行过"打断于点"命令后，从外观上看不出什么差别。但当选取该对象时，可以发现该对象已经被打断成两个部分。

图 10-92　打断圆图形

7. 合并和分解

在 AutoCAD 2014 中，用户除了可以利用上面所介绍的工具对图形进行编辑操作以外，还可以对图形对象进行合并和分解，使其在总体形状不变的情况下对局部进行编辑。

（1）合并

合并是指将相似的对象合并为一个对象，可以执行合并操作的对象包括圆弧、椭圆、直线、多段线和样条曲线等。利用该工具可以将被打断为两部分的线段合并为一个整体，也可以利用该工具将圆弧创建为完整的圆和椭圆。

选择菜单栏中的"修改"→"合并"命令，或在"功能区"→"合并"选项板中单击"分解"图标按钮，或在命令行输入"JOIN"。

启动合并命令，选择源对象或要一次合并的多个对象，按"Enter"键结束命令。合并圆弧和直线如图 10-93 所示。

（a）　　　　　　　　　　　　　　　　　（b）

图 10-93　合并圆弧和直线

（a）合并圆弧；（b）合并直线

（2）分解

利用分解将多个对象组合而成的合成对象分解为独立对象。图块、多段线、矩形、多边形、块等是由多个对象编组成的合成对象，如果需要对单个对象进行编辑，则需要先将合成对象分解。

选择菜单栏中的"修改"→"分解"命令；或在"功能区"→"修改"选项板中单击"分解"图标按钮；或在命令行输入"EXPLODE"或"X"，命令行提示：

选择对象：选择需要分解的对象，按 Enter 键，分解合成对象并结束命令。

注意事项，系统可同时分解多个合成对象，并将合成对象中的多个部件全部分解为独立对象。分解后，颜色、线型和线宽如发生改变则与所分解的合成对象类型相同。分解图块，一次只能分解一个编组。分解图块先分解图块中包含的一个多段线或嵌套块，再分解其他对象。文字不能使用分解命令。

8. 删除

要删除指定对象，选择菜单栏中的"修改"→"删除"命令，如图 10-94 所示；或在"面板"选项板的"二维绘

图 10-94　"删除"命令

图"选项区域中（或在 AutoCAD 经典工作空间的"绘图"工具栏中）单击"删除"图标按钮 。执行该命令时，命令行提示：

命令：_delete 或 E

选择对象，选择需要删除的对象，按 Enter 键或空格键，结束选择对象，并删除已选择的对象。

10.5　图案填充

重复绘制某些图案以填充图形中的一个区域，从而表达该区域的特征，这种填充操作称为图案填充。图案填充的应用非常广泛，例如，在机械工程图中，可以用图案填充表达一个剖切的区域，也可以使用不同的图案填充来表达不同的零部件或者材料。

10.5.1　基本概念

1. 图案的边界

当进行图案填充时，首先要确定填充图案的边界。定义边界的对象只能是直线、单线射线、多段线、样条曲线、圆弧、圆、椭圆、椭圆弧、面域等或用这些对象定义的块，而且作为边界的对象在当前图层上必须全部可见。

2. 孤岛

在进行图案填充时，把位于总填充区域内的封闭区域称为孤岛，如图 10-95 所示。在使用"BHATCH"命令填充时，AutoCAD 2014 系统允许用户以拾取点的方式确定填充边界，即在希望填充的区域内任意拾取一点，系统会自动确定出填充边界，同时也确定该边界内的岛。

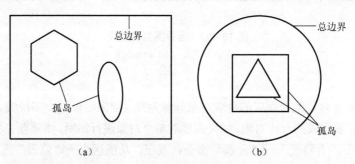

图 10-95　孤岛

3. 填充方式

在进行图案填充时，需要控制填充的范围，AutoCAD 2014 系统为用户设置了以下三种填充方式。

（1）普通方式

如图 10-96（a）所示，该方式从边界开始，从每条填充线或每个填充符号的两端向里填充，遇到内部对象与之相交时，填充线或符合断开，直到遇到下一次相交时再继续填充。采用这种填充方式时，要避免剖面线或符号与内部对象的相交次数为奇数，该方式为系统的默认方式。

（2）最外层方式

如图 10-96（b）所示，该方式从边界向里填充，只要在边界内部与对象相交，剖面符合就会断开，而不再继续填充。

（3）忽略方式

如图 10−96（c）所示，该方式忽略边界内的对象，所有内部结构都被剖面图覆盖。

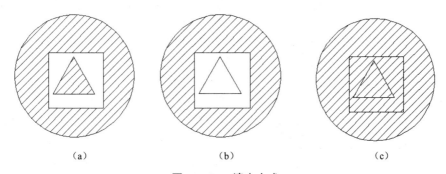

（a）　　　　　　　　　　　（b）　　　　　　　　　　　（c）

图 10−96　填充方式

（a）普通方式；（b）最外层方式；（c）忽略方式

10.5.2　设置图案填充

1. 操作方法

在快速访问工具栏中选择"显示菜单栏"命令，在弹出的菜单中选择"绘图"→"图案填充"命令；或在"功能区"选项板中选择"常用"选项卡，在"绘图"面板中单击"图案填充"按钮，可以打开"图案填充和渐变色"对话框。

2. 图案填充和渐变色对话框说明

"图形填充和渐变色"对话框如图 10−97 所示，在该对话框中，可以设置图案填充的类型、填充图案、角度和比例等特性，见表 10−34。

图 10−97　"图形填充和渐变色"对话框

表 10-34 "图案填充和渐变色"各选项的含义

区域	说明	子选项	含 义
类型和图案	设置图案填充的类型和图案	类型	设置填充的图案类型，包括"预定义""用户定义"和"自定义"三个选项。其中，选择"预定义"选项，可以使用 AutoCAD 2014 提供的填充图案；选择"用户定义"选项，则需要临时定义填充图案；选择"自定义"选项，可以使用事先定义好的填充图案
		图案	设置填充的图案。在"类型"下拉列表框中选择"预定义"选项时，该选项可用。在该下拉列表框中，可以根据图案名称选择填充图案，也可以单击其后的□按钮，打开"填充图案选项板"对话框，可以在该对话框中进行选择
		样例	显示当前选中的图案样例。单击该窗口，也可以打开"填充图案选项板"对话框选择填充图案
		自定义图案	选择自定义图案。在"类型"下拉列表框中选择"自定义"选项时，该选项可用
角度和比例	设置用户定义类型的图案填充的角度和比例等参数	角度	设置填充图案的旋转角度，每种图案定义旋转角度都为 0
		比例	设置图案填充时的比例值。每种图案在定义时的初始比例为 1，可以根据需要放大或缩小。在"类型"下拉列表框中选择"用户定义"选项时，该选项不可用
		双向	在"类型"下拉列表框中选择"用户定义"选项时，选中该复选框，可以使用相互垂直的两组平行线填充图形，否则为一组平行线
		相对图纸空间	设置比例因子是否为相对于图纸空间的比例
		间距	设置填充平行线之间的距离。在"类型"中选择"用户定义"选项时，该选项才可用
		ISO 笔宽	设置笔的宽度。当填充图案采用 ISO 图案时，该选项才可用
图案填充原点	设置图案填充原点的位置	使用当前原点	使用当前 UCS 的原点（0，0）作为图案填充的原点
		指定的原点	通过指定点作为图案填充的原点。其中，单击"单击以设置新原点"按钮，可以从绘图窗口中选择一点作为图案填充的原点；选择"默认为边界范围"复选框，可以以填充边界的左下角、右下角、右上角、左上角或圆心作为图案填充的原点；选择"存储为默认原点"复选框，可以将指定的点存储为默认的图案填充原点
边界	包括"拾取点""选择对象"等按钮	添加：拾取点	以拾取点的形式来指定填充区域的边界。单击该按钮，切换到绘图窗口，在需要填充的区域内指定一点，系统会自动计算出包围该点的封闭填充边界，同时加亮显示该边界。在拾取点之后，如果不能形成封闭的填充边界，系统将会显示错误提示信息
		添加：选择对象	切换到绘图窗口，可以通过选择对象的方式来定义填充区域的边界
		删除边界	取消系统自动计算或用户指定边界，包含边界与删除边界的效果对比
		重新创建边界	重新创建边界
		查看选择集	查看已定义的填充边界。单击该按钮，切换到绘图窗口，已定义的填充边界加亮显示

续表

区域	说明	子选项	含　义
选项	包括"注释性""关联""创建独立的图案填充"等按钮	注释性	将图案定义为可注释对象
		关联	创建其边界时，随之更新的图案和填充
		创建独立的图案填充	用于创建独立的图案填充。"绘图次序"下拉列表框用于指定图案填充的绘图顺序
继承特性			将现有图案填充或填充对象的特性应用到其他图案填充或填充对象
预览			使用当前图案填充设置显示当前定义的边界。单击图形或"Esc"键，返回对话框，单击、右击或按"Enter"键接受图案填充

注意：使用"图案填充和渐变色"对话框中的"渐变色"选项卡，可以创建单色或双色渐变色，并对图案进行填充。

创建图案填充后，如果需要修改填充图案或修改图案区域的边界，可以选择菜单栏中的"修改"→"对象"→"图案填充"命令。

3. 孤岛设置说明

在进行图案填充时，通常将位于一个已定义的填充区域内的封闭区域称为孤岛。单击"图案填充和渐变色"对话框右下角的 ⊙ 按钮，将显示更多选项，可以对孤岛和边界进行设置，各选项的含义见表 10-35。

表 10-35　"设置孤岛"各选项的含义

区域	含　义
孤岛检测（指定在最外层边界内填充对象的方法）	选项包括以下三个： "普通"方式：从最外边界向里绘制填充线，遇到与之相交的内部边界时，断开填充线，遇到下一个内部边界时，再继续绘制填充线，系统变量 HPNAME 设置为"N"。 "外部"方式：从最外边界向里绘制填充线，遇到与之相交的内部边界时，断开填充线，不再继续向里绘制填充线，系统变量 HPNAME 设置为"O"。 "忽略"方式：忽略边界内的对象，所有内部结构都被填充线覆盖，系统变量 HPNAME 设置为"I"
边界保留	选项包括以下两个： 保留边界复选框：将填充边界以对象的形式保留。 对象类型：选择填充边界的保留类型，如"多段线"和"面域"选项等
边界集	定义填充边界的对象集，AutoCAD 2014 将根据这些对象来确定填充边界。默认情况下，系统根据"当前视口"中的所有可见对象确定填充边界
允许的间隙	通过"公差"文本框设置允许的间隙大小。默认值为 0，这时，对象是完全封闭的区域
继承	用于确定在使用继承属性创建图案填充时，图案填充原点的位置，可以是当前原点或源图案填充的原点

10.5.3 综合实例——绘制田间小径

本例绘制田间小径，如图 10-98 所示。首先利用矩形和样条曲线命令绘制田间小径外形，然后利用图案填充命令对图形进行图案填充。

绘制步骤如下：

1）单击"绘图"工具栏中的"矩形"按钮和"样条曲线"按钮，绘制田间小径的外形，如图 10-99 所示。

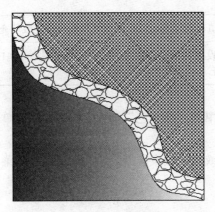

图 10-98　田间小径

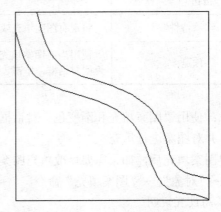

图 10-99　田间小径外形

2）单击"绘图"工具栏中的"图案填充"按钮，系统打开"图案填充和渐变色"对话框。选择图案"类型"为"预定义"，单击图案"样例"右侧的按钮，打开"填充图案选项板"对话框，选择"其他预定义"选项卡中的"GRAVEL"图案，如图 10-100 所示。

图 10-100　"填充图案选项板"对话框

3）单击"确定"按钮，返回"图案填充和渐变色"对话框，如图 10-101 所示。单击"添加：拾取点"按钮，在绘图区两条样条曲线组成的小路中拾取一点，按"Enter"键，返回"图案填充和渐变色"对话框，单击"确定"按钮，完成鹅卵石小路的绘制，如图 10-102 所示。

图 10-101　"图案填充和渐变色"对话框

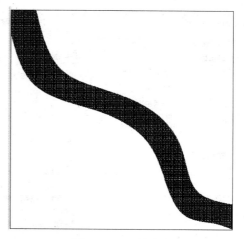

图 10-102　填充小路

4）从图 10-102 可以看出，填充图案过于细密，可以对其进行编辑修改。将光标移动到被填充的图形处，先单击鼠标左键选中被填充的图案，再单击鼠标右键，在选择菜单栏中的"图案填充编辑"选项，如图 10-103 所示。将图案填充"比例"改为"3"，修改后的填充图案如图 10-104 所示。

图 10-103　"图案填充编辑"对话框

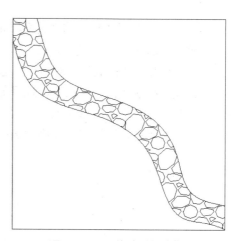

图 10-104　修改后的填充图案

5）单击"绘图"工具栏中的"图案填充"按钮，系统打开"图案填充和渐变色"对话框。选择图案"类型"为"用户定义"，填充"角度"为45°、"间距"为10，勾选"双向"复选框，如图10-105所示。单击"添加：拾取点"按钮，在绘制的图形左上方拾取一点，按"Enter"键，返回"图案填充和渐变色"对话框，单击"确定"按钮，完成田地的绘制，如图10-106所示。

图10-105 "图案填充和渐变色"对话框2   图10-106 填充田地

6）单击"绘图"工具栏中的"图案填充"按钮，系统打开"图案填充和渐变色"对话框。单击"渐变色"选项卡，单击"单色"单选按钮，如图10-107所示。单击"单色"显示框右侧的按钮，打开"选择颜色"对话框，选择如图10-108所示的绿色。单击"确定"按钮，返回"图案填充和渐变色"对话框，选择如图10-109所示的颜色变化方式。单击"添加：拾取点"按钮，在绘制的图形左上方拾取一点，按"Enter"键，返回"图案填充和渐变色"对话框，再单击"确定"按钮，完成水塘的绘制，如图10-110所示。

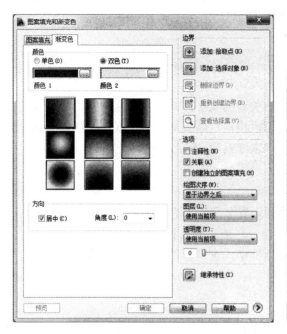

图 10-107　"渐变色"选项卡

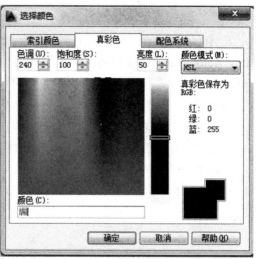

图 10-108　"选择颜色"对话框

图 10-109　选择颜色变化方式对话框

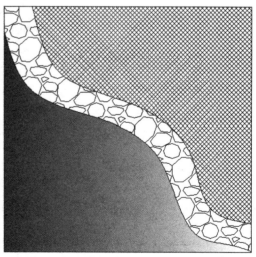

图 10-110　结果图

10.6　文字与表格

10.6.1　文字样式

在 AutoCAD 2014 中，所有文字都有与之相关联的文字样式。在创建文字注释和尺寸标注时，AutoCAD 通常使用当前的文字样式，也可以根据具体要求重新设置文字样式或创建新的样式。文字样式包括"字体""字型""高度""宽度系数""倾斜角""反向""倒置"和"垂直"等参数。

1. 设定文字样式

设定文字样式包括设置样式名、设置字体和设置文字效果等。

选择菜单栏中的"格式"→"文字样式"命令，或在命令行输入"STYLE"，打开"文字样式"对话框，如图 10-111 所示。在该对话框中，可以修改或创建文字样式，并设置文字的当前样式。

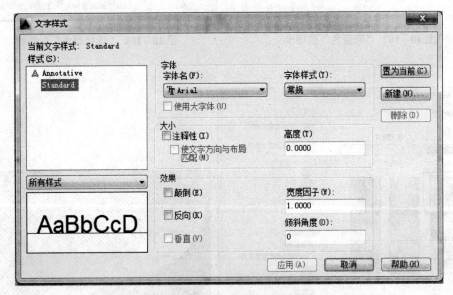

图 10-111　"文字样式"对话框

2. 设置样式选项说明

在"文字样式"对话框中，可以显示文字样式的名称、创建新的文字样式、为已有的文字样式重命名以及删除文字样式，选项说明见表 10-36。

表 10-36　"文字样式"选项说明

选　　项	说　　明
"样式"列表	列出了当前可以使用的文字样式，默认文字样式为 Standard（标准）
"置为当前"按钮	单击该按钮，将选中的文字样式设置为当前文字样式

续表

选　项	说　明
"新建"按钮	单击该按钮，打开"新建文字样式"对话框，如图 10-112 所示。在该对话框的"样式名"文本框中输入新建文字样式，单击"确定"按钮，即可创建新的文字样式。新建文字样式将显示在"样式名"下拉列表中。 如果要重命名文字样式，可以在"文字样式"对话框的"样式"列表中，右击需要重命名的文字样式，在弹出的快捷菜单中，选择"重命名"即可，但"Standard（标准）样式"不能重命名
"删除"按钮	单击该按钮，删除所选择的文字样式，但无法删除正在使用的文字样式和默认的"Standard（标准）样式"

图 10-112　"新建文字样式"对话框

3. 设置字体和大小选项说明

设置字体和大小，"文字样式"对话框的"字体"选项区域用于设置文字样式使用的字体属性，说明见表 10-37。

表 10-37　"字体"属性说明

选　项	说　明
"字体名"下拉列表框	选择字体
"字体样式"下拉列表框	选择字体格式，如斜体、粗体和常规字体等
"使用大字体"复选框	用于选择大字体文件
"大小"选项	设置文字样式使用的字高属性
"高度"文本框	用于设置文字的高度。如果将文字的高度设置为"0"，在使用 TEXT 命令标注文字时，命令行将提示"指定高度:"，要求指定文字的高度

按照国家标准的规定，图样中的拉丁字母和阿拉伯数字应采用 AutoCAD 提供的字体"gbeitc.shx（斜体）"和"gbenor.shx（正体）"，汉字应选用"仿宋_GB 2312"。

根据国家标准的规定，字体高度应在 20、14、10、7、5、3.5、2.5 中选择。

4. 设置文字效果选项说明

在"文字样式"对话框中的"效果"选项区域中，可以设置文字的显示效果，如图 10-113 所示。

在"文字样式"对话框的"预览"选项区域中，可以预览所选择或所设置的文字样式效果。设置完文字样式后，单击"应用"按钮即可应用文字样式。然后单击"关闭"按钮，关闭"文字样式"对话框。

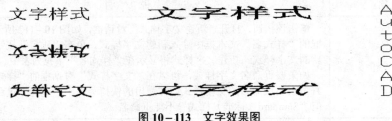

图 10-113　文字效果图

10.6.2　单行文字标注

不需要多行文字的简短内容，如标题栏的汉字及图形上文字的标注，可用单行文字命令创建。在当前显示工具栏的任意图标上右击，再在弹出的快捷菜单中选择"文字"命令，显示"文字"工具栏，如图 10-114 所示；"文字"子命令如图 10-115 所示。

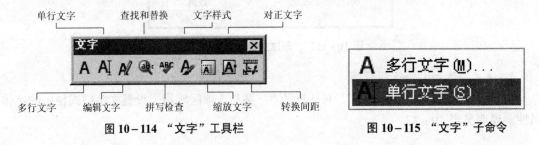

图 10-114　"文字"工具栏　　　　　　　　**图 10-115　"文字"子命令**

在 AutoCAD 2014 中，功能区中使用"文字"工具栏可以创建和编辑文字。也可以选择菜单栏中的"绘图"→"文字"→"单行文字"命令，如图 10-116 所示，或单击"文字"工具栏中的"单行文字"图标按钮A，或在"功能区"选项板的"文字"选项区域中单击"单行文字"图标按钮A，都可以在图形中创建单行文字对象。也可在命令行输入"Text"或"Dtext"，此时命令行提示：

图 10-116　文字标注参考线

当前文字样式："Standard" 文字高度：2.50000　注释性：否
指定文字的起点或 [对正（J）/样式（S）]：
指定文字的起点：默认情况下，通过指定单行文字行基线的起点位置创建文字。

AutoCAD 为文字行定义了顶线、中线、基线和底线 4 条线，用于确定文字行的位置。如果当前的字体高度设置为"0"（在"文字样式"对话框中设置的），命令行将提示"指定高度："，要求指定文字的高度，否则不再提示指定高度。

指定文字的旋转角度<0>：

要求指定文字的旋转角度，文字的旋转角度是指文字行排列方向与水平线的夹角，默认值为 0°，输入文字旋转角度，或按"Enter"键使用默认角度 0°，输入中、英文即可。

设置对正方式：在"指定文字的起点或［对正（J）/样式（S）］："提示下输入"J"，可以设置文字的排列方式，此时，命令行提示：

输入选项［对齐（A）/调整（F）/中心（C）/中间（M）/右（R）/左上（TL）/中上（TC）/右上（TR）/左中（ML）/正中（MC）/右中（MR）/左下（BL）/中下（BC）/右下（BR）]：

"对正方式"选项说明见表 10-38。

表 10-38　"对正方式"选项说明

选项	说　明
对齐（A）	确定所标注文字行基线的始点与终点位置
调整（F）	确定文字行基线的始点、终点位置以及字体的高度
中心（C）	要求确定一点，该点作为所标注文字行基线的中点，即所输入文字的基线将以该点居中对齐
中间（M）	要求确定一点，该点作为所标注文字行的中间点，即以该点作为文字行在水平、垂直方向上的中点
右（R）	要求确定一点，该点作为文字行基线的右端点
左上（TL）	表示以所确定点作为文字行顶线的始点
中上（TC）	表示以所确定点作为文字行顶线的中点
右上（TR）	表示以所确定点作为文字行顶线的终点
左中（ML）	表示以所确定点作为文字行中线的始点
正中（MC）	表示以所确定点作为文字行中线的中点
右中（MR）	表示以所确定点作为文字行中线的终点
左下（BL）	表示以所确定点作为文字行底线的始点
中下（BC）	表示以所确定点作为文字行底线的中点
右下（BR）	表示以所确定点作为文字行底线的终点

输入文字只有在"Backspace"键或"回车"键按下时才会显示在绘图区，再次按下结束命令。

在实际绘图中，经常需要标注一些特殊的文字控制字符，如在文字上方或下方添加划线、标注度数（°）、±、ϕ 等符号，这些字符不能从键盘上直接输入，AutoCAD 2014 提供了相应的控制符，可以实现这些标注。常用的控制符见表 10-39。

表 10-39　AutoCAD 2014 常用的文字控制符

控制符	含　义
%%O	打开或关闭文字上划线
%%U	打开或关闭文字下划线

续表

控制符	含　义
%%D	标注度数（°）符号
%%P	标注正负公差（±）符号
%%C	标注直径（ϕ）符号

在 AutoCAD 的控制符中，%%O 和%%U 分别是上划线与下划线的开关。第一次出现该符号时，打开上划线或下划线；第二次出现该符号时，关闭上划线或下划线。

10.6.3　多行文字标注

"多行文字"是段落文字，是由两行以上的文字组成的，而且每行文字是作为一个整体来处理的。

选择菜单栏中的"绘图"→"文字"→"多行文字"命令，或单击"文字"工具栏中的"多行文字"图标按钮 **A**，或在"面板"选项板的"文字"选项区域中单击"多行文字"图标按钮 **A**，或在 AutoCAD 经典工作空间的"绘图"工具栏中单击"多行文字"图标按钮 **A**，都可以在图形中创建多行文字对象。此时，命令行提示：

命令：_mtext　当前文字样式："Standard"文字高度：30　注释性：否

指定第一角点：在绘图窗口内适当位置，光标拾取一点

指定对角点或［高度（H）/对正（J）/行距（L）/旋转（R）/样式（S）/宽度（W）/栏（C）］：在绘图窗口内适当位置，光标再拾取一点，打开"文字格式"工具栏和文字输入窗口，该工具栏可以设置多行文字的样式、字体和大小等属性，如图 10-117 所示。在文字输入窗口内输入图 10-118 所示的各行文字。

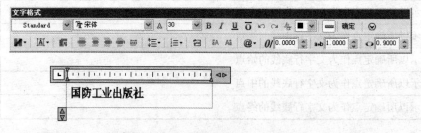

图 10-117　创建多行文字的"文字格式"工具栏和文字输入窗口　　　　图 10-118　技术要求

命令：_mtext　当前文字样式："Standard"文字高度：30　注释性：否

指定第一角点：在绘图窗口内适当位置，光标拾取一点

指定对角点或［高度（H）/对正（J）/行距（L）/旋转（R）/样式（S）/宽度（W）/栏（C）］：在绘图窗口内适当位置，光标再拾取一点，打开"文字格式"工具栏和文字输入窗口，在文字输入窗口内输入图 10-119 所示的多行文字内容。

单击"文字格式"工具栏中的"确定"按钮，输入的文字将显示在绘制的矩形窗口内，如图 10-119 所示。

图 10-119　在文字输入窗口内输入多行文字

10.6.4　文本编辑

在命令行中输入"DDEDIT"，此时，命令行提示：

选择注释对象或［放弃（U）］：

要求选择想要修改的文本，同时光标变为拾取框。由拾取框选择对象，如果选择的文本是用"TEXT"命令创建的单行文本，则深显该文本，可对其进行修改；如果选择的文本是用"MTEXT"命令创建的多行文本，选择对象后则打开多行文字编辑器，可根据前面的介绍对各项设置或内容进行修改。

10.6.5　表格

在以前的 AutoCAD 版本中，要绘制表格必须采用绘制图线或集合偏移、复制等编辑命令来完成，操作过程烦琐而复杂，不利于提高绘图效率。在 AutoCAD 2014 中，可以使用创建表格命令创建表格；还可以从 Microsoft Excel 中复制表格，并将其作为 AutoCAD 表格对象粘贴到图形中；也可以从外部直接导入表格对象。此外，还可以输出来自 AutoCAD 的表格数据，以供在 Microsoft Excel 或其他应用程序中使用。

1. 定义表格样式

和文字样式一样，所有 AutoCAD 2014 图形中的表格都有与其相对应的表格样式。当插入表格对象时，系统使用当前设置的表格样式。表格样式是用来控制表格基本形状和间距的一组设置。模板文件 ACAD.DWT 中定义了名为 standard 的默认表格样式。

首先，打开前面保存的样板图文件 A0～A4 图纸，设置图层、文字样式，汉字用仿宋体。

然后，设置表格样式。表格样式控制一个表格的外观，用于保证标准的字体、颜色、文本、高度和行距。可以使用默认的表格样式，也可以根据需要自定义表格样式。选择菜单栏中的"格式"→"表格样式"命令，打开如图 10-120 所示的"表格样式"对话框。在该对话框中，单击"新建"按钮，打开"创建新的表格样式"对话框，如图 10-121 所示。

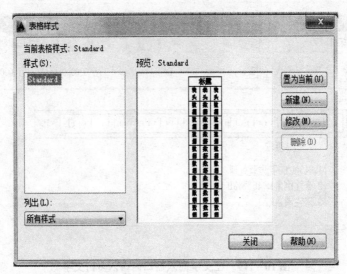

图 10-120 "表格样式"对话框

图 10-121 "创建新的表格样式"对话框

在该对话框的"新样式名"文本框中输入新的表格样式名，在"基础样式"下拉列表中选择默认的表格样式、标准的或任何已经创建的样式，新样式将在该样式的基础上进行修改。单击"继续"按钮，打开"新建表格样式"对话框，如图 10-122 所示。可以通过它指定表格的行格式、表格方向、边框特性和文本样式等内容。

2. 设置表格的数据、列标题和标题样式

在"新建表格样式"对话框中，可以在"单元样式"选项区域的下拉列表框中选择"数据""标题"和"表头"选项来分别设置表格的数据、标题和表头对应的样式。

在"新建表格样式"对话框中，有三个选项的内容基本相似，可以分别指定单元基本特性、文字特性和边界特性，见图 10-122。

"常规"选项卡：设置表格的填充颜色、对齐方向、格式、类型和页边距等特性。

"文字"选项卡：设置表格单元中的文字样式、高度、颜色和角度等特性。

图 10-122　"新建表格样式"对话框

"边框"选项卡：单击边框设置按钮，可以设置表格的边框是否存在。当表格具有边框时，还可以设置表格的线宽、线型、颜色和间距等特性。

3. 管理表格样式

在 AutoCAD 2014 中，还可以使用"表格样式"对话框来管理图形中的表格样式。在该对话框的"当前表格样式"后面，显示当前使用的表格样式（默认为 Standard）；在"样式"列表中显示了当前图形所包含的表格样式；在"预览"窗口中显示了选中表格的样式；在"列出"下拉列表中，可以选择"样式"列表是显示图形中的所有样式，还是正在使用的样式。

此外，在"表格样式"对话框中，还可以单击"置为当前"按钮，将选中的表格样式设置为当前；单击"修改"按钮，在打开的"修改表格样式"对话框中，修改选中的表格样式；单击"删除"按钮，删除选中的表格样式。

5. 文字表格的编辑

创建新的表格，并对其进行编辑成图 10-123 所示的表格。通过拖动这些夹点，可以编辑表格，如修改表格的高度、宽度等。

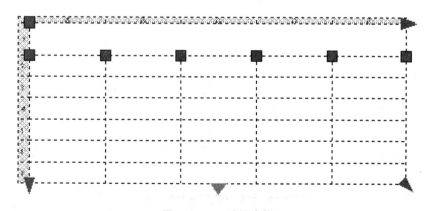

图 10-123　编辑表格

在 AutoCAD 2014 中，还可以使用表格的快捷菜单来编辑表格。当选中整个表格与选中表格单元后，单击鼠标右键，弹出其快捷菜单如图 10-124 所示，可以实现插入列/行、删除列/行、合并相邻单元格或进行其他修改。快捷菜单中主要命令选项的含义见表 10-40。

表 10-40　"文字表格"快捷菜单主要命令选项的含义

选项	含　义
对齐	在该命令的子命令中，可以选择表格单元的对齐方式，如左上、左中、正中等
边框	选择该命令，打开"单元边框特性"对话框，可以设置单元格边框的线宽、颜色等特性
匹配单元	使用当前选中的表格单元格式（源对象）匹配其他表格单元（目标对象），此时，鼠标指针变成刷子形状，单击目标对象即可进行匹配
插入点	选择该命令的子命令，可以从中选择插入到表格中的块、字段和公式。选择"块"命令时，打开"在表格单元中插入块"对话框，可以设置插入块在表格单元中的对齐方式、比例和旋转角度等特性
合并	选中多个连续的表格单元后，使用该命令的子命令，可以全部、按列或按行合并表格单元

剪切
复制
粘贴
最近的输入 ▶
单元样式 ▶
背景填充
对齐 ▶
边框...
锁定 ▶
数据格式...
匹配单元
删除所有特性替代
数据链接...
插入点 ▶
编辑文字
管理内容...
删除内容
删除所有内容
列 ▶
行 ▶
合并 ▶
取消合并
特性(S)

图 10-124　"文字表格"快捷菜单

下面以两个实例说明如何使用快捷菜单编辑表格。

单击图 10-125（a）所示表格第一行，将显示许多夹点。单击鼠标右键，弹出其快捷菜单，选择"取消合并"，出现如图 10-125（b）所示的表格。

按住"Shift"键，选中要合并的单元格，单击鼠标右键，弹出其快捷菜单，选择"合并"，完成表格修改，如图 10-126 所示。

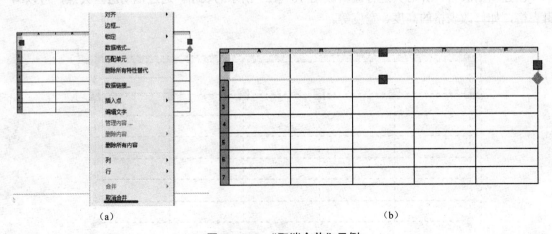

（a）　　　　　　　　　　　　（b）

图 10-125　"取消合并"示例

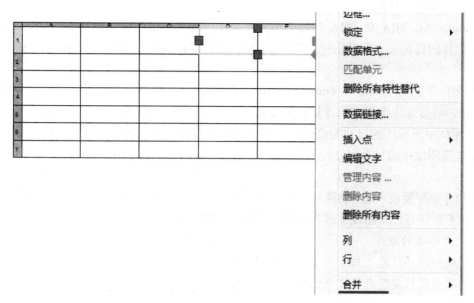

图 10－126　"合并"示例

10.7　尺 寸 标 注

在图形设计中，尺寸标注是绘图设计工作中的一项重要内容，它是图形的测量注释。因为绘制图形的根本目的是反映对象的形状，并不能表达清楚图形的设计意图，而图形中各个对象的真实大小和相互位置只有经过尺寸标注后才能确定。AutoCAD 2014 包含了一套完整的尺寸标注命令和实用程序，可以轻松地完成图纸中要求的尺寸标注。例如，使用 AutoCAD 2014 中的"直径""半径""角度""线性""圆心标记"等标注命令，可以对直径、半径、角度、直线及圆心位置等进行标注。

10.7.1　概述

图形的主要作用是表达物体的形状，物体各部分的真实大小和它们之间的位置关系是由图中所标注的尺寸决定的，因此，尺寸标注是绘图设计工作中的一项重要内容。AutoCAD 2014 提供了一套完整的尺寸标注命令和实用程序，能轻松地完成图纸中要求的尺寸标注。由于尺寸标注对传达有关设计元素的尺寸和材料等信息有着非常重要的作用，因此在对图形进行标注前，应先了解尺寸标注的组成、类型、规则及步骤等。在做标注尺寸练习之前有几点说明，提醒读者注意：

1）建立新文件时，应使用 acadiso.dwt 模板文件。

2）AutoCAD 2014 缺省的尺寸样式为 ISO－25，但是，给具体图形标注尺寸之前，最好重新设置尺寸样式（在满足需要的前提下，尺寸样式的种类越少越好）。

3）在标注尺寸之前，显示（打开）"标注"工具条。

4）尺寸标注命令后括号内的图标为该命令所对应的尺寸标注工具条中的图标。

1. 尺寸标注的规则

在 AutoCAD 2014 中，对绘制的图形进行尺寸标注时应遵循以下规则：

1）物体的真实大小应以图样上所标注的尺寸数值为依据，与图形的大小及绘图的准确度无关。

2）图样中的尺寸以毫米（mm）为单位，不需要标注计量单位的代号或名称。如果采用其他单位，则必须注明相应的计量单位或名称，如度（°）、米（m）和厘米（cm）等。

3）图样中所标注的尺寸为该图样所表示的物体的最后完工尺寸，否则应另加说明。

4）建筑图像中的每个尺寸一般只标注一次，并标注在最能清晰表现该图形结构特征的视图上。

5）尺寸的配置要合理，功能尺寸应该直接标注，尽量避免在不可见的轮廓线上标注尺寸。数字之间不允许有任何图线穿过，必要时可以将图线断开。

2. 尺寸标注的组成

在机械制图或其他工程绘图中，一个完整的尺寸标注应由标注文字、尺寸线、尺寸界线、尺寸线的端点符号及起点等要素组成，如图 10-127 所示。尺寸标注的基本要素的作用与含义见表 10-41。

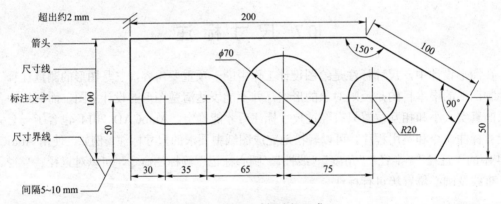

图 10-127　尺寸标注的组成

表 10-41　尺寸标注的基本要素的作用与含义

基本要素	含　义
尺寸数字及符号	尺寸数字表示图形的实际测量尺寸，可以只标注基本尺寸，也可以带尺寸公差。一般注写在尺寸线的上方，也允许注写在尺寸线的中断处。尺寸数字应按标准字体书写，同一张图纸上的字高要一致，在图中遇到图线时，必须将图线断开，若图线断开影响图形表达，则需要调整尺寸标注的位置。角度的数字一律写成水平方向，一般注写在尺寸线的中断处，必要时可使用引线标注。 　　常用标注尺寸的符号有直径（ϕ）、半径（R）、球直径（$S\phi$）、球半径（SR）、均布（EQS）、正方形（□）、厚度（t）和深度（↓）等。标注参考尺寸时，应在尺寸数字加上圆括弧。当需要指明半径尺寸是由其他尺寸所确定时，应用尺寸线和符号 R 标出，但不要注写尺寸数

续表

基本要素	含　义
尺寸线	用来表示尺寸标注的范围，用细实线绘制。 　　其终端可以使用箭头和斜线两种形式，必须单独绘出，不能用其他图线代替，也不能与其他图线重合或画在其他图线的延长线上。箭头适用于各种类型的图样，但在实践中多用于机械制图；斜线多用于建筑制图。通常 AutoCAD 2014 将尺寸线放置在测量区域中，如果空间不足，则将尺寸线或尺寸数字移到测量区域的外部，这取决于标注样式的放置规则。 　　标注线性尺寸时，尺寸线必须与所标注的线段平行。尺寸线不能用其他图线代替，一般也不能与其他图线重合或画在其延长线上。标注角度时，尺寸线是一段圆弧，其圆心应是该角的顶点
尺寸界线	也称为投影线，用细实线绘制，从图形的轮廓线、轴线或对称中心线引出，也可以直接利用轮廓线、轴线或对称中心线作为尺寸界线。尺寸界线一般应与尺寸线垂直，必要时也可以倾斜，尺寸界线应超出尺寸线 3 mm 左右。 　　标注角度的尺寸界线应沿径向引出。标注弧长或弧长的尺寸界线应平行于该弦的垂直平分线，当弧度较大时，可沿径向引出
尺寸线终端	表示测量起点和终点的位置。通常用箭头表示，AutoCAD 2014 提供了多种箭头符号，以满足不同行业的需求；可以是短划线、点或其他标记；也可以是块；还可以是自定义符号，如建筑标记、小斜线箭头、点和斜杠等。但是，在同一张图纸中，只能采用同一种尺寸线终端形式

注意：通常情况下，尺寸线、尺寸界线采用细实线，尺寸线（包括尺寸界线和尺寸文本）的颜色和线宽设置为"ByBlock"。如果运用了绘图比例，则尺寸文字中的数据不一定是标注对象的图上尺寸。

3. 尺寸标注的类型

AutoCAD 2014 提供了十余种标注工具，分别位于菜单栏的"标注"下拉菜单或"标注"工具栏中，可以进行角度、直径、半径、线性、对齐、连续、圆心及基线等标注，如图 10 - 128 所示。

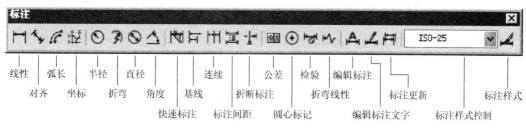

图 10 - 128　"标注"工具栏

4. 创建新标注样式

尺寸标注是零件制造和装配时的重要依据。在任何一幅图中都是必不可少的部分，有时比图形本身还重要。标注尺寸包括尺寸标注和旁注。尺寸标注在描述工程图中物体各部分的实际大小和相互之间的准确位置；旁注是说明文字，可由旁注线引出。

AutoCAD 2014 的尺寸标注为半自动方式，系统按图形的测量值和标注样式进行标注。

在 AutoCAD 2014 中，使用标注样式可以控制标注的格式和外观，建立强制执行的绘图标准，并有利于对标注格式及用途进行修改。

选择菜单栏中的"格式"→"标注样式"命令，打开"标注样式管理器"对话框；或在"功能区"选项板中选择"注释"选项卡，在"标注"面板中单击"标注样式"按钮，打开"标注样式管理器"对话框，如图 10-129 所示。单击"新建"按钮，在打开的"创建新标注样式"对话框中创建新标注样式，如图 10-130 所示。

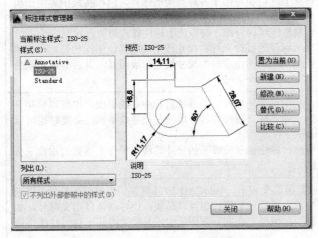

图 10-129 "标注样式管理器"对话框

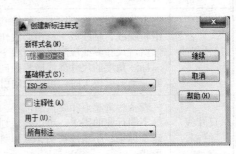

图 10-130 "创建新标注样式"对话框

"标注样式管理器"对话框中各选项的含义见表 10-42。

表 10-42 "标注样式管理器"各选项的含义

选项	含义
"样式"区域	列出图形中的标准样式，当前样式提亮显示。不能删除当前样式或当前图形正使用的样式
"列出"下拉列表	控制样式显示。根据查看范围可选择所有样式或正在使用的样式
"预览"区域	显示"样式"列表中选定样式的图示
"置为当前"按钮	将选定样式设定为当前标注样式。当前样式将应用于所创建的标注
"新建"按钮	单击该按钮，弹出"新建"对话框，定义新的标注样式
"修改"按钮	单击该按钮，弹出"修改"对话框，可以修改标注样式
"替代"按钮	单击该按钮，弹出"替代"对话框，可以设定标注样式的临时替代值
"比较"按钮	单击该按钮，弹出"比较"对话框，可以比较两个标注样式或列出一个标注样式的所有特性

在"创建新标注样式"对话框的"新样式名"文本框中输入新样式的名称。在"基础样式"下拉列表框中选择一种基础样式，新样式将在基础样式的基础上进行修改。此外，在"用于"下拉列表框中指定新建标注样式的适用范围，包括"所有标注""线性标注""角度标注""半径标注""直径标注""坐标标注"和"引线与公差"等选项。设置了新样式的名称、基础样式和适用范围后，单击该对话框中的"继续"按钮，打开"新建标注样式"对话框，如

图 10−131 所示。

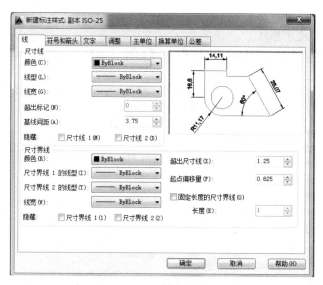

图 10−131 "新建标注样式"对话框

注意：尺寸标注有关联性，当 AutoCAD 2014 中提供系统变量 DimASO=1 时，标注随图形的变化自动更新所测量的值进行尺寸标注。保证对实体的编辑修改后不再重新标注，尺寸变化，标注也变化。

在"新建标注样式"对话框中，可根据不同选项卡进行设置，见表 10−43。

表 10−43 "新建标注样式"对话框选项设置

选项卡	作　　用
线	设置尺寸线和尺寸界线的格式和位置
符号和箭头	设置箭头、圆心标记、弧长符号和半径标注折弯的格式与位置
文字	标注文字的外观、位置和对齐方式
调整	设置标注文字、尺寸线、尺寸箭头的位置
主单位	设置主单位的格式与精度等属性
单位换算	在 AutoCAD 2014 中，通过换算标注单位，可以转换使用不同测量单位制的标注，通常是显示英制标注的等效公制标注，或公制标注的等效英制标注。在标注文字中，换算标注单位显示在主单位旁边的方括号中
公差	设置是否标注公差，以及以何种方式进行标注

10.7.2　尺寸标注样式

1. 创建新样式名

选择菜单栏中的"格式"→"标注样式"命令，打开"标注样式管理器"对话框，单击该对话框中的"新建"按钮，打开"创建新标注样式"对话框，见图 10-130，输入"机械标注"。

2. 设置尺寸线和尺寸界线

在"新建标注样式"对话框中，设置尺寸线和尺寸界线，如图 10-132 所示。

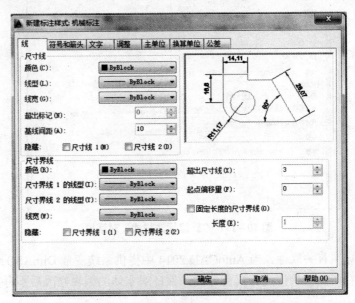

图 10-132 设置尺寸线和尺寸界线对话框

在"尺寸线"选项区域中，可以设置尺寸线的颜色、线宽、超出标记以及基线间距等属性，见表 10-44。

表 10-44 "尺寸线"选项的含义

选项	含 义
颜色	用于设置尺寸线的颜色。默认情况下，尺寸线的颜色随块（ByBlock）；也可以使用变量 DIMCLRD 设置
线型	用于设置尺寸线的线型。该选项没有对应的变量
线宽	用于设置尺寸线的线宽。默认情况下，尺寸线的线宽随块（ByBlock）；也可以使用变量 DIMLWD 设置
超出标记	当尺寸线的箭头采用倾斜、建筑标记、小点、积分或无标记等样式时，使用该文本框可以设置尺寸线超出尺寸界线的长度
基线间距	基线尺寸标注时，可以设置各尺寸线之间的距离
隐藏	通过选择"尺寸线 1"或"尺寸线 2"复选框，可以隐藏第 1 段或第 2 段尺寸线及相应的箭头

在"尺寸界线"选项区域中，可以设置尺寸界线的颜色、线宽、超出尺寸线的长度、起点偏移量、隐藏控制等属性，这些属性可以控制尺寸界线的外观，见表 10-45。尺寸线、尺寸界线之间的关系如图 10-133 所示。

表 10−45　"尺寸界线"选项的含义

选项	含　义
颜色	用于设置尺寸界线的颜色，也可以使用变量 DIMCLRE 设置
尺寸界线 1 线型	用于设定第 1 条尺寸界线的线型
尺寸界线 2 线型	用于设定第 2 条尺寸界线的线型
线宽	用于设置尺寸界线的线宽，也可以使用变量 DIMWE 设置
超出尺寸线	用于设置尺寸界线超出尺寸线的距离，也可以使用变量 DIMEXE 设置
起点偏移量	用于设置尺寸界线的起点与标注定义点的距离
固定长度的尺寸界线	选中该复选框，可以使用具有特定长度的尺寸界线标注图形，其中在"长度"文本框中可以输入尺寸界线的数值
隐藏	不显示尺寸线，通过选择"尺寸线 1"或"尺寸线 2"复选框，可以隐藏第 1 段或第 2 段尺寸界线

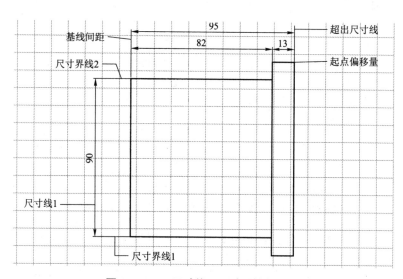

图 10−133　尺寸线、尺寸界线的关系

3. 设置箭头和弧长

在"箭头"选项区域中，可以设置尺寸线和引线箭头的类型及尺寸大小等，通常情况下，尺寸线的两个箭头应一致。为适应不同类型的标注需要，AutoCAD 2014 设置了 20 多种箭头样式，可从对应的下拉列表框中选择箭头，并在"箭头大小"文本框中设置其大小。

在"圆心标记"选项区域中，可以设置圆或圆弧的圆心标记类型，如"标记""直线"和"无"。其中，选择"标记"单选按钮，可以对圆或圆弧绘制圆心标记，为小十字线；选择"直线"单选按钮，可以对圆或圆弧绘制中心线，表示圆心标记的标注线将延伸到圆外；选择"无"单选按钮，则没有任何标记。当选择"标记"或"直线"时，可在"大小"文本框中设置圆心标记的大小。

在"弧长符号"选项区域中，可以设置弧长符号显示的位置，包括"标注文字的前缀""标注文字的上方"和"无"三种方式。

在"半径折弯标注"选项区域的"折弯角度"文本框中，可以设置标注圆弧半径时标注线折弯的角度。

在"线性折弯标注"选项区域的"折弯高度因子"文本框中，可以设置折弯标注打断时折弯线的高度。

在"新建标注样式"对话框中，使用"符号和箭头"选项卡可以设置箭头、圆心标记、弧长符号和半径标注折弯的格式与位置，如图 10-134 所示。

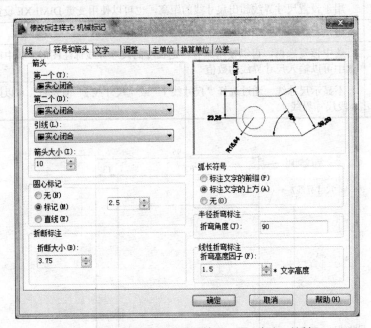

图 10-134　设置箭头和弧长符号、圆心标记对话框

将箭头设置为实心闭合，箭头大小为 10（建筑设置为建筑标记），见图 10-134。

4. 设置尺寸文本

"文字"选项卡可以设置标注文字的外观、位置和对齐方式，各选项的功能见表 10-46。

表 10-46　"文字"选项卡中各选项的功能

区域	功能	选项	作　　用
文字外观	设置文字样式、颜色、高度和分数高度比例，控制是否绘制文字边框等	文字样式	用于选择标注文字的样式。也可以单击其后的按钮，打开"文字样式"对话框，选择文字样式或新建文字样式
		文字颜色	用于设置标注文字的颜色，也可以使用变量 DIMCLRT 设置
		填充颜色	用于设置标注文字的背景色
		文字高度	用于设置标注文字的高度，也可以使用变量 DIMTXT 设置
		分数高度比例	设置标注文字中分数相对于其他标注文字的比例，AutoCAD 2014 将该比例值与标注文字高度的乘积作为分数的高度
		绘制文字边框	设置是否给标注文字添加边框

续表

区域	功能	选项	作　用
文字位置	设置文字的垂直、水平位置以及从尺寸线的偏移量	垂直	用于设置标注文字相对于尺寸线在垂直方向的位置。 居中：把标注文字放在尺寸线中间。 上方：把标注文字放在尺寸线上方置。 外部：把标注文字放在远离第一定义点的尺寸线一侧置。 JIS：按 JIS 规则放置标注文字
		水平	用于设置标注文字相对于尺寸线和尺寸界线在水平方向的位置。 居中：文字放在两条尺寸界线中间。 第一条尺寸界线：沿尺寸线与第一条尺寸界线左对正。 第二条尺寸界线：沿尺寸线与第二条尺寸界线右对正。 第一条尺寸界线上方：沿第一条或放在第一条尺寸界线之上。 第二条尺寸界线上方：沿第二条放或放在第二条尺寸界线之上
		观察方向	用了控制标注文字的观察方向。 从左到右：按从左向右阅读方式放文字。 从右到左：按从右向左阅读方式放文字
		从尺寸线偏移	设置当前文字间距。如果标注文字位于尺寸线中间，表示断开处尺寸线端点与尺寸文字的间距。若标注文字带有边框，可控制文字边框与其中文字的距离
文字对齐	设置标注文字是保持水平还是与尺寸线平行	水平	使标注文字水平放置
		与尺寸线对齐	使标注文字方向与尺寸线方向一致
		ISO 标准	使标注文字按 ISO 标准放置。当标注文字在尺寸界线之内时，它的方向与尺寸线方向一致；而在尺寸界线之外时，将水平放置，如图 10–135 所示

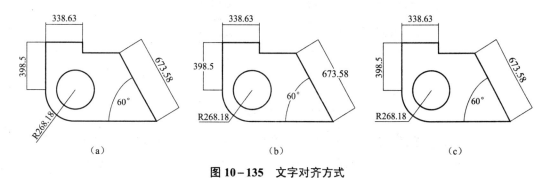

图 10–135　文字对齐方式

（a）水平；（b）与尺寸线对齐；（c）ISO 标准

　　在"新建标注样式"对话框中，可以使用"文字"选项卡设置标注文字的外观、位置和对齐方式。文字样式选择 isocp.shx，文字颜色随层，A3 图纸的尺寸文字高度一般为 3.5，如图 10–136 所示。设置字体为宋体，字高为 20，然后依次单击"应用""置为当前""关闭"按钮，如图 10–137 所示。

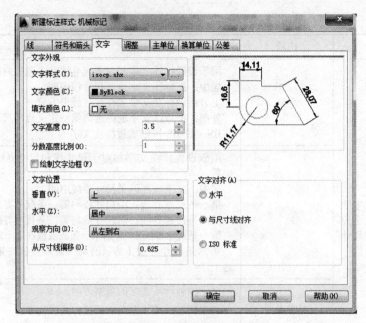

图 10-136　设置尺寸文本对话框

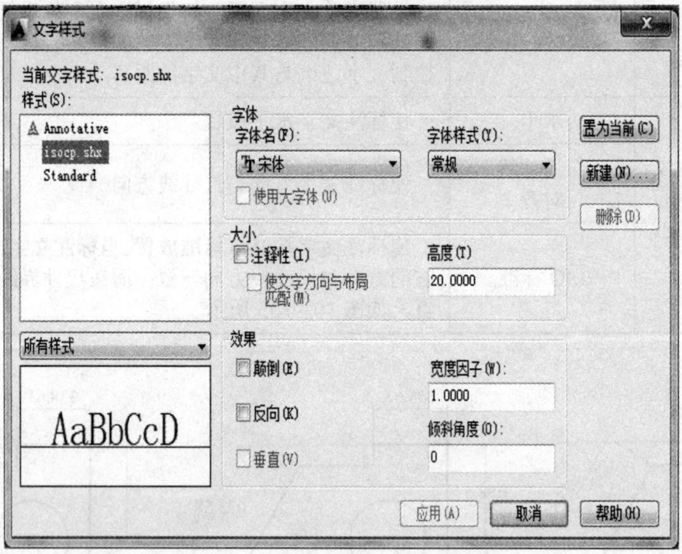

图 10-137　"文字样式"对话框

　　注意：一种文字样式设置只能画出一种样式，想在图中同时标注几种不同的直径样式，需要分别新建不同直径标注样式的尺寸；或用一种样式标注完成后再选择修改下拉菜单中的特性，对每种样式分别进行修改。

　　文字样式不能设成一般汉字，否则无法标注直径 ϕ。

　　5. 尺寸文本与尺寸箭头的调整设置

　　调整设置是根据图纸的要求对文字和箭头进行最佳的设置。"调整"此选项卡有 4 个选项，见表 10-47。

表 10−47 "调整"选项卡功能

选项区域	功能	选 项	作 用
调整选项	当尺寸界线之间没有足够空间同时放置标注文字和箭头时，应从尺寸界线之间移出对象	文字或箭头（最佳效果）	按最佳效果自动移出文本或箭头
		箭头	没有足够空间，首先将箭头移出
		文字	没有足够空间，首先将文字移出
		文字和箭头	没有足够空间，将文字和箭头都移出
		文字始终保持在尺寸界线之间	将文本始终保持在尺寸界线之内
		若不能放在尺寸界线内，则消除箭头	如果选中该复选框，则可以抑制箭头显示
文字位置	设置当文字不在默认位置时的位置	尺寸线旁边	将文本放在尺寸线旁边
		尺寸线上方，带引线	将文本放在尺寸线的上方，并带上引线
		尺寸线上方，不带引线	将文本放在尺寸线的上方，但不带引线
标注特征比例	设置标注尺寸特征比例，通过设置全局比例来增大或减小各标注的大小	将标注缩放到布局	根据当前模型空间视口与图纸空间之间的缩放关系设置比例
		使用全局比例	对全部尺寸标注设置缩放比例，该比例不改变尺寸的测量值
优化	对标注文字和尺寸线进行细微调整	手动放置文字	忽略标注文字的水平设置，在标注时可将标注文字放置在指定的位置
		在尺寸界线之间绘制尺寸线	当尺寸箭头放置在尺寸界线之外时，也可在尺寸界线之内绘制出尺寸线

在"新建标注样式"对话框中，单击"调整"选项卡，"调整选项"选"文字或箭头"（最佳效果），"文字位置"选"尺寸线旁边"，"标注特征比例"选"使用全局比例"，设为"100"（即绘图界限非常大时，先按 A3 图纸要求大小设置，再在此项填入"100"，则实际施工图纸会增大 100 倍）。

6. 设置主单位

设置主单位主要是对线性尺寸及角度尺寸的标注格式和精度进行设置。"主单位"选项卡有 5 个选项区域，见表 10−48。

表 10−48 "主单位"选项卡功能

选项区域	功能	选项	作 用
线性标注	设置线性标注的单位格式与精度	单位格式	设置除角度标注之外的其余各标注类型的尺寸单位，包括"科学""小数""工程""建筑""分数"等选项
		精度	设置除角度标注之外的其他标注的尺寸精度

选项区域	功能	选项	作　用
线性标注	设置线性标注的单位格式与精度	分数格式	当单位格式是分数时，可以设置分数的格式，包括"水平""对角"和"非堆叠"三种方式
		小数分隔符	设置小数的分隔符，包括"逗点""句点"和"空格"三种方式
		舍入	用于设置除角度标注以外的尺寸测量值的舍入值
		前缀、后缀	设置标注文字的前缀和后缀，在相应的文本框中输入字符即可
测量单位比例	定义线性比例选项。使用"比例因子"文本框，可以设置测量尺寸的缩放比例。选中"仅应用到布局标注"复选框，可以使该比例关系仅适用于布局标注		
消零	设置是否显示尺寸标注中的前导和后续0	前导	不输出所有十进制标注中的前导0
		辅单位因子	距离小于一个单位时，用辅单位为单位计算标注距离
		辅单位后缀	标注值子单位中包含后缀。可以是输入文字或特殊代码或特殊符号
		0 英尺	如果长度小于1英尺，消除英尺英寸标注中的英尺部分
		0 英寸	如果长度为整英尺，消除英尺英寸标注中的英寸部分
角度标注	显示设定角度标注的当前角度格式	单位格式	列表框设置标注角度时的单位
		精度	设置标注角度的尺寸精度
		消零	设置是否消除角度尺寸的前导和后续0

在"新建标注样式"对话框中，可以使用"主单位"选项卡设置主单位的格式与精度等，如图 10-138 所示。单位格式选"小数"，小数分隔符选"，"（逗点），舍入选 0，前缀采用"%%C"代表 ϕ，而不能直接输入 ϕ 表示直径 ϕ77。此处前缀、后缀也可不设，标注时用文本输入即可。

角度标注设为"度/分/秒"单位格式，精度设置为"0d00′00″"。

7. 设置换算单位样式

设置换算单位样式主要是对各种单位换算的格式进行设置。选中"显示换算单位"复选框后，对话框的其他选项才可使用，可以在"换算单位"选项区域中设置换算单位的"单位格式""精度""舍入精度""前缀"和"后缀"等，方法与设置主单位的方法相同。但有两个选项是独有的："换算单位倍数"和"位置"。"换算单位倍数"是指定一个乘数作为主单位和换算单位之间转换因子。如要将英寸转换成毫米，则此处应输入"25.4"。此值对角度标注没有影响，且不会应用于舍入值或正、负公差值。"位置"用于控制换算单位的位置，包括"主值后"（即将换算单位放在标注文字中的主单位之后）和"主值下"（即将换算单位放在标注文字中的主单位之下）两种方式。

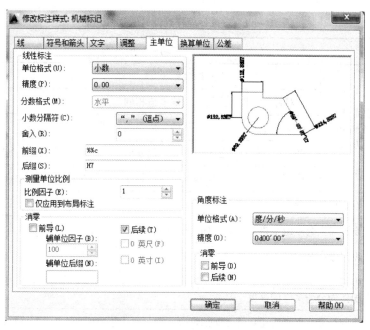

图 10-138　"主单位"选项卡

"新建标注样式"对话框中，可以使用"换算单位"选项卡设置换算单位，如图 10-139 所示。

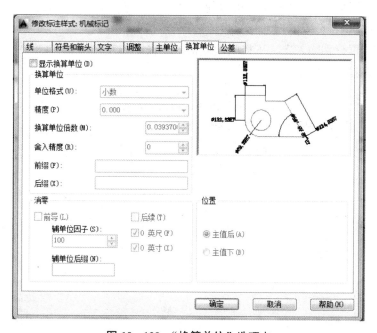

图 10-139　"换算单位"选项卡

8. 设置公差样式（一般用于机械标注）

设置公差样式主要是对标注公差的格式进行设置，包括公差的方式、精度、公差值、公差文字的高度与对齐方式等，其部分选项的功能见表 10-49。

表 10－49　设置公差样式部分选项的功能

选项	功　　能		
方式	设定计算公差的方法	无	不添加公差
		对称	公差正负偏差值相同
		极限偏差	公差正负偏差值不相同
		极限尺寸	公差值合并到尺寸值中，并将上界显示在下界的上方
		基本尺寸	创建基本标注，将在整个标注范围周围显示一个框
精度	设定小数位数		
上极限偏差	设置最大公差或上极限偏差。如果在方式中选择"对称"选项，则此值将用于公差		
下极限偏差	设置最小公差或下极限偏差		
高度比例	确定公差文字的高度比例因子。确定后，AutoCAD 2014 将该比例因子与尺寸文字高度之积作为公差文字的高度		
垂直位置	控制公差文字相对于尺寸文字的位置，包括"上""中"和"下"三种方式		
换算单位公差	当标注换算单位时，可以设置换算单位的精度和是否消零		

在"新建标注样式"对话框中，可以使用"公差"选项卡设置是否标注公差，以及使用何种方式进行标注。带公差的尺寸标注设置公差方式为"极限偏差"，高度比例为"0.7"，垂直位置为"中"，再分别输入上、下极限偏差值，下极限偏差自动加"－"号。若为正值，请加"＋"号，如图 10－140 所示。

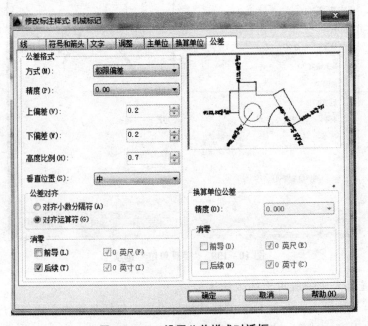

图 10－140　设置公差样式对话框

10.7.3　尺寸标注类型

1. 线性尺寸标注

长度类型尺寸标注适用于标注两点之间的长度，可以是端点、交点、圆弧弦线端点或能够识别的任意两个点。在 AutoCAD 2014 中，提供了三种基本的标注类型：长度尺寸标注，半径、直径和圆心标注，角度标注。标注可以是水平、垂直、对齐、旋转、坐标、基线或连续的。

长度类型尺寸标注包括多种类型，如线性标注、对齐标注、弧长标注、基线标注和连续标注等。

选择菜单栏中的"标注"→"线性"命令，或单击"标注"工具栏中的"线性"图标按钮，对图形进行尺寸标注，如图 10-141 所示。此时，命令行提示：

命令：_dimlinear

指定第一条尺寸界线原点或＜选择对象＞：选择第一条尺寸界线的起始点

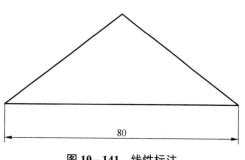

图 10-141　线性标注

指定第二条尺寸界线原点：选择第二条尺寸界线的起始点

指定尺寸线位置或

[多行文字（M）/文字（T）/角度（A）/水平（H）/垂直（V）/旋转（R）]：

标注文字=80

"线性标注"命令各选项的含义见表 10-50。

表 10-50　"线性标注"命令各选项的含义

选项	含　义
多行文字（M）	将进入多行文字编辑模式，可以使用"多行文字编辑器"输入并设置标注文字
文字（T）	以单行文字的形式输入标注文字，此时，命令行将提示： 输入标注文字＜1＞：输入要求的标注文字（尺寸数字）
角度（A）	设置标注文字的旋转角度
水平（H）垂直（V）	标注水平和垂直尺寸
旋转（R）	旋转标注对象的尺寸线

如果在线性标注命令的提示下直接按"Enter"键，则要求选择需要标注尺寸的对象，选择了对象以后，AutoCAD 2014 将以该对象的两个端点作为两条尺寸界线的起始点，并显示如下提示信息：

指定尺寸线位置或 [多行文字（M）/文字（T）/角度（A）/水平（H）/垂直（V）/旋转（R）]：

可以使用前面介绍的方法标注对象。

当两条尺寸界线的起始点不在同一水平线或同一垂直线上时，可以通过拖动鼠标来确定是创建水平标注还是垂直标注。使光标位于两条尺寸界线的起始点之间，上下拖动可引出水平尺寸线，左右拖动可引出垂直尺寸线。

在线性标注、坐标或角度标注的基础上，也可以利用连续标注进行标注。选择菜单栏中的"标注"→"连续"命令，或单击"标注"工具栏中的"连续"图标按钮，如图 10–142 所示。

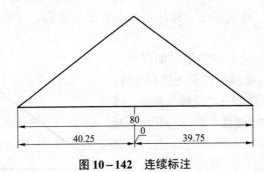

图 10–142 连续标注

2. 对齐标注

对齐标注用于斜线、斜面的尺寸标注。这种标注的尺寸线与斜线平行。

选择菜单栏中的"标注"→"对齐"命令，或单击"标注"工具栏中的"对齐"图标按钮，如图 10–143 所示。此时，命令行提示：

命令：_dimaligned

指定第一条尺寸界线原点或<选择对象>：选择第一条尺寸界线的起始点。

指定第二条尺寸界线原点：选择第二条尺寸界线的起始点。

指定尺寸线位置或［多行文字（M）/文字（T）/角度（A）］：

可以使用前面介绍的方法标注对象。

对齐标注是线性标注的一种特殊形式。在对直线段进行标注时，如果直线的倾斜角度未知，那么，使用线性标注方法将无法得到准确的测量结果，这时，可以使用对齐标注方法。

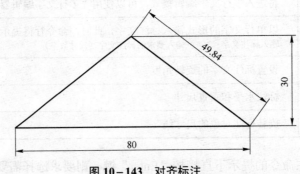

图 10–143 对齐标注

注意：对齐标注为与斜线平行，线性标注则为垂线长度 30。

3. 坐标尺寸标注

使用"DIMORDINATE"命令可以自动测量和标注点的坐标位置，坐标标注是沿一条简单的引线显示指定点的 X 坐标和 Y 坐标，这类标注也称基准标注。在 AutoCAD 2014 中一般使用当前用户坐标系（UCS）测量 X 坐标或 Y 坐标，并且沿着与当前 UCS 轴正交的方向绘制引线。

选择菜单栏中的"标注"→"坐标"命令，或单击"标注"工具栏中的"坐标"图标按钮，或在命令行中键入"DIMORDINATE"。此时，命令行提示：

指定坐标点：选择要标注的坐标点

指定引线端点或 ［X 基准（X）/Y 基准（Y）/多行文字（M）/文字（T）/角度（A）］：

"坐标"命令各选项的含义见表 10-51。

表 10-51　"坐标"命令各选项的含义

选项	含　义
指定引线端点	确定另外一点，根据这两点之间的坐标差决定是生成 X 坐标尺寸还是 Y 坐标尺寸
X 基准（X）	生成该点的 X 坐标
Y 基准（Y）	生成该点的 Y 坐标
文字（T）	在命令行提示下，自定义标注文字，生成的标注测量值显示在尖括号中
角度（A）	修改标注文字的角度

4. 直径标注

无论是机械制图还是建筑制图，对于直径、半径和角度的标注是一样的，都是以尺寸箭头作为尺寸的起止符号。

选择菜单栏中的"标注"→"直径"命令，或单击"标注"工具栏中的"直径"图标按钮，或在命令行中键入"DIMDIAMETER"。此时，命令行提示：

选择圆弧或圆：在绘图窗口内，移动光标，选择圆弧或圆

标注文字=1

指定尺寸线位置或 ［多行文字（M）/文字（T）/角度（A）］：确定尺寸线的位置或选择某一选项。

这里可以选择"多行文字""文字"或"角度"选项来输入、编辑尺寸文本或确定尺寸文本的倾斜角度，也可以直接确定尺寸线的位置，标注出指定圆或圆弧的直径。通过"多行文字"或"文字"选项重新确定尺寸文字时，需要在输入的尺寸文字前加%%C，否则，只有尺寸文字而没有直径符号 ϕ。

"直径"命令各选项的含义见表 10-52。

表 10-52　"直径"命令各选项的含义

选项	含　义
尺寸线位置	确定尺寸线的角度和文字的位置
多行文字（M）	显示在位文字编辑器，可用它来编辑标注文字。要添加前缀和后缀，请在生成的测量值前后输入前缀和后缀
文字（T）	在命令行提示下，自定义标注文字，生成的标注测量值显示在尖括号中
角度（A）	修改标注文字的角度

5. 半径标注

选择菜单栏中的"标注"→"半径"命令,或单击"标注"工具栏中的"半径"图标按钮,或在命令行中键入"DIMRADIUS"。此时,命令行提示:

选择圆弧或圆:在绘图窗口内,移动光标,选择圆弧或圆

标注文字=1

指定尺寸线位置或[多行文字(M)/文字(T)/角度(A)]:确定尺寸线的位置或选择某一选项。

这里可以选择"多行文字""文字"或"角度"选项来输入、编辑尺寸文本或确定尺寸文本的倾斜角度,也可以直接确定尺寸线的位置,标注出指定圆或圆弧的直径。通过"多行文字"或"文字"选项重新确定尺寸文字时,需要在输入的尺寸文字前加 R,否则,只有尺寸文字而没有 R 符号。

"半径"命令的选项说明与"直径"命令的选项说明相同。

6. 角度尺寸标注

在 AutoCAD 2014 中,还可以使用角度标注以及其他类型的标注功能,对图形中的角度、坐标等元素进行标注。

选择菜单栏中的"标注"→"角度"命令,或单击"标注"工具栏中的"角度"图标按钮,或在命令行中键入"DIMANGULAR"。此时,命令行提示:

选择圆弧、圆、直线或<指定顶点>:

"角度"命令各选项的含义见表 10-53。

表 10-53 "角度"命令各选项的含义

选项	含义
选择圆弧	标注圆弧角度:选择圆弧时,命令行提示: 指定标注弧线位置或[多行文字(M)/文字(T)/角度(A)/象限点(Q)]: 如果直接确定标注弧线的位置,AutoCAD 2014 将按实际测量值标注角度。也可以选择"多行文字""文字""角度"及"象限点"选项,设置尺寸文字、尺寸文字的旋转角度和象限点。各选项含义如下: "指定标注弧线位置":指定尺寸线的位置并确定绘制延伸线的方向。 "多行文字":显示在位文字编辑器,可用它来编辑标注文字。要添加前缀和后缀,请在生成的测量值前后输入前缀和后缀。 "文字":在命令行提示下,自定义标注文字,生成的标注测量值显示在尖括号中。 "角度":修改标注文字的角度
选择圆	标注圆角度:选择圆时,命令行提示: 指定角的第二个端点:移动光标选择第二点,该点可以在圆周上,也可以不在圆周上指定标注弧线位置或[多行文字(M)/文字(T)/角度(A)/象限点(Q)]: 确定标注弧线的位置,这时,标注的角度将以圆心为角度的顶点,以选择的两个点为尺寸界线(或延长线)
选择直线	标注两条不平行直线的夹角:选择其中一条直线时,命令行提示: 选择第二条直线:移动光标,选择另一条直线,指定标注弧线位置或[多行文字(M)/文字(T)/角度(A)/象限点(Q)]: 确定标注弧线的位置,AutoCAD 2014 将自动标注这两条直线的夹角

选项	含　义
指定顶点	根据三个点标注角度：执行"标注"→"角度"命令后，回车，命令行提示： 指定角的顶点：首先确定角的顶点 指定角的第一个端点：选择角的第一个端点 指定角的第二个端点：选择角的另一个端点 指定标注弧线位置或［多行文字（M）/文字（T）/角度（A）/象限点（Q）］： 确定标注弧线的位置，AutoCAD 2014 将自动标注角度。 其中，"象限点（Q）"用于指定标注应锁定到的象限

7. 弧长标注

选择菜单栏中的"标注"→"弧长"命令，或单击"标注"工具栏中的"弧长"图标按钮，或在命令行中键入"DIMACR"。此时，命令行提示：

选择弧线段：选择圆弧

指定弧长标注位置或［多行文字（M）/文字（T）/角度（A）/部分（P）/引线（L）］：

这里可以选择"多行文字""文字"或"角度"选项来输入、编辑尺寸文本或确定尺寸文本的倾斜角度，也可以直接确定尺寸线的位置，标注出指定圆或圆弧的直径。通过"多行文字"或"文字"选项重新确定尺寸文字时，需要在输入的尺寸文字前加"%%C"，否则，只有尺寸文字而没有直径 ϕ 符号。

"弧长"命令各选项的含义见表 10-54。

表 10-54　"弧长"命令各选项的含义

选项	含　义
弧长标注的位置	确定尺寸线的角度和文字的位置
多行文字（M）	显示在位文字编辑器，可用它来编辑标注文字。要添加前缀和后缀，请在生成的测量值前后输入前缀和后缀
文字（T）	在命令行提示下，自定义标注文字，生成的标注测量值显示在尖括号中
角度（A）	修改标注文字的角度
部分（P）	缩短弧长标注的长度
引线（L）	添加引线对象，仅当圆弧（或弧线段）大于 90° 时才会显示此选项。引线是按径向绘制的，指向所标注圆弧的圆心

8. 圆心标注

圆心标注用于标注圆或圆弧的圆心。

选择菜单栏中的"标注"→"圆心"命令，或单击"标注"工具栏中的"圆心"图标按钮，或在命令行中键入"DIMCENTER"。此时，命令行提示：

选择圆弧或圆：选择要标注的中心或中心线的圆或圆弧

9. 基线标注

基线标注命令要求用户对多个图形尺寸按基准线位置进行计算并标注，可分为线性基线

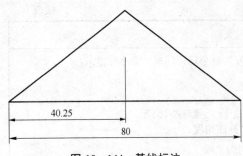

图 10-144　基线标注

标注和角度基线标注，如图 10-144 所示。

选择菜单栏中的"标注"→"基线"命令，或单击"标注"工具栏中的"基线"图标按钮，或在命令行中键入"DIMBASELINE"。此时，命令行提示：

选择基准标注：

在进行基线标注之前，必须先创建（或选择）一个线性、坐标或角度标注作为基准标注，然后，再执行"基线"命令，此时，命令行提示：

指定第二条尺寸界线原点或［放弃（U）/选择（S）］＜选择＞：

直接选择第二条尺寸界线的起始点，AutoCAD 2014 将按基线标注方式标注尺寸，直到按"Enter"键结束命令。

"基线"命令各选项的含义见表 10-55。

表 10-55　"基线"命令各选项的含义

选项	含　义
指定第二条尺寸界线原点	直接确定另一个尺寸的第二条尺寸界线的起点，AutoCAD 2014 以上次标注的尺寸为基准标注，标注出相应的尺寸
选择（S）	在上述提示下直接按"Enter"键，命令行提示： 选择基准标注：选择作为基准的尺寸标注

10. 连续标注

连续标注又称尺寸链标注，用于产生一系列连续的尺寸标注，后一个尺寸标注均把前一个尺寸标注的第二条尺寸界线作为它的第一条尺寸界线。连续标注适用于长度尺寸、角度和坐标标注。在使用连续标注方式之前，应该先标注出一个相关的尺寸。

选择菜单栏中的"标注"→"连续"命令，或单击"连续"工具栏中的"圆心"图标按钮，或在命令行中键入"DIMCONTINUE"。此时，命令行提示：

选择连续标注：

指定第二条尺寸界线原点或［放弃（U）/选择（S）］＜选择＞：

此提示下的各选项与基线标注中完全相同，此处不再赘述。

11. 快速尺寸标注

快速标注可以快速创建多种形式的标注，如创建基线标注、连续尺寸标注、半径标注或直径标注等，但不能标记圆心和标注公差。

选择菜单栏中的"标注"→"快速标注"命令，或单击"标注"工具栏中的"快速标注"图标按钮，或在命令行中键入"QDIM"。此时，命令行提示：

指定坐标点：选择要标注的坐标点

指定引线端点或［X 基准（X）/Y 基准（Y）/多行文字（M）/文字（T）/角度（A）］：

"快速标注"命令各选项的含义见表 10-56。

表 10-56 "快速标注"命令各选项的含义

选项	含　义
指定尺寸线位置	直接确定尺寸线位置，系统在该位置按默认的尺寸标注类型标注出相应的尺寸
连续（C）	产生一系列练习标注的尺寸。在命令行输入"C"，AutoCAD 2014 系统提示用户选择要进行标注的对象，选择完成后按"Enter"键返回上面的提示，给定尺寸线位置，则完成连续尺寸标注
并列（S）	产生一系列交错的尺寸标注
基线（B）	产生一系列的基线尺寸标注，后面的"坐标（O）""半径（R）""直径（D）"含义与此类同
基准点（P）	为基线标注和连续标注指定一个新的基准点
编辑（E）	对多个尺寸标注进行编辑。AutoCAD 2014 允许对已存在的尺寸标注添加或移去尺寸点。选择此选项，命令行提示： 指定要删除的标注点或［添加（A）/退出（X）]＜退出＞： 在此提示下确定要移去的点后按"Enter"键，系统将对尺寸标注进行更新

10.7.4　引线标注

AutoCAD 2014 提供了引线标注功能，利用该功能不仅可以标注特定的尺寸，如圆角、倒角等，还可以实现在图中添加多行旁注、说明。在引线标注中指引线可以是折线，也可以是曲线；指引线端部可以有箭头，也可以没有箭头。

1. 一般引线标注

"LEADER"命令可以创建灵活多样的引线标注形式。可以根据需要把指引线设置为折线或曲线；指引线可以带箭头，也可以不带箭头；注释文本可以是多行文本，也可以是形位公差，还可以从图形其他部位复制，还可以是一个图块。

在命令行中键入"LEADER"，命令行提示：

指定引线起点：　　　　　　　　　　　　　　//输入指引线的起始点
指定下一点：　　　　　　　　　　　　　　　//输入指引线的另一点
指定下一点或［注释（A）/格式（F）/放弃（U）]＜注释＞：

"LEADER"命令各选项的含义见表 10-57。

表 10-57 "LEADER"命令各选项的含义

选项	含　义
指定下一点	直接输入一点，AutoCAD 2014 根据前面的点画出折线作为指引线
注释	输入注释文本，为默认项。在上面提示下直接回车，AutoCAD 2014 提示： 输入注释文字的第一行或＜选项＞： 输入注释文本：在此提示下输入第一行文本后回车，可继续输入第二行文本，如此反复执行，直到输入全部的注释文本，然后在此提示下直接回车，AutoCAD 2014 会在指引线终端标注出所输入的多行文本，并结束"LEADER"命令

选项	含 义
注释	如果在上面的提示下直接回车，AutoCAD 2014 提示： 输入注释选项 [公差 (T) /副本 (C) /块 (B) /无 (N) /多行文字 (M)] <多行文字>： 在此提示下选择一个注释选项或直接回车选择"多行文字"选项。其中各选项的含义如下： "公差"：标注形位公差。 "副本"：把已由"LEADER"命令创建的注释复制到当前指引线末端。执行该选项，系统提示： 选择要复制的对象： 在此提示下选择一个已创建的注释文本，测 AutoCAD 2014 把它复制到当前指引线的末端。 "块"：插入块，把已近定义好的图块插入到指引线的末端。执行该选项，系统提示： 输入快名或 [？]： 在此提示下输入一个已定义好的图块名，AutoCAD 2014 把该图块插入到指引线的末端。或键入"？"列出当前已有的图块。用户可从中选择。 "无"：不进行注释，无注释文本。 "多行文字"：用多行文本编辑器标注注释文本并定制文本格式，为默认选项
格式 (F)	确定指引线的形式。选择该项，AutoCAD 2014 提示： 输入引线格式选项 [样条曲线 (S) /直线 (ST) /箭头 (A) /无 (N)] <退出>： 选择指引线形式，或直接回车返回到上一级提示。其中各选项含义如下： "样条曲线"：设置指引线为样条曲线。 "直线"：设置指引线为折线。 "箭头"：在指引线的起始位置画箭头。 "无"：在指引线的起始位置不画箭头。 "退出"：此项为默认选项，选择该项退出"格式"选项，返回"[注释 (A) /格式 (F) /放弃 (U)] <注释>："提示，并且指引线形式按默认方式设置

2. 快速引线标注

利用"QLEADER"命令可快速生成指引线及注释，而且可以通过命令行优化对话框进行用户自定义，由此可以消除不必要的命令行提示，取得最高的工作效率。

在命令行中键入"QLEADER"，命令行提示：

指定第一个引线起点或 [设置 (S)] <设置>：

"QLEADER"命令各选项的含义见表 10–58。

表 10–58 "QLEADER"命令各选项的含义

选项	含 义
指定第一个引线点	在上面的提示下确定一点作为指引线的第一点，AutoCAD 2014 提示： 指定下一点：（输入指引线的第二点） 指定下一点：（输入指引线的第三点） AutoCAD 2014 提示用户输入的点的数目在"引线设置"对话框中的"引线和箭头"选项卡中进行设置。输入完引线的点后 AutoCAD 2014 提示： 指定文字宽度<0.0000>：（输入多行文本的宽度） 输入注释文字的第一行<多行文字 (M) >： 其中，各选项含义如下：

选项	含　义
指定第一个引线点	"输入注释文字的第一行"：在命令行输入第一行文本。系统继续提示： 　输入注释文字的下一行：//输入另一行文本 　输入注释文字的下一行：//输入另一行文本或回车 "多行文字"：打开多行文字编辑器，输入编辑多行文字。直接回车结束"QLEADER"命令，并把多行文本标注在指引线的末端附近
引线设置	直接回车或键入"S"，打开"引线设置"对话框，允许对引线标注进行设置。该对话框包含"注释""引线和箭头""附着"三个选项卡，下面分别进行介绍。 　"注释"选项卡：用于设置引线标注中注释文本的类型，多行文本的格式并确定注释文本是否多次使用。 　"引线和箭头"选项卡：用来设置引线标注中指引线和箭头的形式。其中"点数"选项组设置执行"QLEADER"命令时，AutoCAD 2014 提示用户输入点的数目。例如，设置点数为"3"，执行"QLEADER"命令时当用户在提示下指定三个点后，AutoCAD 2014 自动提示用户输入注释文本。注意设置的点数要比用户希望的指引线段数多 1。如果选择"无限制"复选框，AutoCAD 2014 会一直提示用户输入点直到连续回车两次为止。"角度约束"选项组设置第一段和第二段指引线的角度约束。 　"附着"选项卡：设置注释文本和指引线的相对位置。如果最后一段指引线指向右边，系统自动把注释文本放在右侧；反之放在左侧。利用本选项卡左侧和右侧的单选按钮分别设置位于左侧和右侧的注释文本与最后一段指引线的相对位置，二者可以相同也可以不同

10.7.5　形位公差标注

　　为方便机械设计工作，AutoCAD 2014 提供了标注形位公差的功能。形位公差的标注形式如图 10-145 所示，包括指引线、特征符号、公差值和其附加符号及基准代号。

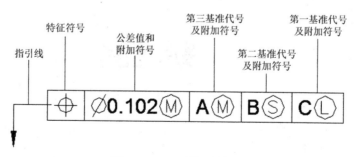

图 10-145　形位公差标注

　　选择菜单栏中的"标注"→"公差"命令，或单击"标注"工具栏中的"公差"图标按钮，或在命令行中键入"TOLERANCE"。执行上述命令后，系统打开如图 10-146 所示的"形位公差"对话框，可通过此对话框对形位公差标注进行设置。

　　"形位公差"对话框中各选项的含义见表 10-59。

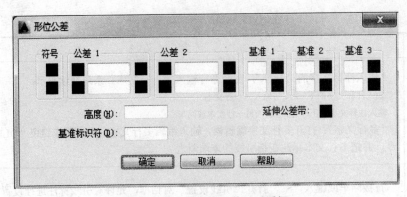

图 10-146 "形位公差"对话框

表 10-59 "形位公差"对话框中各选项的含义

选项	含　义
符号	用于设定或改变公差代号。单击下面的黑方块，系统打开如图 10-147 所示的"特征符号"列表框，可从中选择需要的公差代号 **图 10-147 "特征符号"列表框**
公差 1/2	用于产生第一/二个公差的公差值及"附加符号"符号。白色文本框左侧的黑方块控制是否在公差值之前加一个直径符号，单击它，则出现一个直径符号，再次单击则又消失。白色文本框用于确定公差值，在其中输入一个具体的数值。右侧黑方块用于插入"包容条件"符号，单击它，系统打开如图 10-148 所示的"附加符号"列表框，用户可从中选择所需符号 **图 10-148 "附加符号"对话框**
基准 1/2/3	用于确定第一/二/三基准代号及材料状态符号。在白色文本框中输入一个基准代号，单击其右侧的黑方块，系统打开"包容条件"列表框，可从中选择适当的"包容条件"符号
"高度"文本框	用于确定标注复合形位公差的高度
延伸公差带	单击此黑方块，在复合公差带后面加一个复合公差符号
"基准标识符"文本框	用于产生一个标识符号，用一个字母表示

10.7.6　编辑尺寸标注

1. 利用"DIMEDIT"命令编辑尺寸标注

利用"DIMEDIT"命令用户可以修改已有尺寸标注的文本内容，把尺寸文本倾斜一定的角度，还可以对尺寸倾斜一定的角度等，也可以对尺寸界线进行编辑。

选择菜单栏中的"标注"→"对齐文字"→"默认"命令，或单击"标注"工具栏中的"编辑标注"图标按钮，或在命令行中键入"DIMEDIT"。此时，命令行提示：

输入标注编辑类型 [默认（H）/新建（N）/旋转（R）/倾斜（O）] <默认>：

"编辑标注"命令各选项的含义见表 10−60。

表 10−60　"编辑标注"命令各选项的含义

选项	含　义
默认（H）	按尺寸标注样式中设置的默认位置和方向放置尺寸文本，如图 10−149（a）所示。选择此选项，命令行提示： 选择对象：选择要编辑的尺寸标注 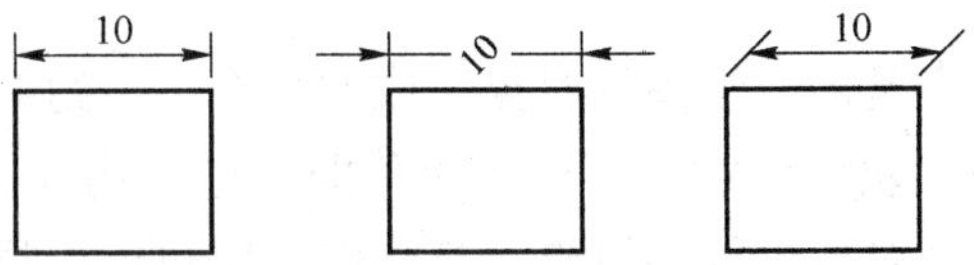 **图 10−149　编辑尺寸标注**
新建（N）	选择此选项，系统打开多行文字编辑器，可利用此编辑器对尺寸文本进行修改
旋转（R）	改变尺寸文本行的倾斜角度。尺寸文本的中心点不变，使文本沿指定的角度方向倾斜排列，如图 10−149（b）所示。若输入角度为 0，则按"新建标注样式"对话框中"文字"选项卡中设置的默认方向排列
倾斜（O）	修改长度尺寸标注的尺寸界线，使其倾斜一定的角度，与尺寸线不垂直，如图 10−149（c）所示

2. 利用"DIMEDIT"命令编辑标注文字

利用"DIMEDIT"命令可以改变尺寸文本的位置，使其位于尺寸线上的左端、右端或中间，而且可使文本倾斜一定的角度。

选择菜单栏中的"标注"→"对齐文字"→除"默认"命令外的其他命令，或单击"标注"工具栏中的"编辑标注文字"图标按钮，或在命令行中键入"DIMTEDIT"。此时，命令行提示：

选择标注：选择一个尺寸标注。

指定标注文字的新位置或 [左（L）/右（R）/居中（C）/默认（H）/角度（A）]：

"编辑标注文字"命令各选项的含义见表 10−61。

表 10−61 "编辑标注文字"命令各选项的含义

选项	含　　义
指定标注文字的新位置	用鼠标把文本拖到新的位置
左（L）/右（R）	使尺寸文本沿尺寸线向左（右）对齐。此选项只对长度型、半径型、直径型尺寸标注起作用
居中（C）	把尺寸文本放在尺寸线上的中间位置
默认（H）	把尺寸文本按默认位置放置
角度（A）	改变尺寸文本行的倾斜角度

10.8　图　　块

10.8.1　图块操作

图块又称块，它是由一组图形对象组成的集合，一组对象一旦被定义为图块，它们将成为一个整体，选中图块中任意一个图形对象即可选中构成图块的所有对象。AutoCAD 2014把一个图块作为一个对象进行编辑修改等操作，用户可以根据绘图需要把图块插入到图中指定的位置，在插入时还可以指定不同的缩放比例和旋转角度。如果对组成图块的单个图形对象进行修改，还可以利用"分解"命令把图块炸开，分解成若干个对象。图块还可以重新定义，一旦被重新定义，整个图中基于该块的对象都将随之改变。

1. 定义图块

选择菜单栏的"绘图"→"块"→"创建"命令，或在工具栏单击"绘图"工具栏中的"创建块"按钮，或在命令行执行"BLOCK"命令（快捷命令：B）。执行上述命令后，系统打开如图 10−150 所示的"块定义"对话框，利用该对话框可以定义图块并为之命名。

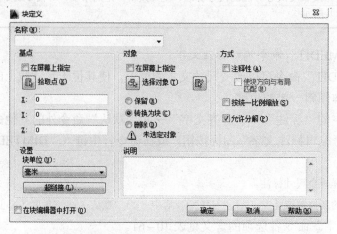

图 10−150　"块定义"对话框

"块定义"对话框各选项的含义见表 10-62。

表 10-62　"块定义"对话框各选项的含义

选项	含　义
"基点"选项组	确定图块的基点，默认值是（0，0，0），也可以在下面的 X，Y，Z 文本框中输入块的基点坐标值。单击"拾取点"按钮，系统临时切换到绘图区，在绘图区选择一点后，返回"块定义"对话框中，把选择的点作为图块的放置基点
"对象"选项组	用于选择制作图块的对象，以及设置图块对象的相关属性。如图 10-151 所示把图（a）中的正六边形定义为图块，图（b）为单击"删除"单选按钮的结果，图（c）为单击"保留"单选按钮的结果 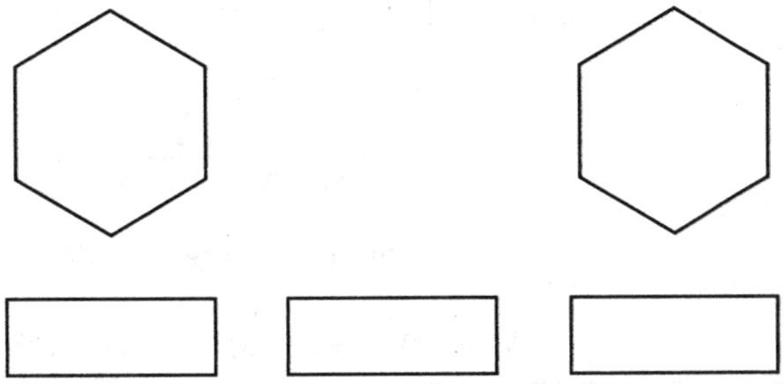 <div align="center">（a）　　　　（b）　　　　（c）</div> <div align="center">图 10-151　设置图块对象</div>
"设置"选项组	制定从 AutoCAD 2014 设计中心拖动图块时用于测量图块的单位，以及进行缩放、分解和超链接等设置
"在块编辑器中打开"复选框	勾选此复选框，可以在块编辑器中定义动态块，后面详细介绍
"方式"选项组	指定块的行为。各选项含义如下： "注释性"复选框：指定在图纸空间中块参照的方向与布局方向匹配。 "按统一比例缩放"复选框：指定是否阻止块参照不按统一比例缩放。 "允许分解"复选框：指定块参照是否可以被分解

2. 图块的存盘

利用"BLOCK"命令定义的图块保存在其所属的图形中，该图块只能在该图形中插入，而不能插入到其他的图形中。但是有些图块在许多图形中要经常用到，这时可以用"WBLOCK"命令把图块以图形文件的形式（后缀为.dwg）写入磁盘。图形文件可以在任何图形中用"INSERT"命令插入。

在命令行执行"WBLOCK"命令（快捷命令：W），系统打开如图 10-152 所示的"写块"对话框，利用该对话框可以把图形对象保存为图形文件或把图块转换成图形文件。

"写块"对话框各选项的含义见表 10-63。

图 10-152 "写块"对话框

表 10-63 "写块"对话框各选项的含义

选项	含　义
"源"选项组	确定要保存为图形文件的图块或图形对象。各选项含义如下： "块"单选按钮：单击右侧的下拉列表框，在其展开的列表中选择一个图块，将其保存为图形文件。 "整个图形"单选按钮：把当前的整个图形保存为图形文件。 "对象"单选按钮：把不属于图块的图形对象保存为图形文件
"基点"选项组	确定图块的基点，默认值是（0，0，0），也可以在下面的 X、Y、Z 文本框中输入块的基点坐标值。单击"拾取点"按钮，系统临时切换到绘图区，在绘图区选择一点后，返回"块定义"对话框中，把选择的点作为图块的放置基点
"对象"选项组	设置用于创建块对象上的块创建的效果。各选项含义如下： "保留"单选按钮：将选定对象另存为文件后，在当前图形中保留它们。 "保留为块"单选按钮：将选定对象另存为文件后，在当前图形中将它们转换为块。 "从图形中删除"单选按钮：将选定对象另存为文件后，在当前图形中删除它们。 "快速选择"按钮：单击此按钮，打开"快速选择"对话框，从中可以过滤选择集
"目标"选项组	用于指定图形文件的名称、保存路径和插入单位

3. 图块的插入

AutoCAD 2014 的绘图过程中，可根据需要随时把已定义好的图块或图形文件插入到当前图形的位置，在插入的同时还可以改变图块的大小、旋转一定的角度或把图块炸开等。插入图块的方法有多种。

选择菜单栏的"插入"→"块"命令，或单击"插入"工具栏中的"插入块"按钮，或单击"绘图"工具栏中的"插入块"按钮，或在命令行执行"INSRET"命令（快捷命令：I）。执行上述命令后，系统打开"插入"对话框，如图 10-153 所示，可以指定要插入的图块及插入位置。

图 10-153　"插入"对话框

"插入"对话框中各选项的含义见表 10-64。

表 10-64　"插入"对话框中各选项的含义

选项	含　义
"路径"显示框	显示图块的保存路径
"插入点"选项组	指定插入点，插入图块时该点与图块的基点重合。可在绘图区指定该点，也可以在下面的文本框中输入坐标值
"比例"选项组	确定插入图块时的缩放比例。图块被插入到当前的图形中时，可以以任意比例放大或缩小。如图 10-154 所示，其中的图（a）是被插入的图块，图（b）为按比例系数 1.5 插入的图块，图（c）为按比例系数 0.5 插入的图块。在对插入的图块进行比例缩放时，X 轴方向和 Y 轴方向可以取不同的系数，见图（d），在插入图块时，X 轴方向比例系数为 1，Y 轴方向比例系数为 1.5。另外比例系数还可以是负数，当系数为负值时，表示插入图块的镜像，其效果如图 10-155 所示 （a）　　　　（b）　　　　（c）　　　（d） **图 10-154　取不同比例插入块的效果**

选项	含 义
"比例" 选项组	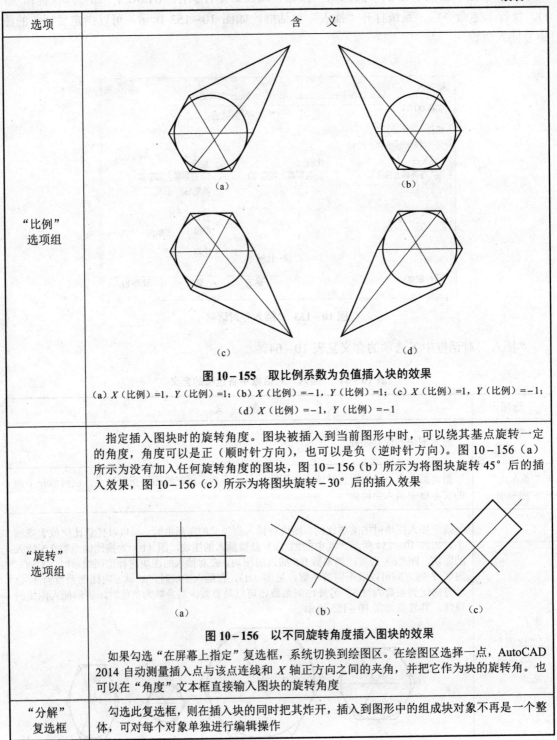 图 10-155　取比例系数为负值插入块的效果 (a) X（比例）=1，Y（比例）=1；(b) X（比例）=−1，Y（比例）=1；(c) X（比例）=1，Y（比例）=−1； (d) X（比例）=−1，Y（比例）=−1
"旋转" 选项组	指定插入图块时的旋转角度。图块被插入到当前图形中时，可以绕其基点旋转一定的角度，角度可以是正（顺时针方向），也可以是负（逆时针方向）。图 10-156（a）所示为没有加入任何旋转角度的图块，图 10-156（b）所示为将图块旋转 45°后的插入效果，图 10-156（c）所示为将图块旋转−30°后的插入效果 （a）　　　　（b）　　　　（c） 图 10-156　以不同旋转角度插入图块的效果 如果勾选"在屏幕上指定"复选框，系统切换到绘图区。在绘图区选择一点，AutoCAD 2014 自动测量插入点与该点连线和 X 轴正方向之间的夹角，并把它作为块的旋转角。也可以在"角度"文本框直接输入图块的旋转角度
"分解" 复选框	勾选此复选框，则在插入块的同时把其炸开，插入到图形中的组成块对象不再是一个整体，可对每个对象单独进行编辑操作

4. 动态块

动态块具有灵活性和智能性的特点。用户在操作时可以轻松地更改图形中的动态块参照，通过自定义夹点或自定义特性来操作动态块参照中的几何图形，使用户可以根据需要在位调整块，而不用搜索另一个块以插入或重定义现有的块。

可以使用块编辑创建动态块。块编辑器是一个专门的编写区域，用于添加能够使块成为动态块的元素。用户可以创建新的块，也可以向现有的块定义中添加动态行为与在绘图区中创建几何图形一样。

选择菜单栏的"工具"→"块编辑器"命令，或单击"标准"工具栏中的"块编辑器"按钮，或在命令行中执行"BEDIT"命令（快捷命令：BE）。还可使用快捷菜单，即选择一个块参照，在绘图区单击鼠标右键，选择快捷菜单中的"块编辑器"命令。执行上述命令后，系统打开"编辑块定义"对话框，如图 10-157 所示。在"要创建或编辑的块"文本框中输入图块名或在列表框中选择已定义的块或当前图形。单击"确定"按钮后，系统打开"块编写"选项板和"块编辑器"工具栏，如图 10-158 所示。

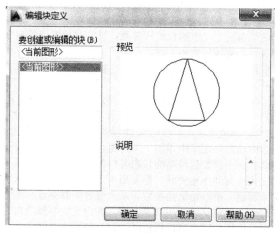

图 10-157　"编辑块定义"对话框

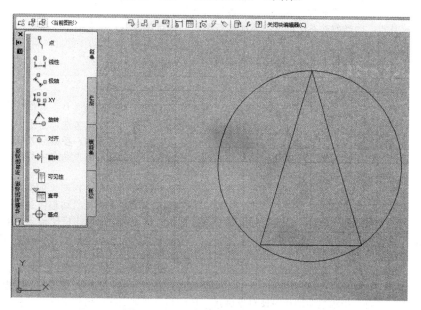

图 10-158　块编辑状态绘图平面

"块编写"选项板各选项的含义见表 10−65。

表 10−65 "块编写"选项板各选项的含义

选项	含 义
"参数" 选项卡	提供用于向块编辑器的动态块定义中添加参数的工具。参数用于指定几何图形在块参照中的位置、距离和角度。将参数添加到动态块定义中时,该参数将定义块的一个或多个自定义特性。此选项卡也可以通过"BPARAMETER"命令打开。其中,各选项含义如下: 点:向当前动态块定义中添加点参数,并定义块参照的自定义"X 和 Y"特性。可以将移动或拉伸动作与点参数相关联。 线性:向当前动态块定义中添加线性参数,并定义块参照的自定义"距离"特性。可以将移动、缩放、列阵或拉伸动作与线性参数相关联。 极轴:向当前动态块定义中添加极轴参数,并定义块参照的自定义"距离和角度"特性。可以将移动、缩放、拉伸、极轴拉伸或列阵动作与极轴参数相关联。 XY:向当前动态块定义中添加 XY 参数,并定义块参照的自定义"水平距离和垂直距离"特性。可以将移动、缩放、拉伸、或列阵动作与 XY 参数相关联。 旋转:向当前动态块定义中添加旋转参数,并定义块参照的自定义"角度"特性。只能将一个旋转动作与一个旋转参数相关联。 对齐:向当前动态块定义中添加对齐参数。因为对齐参数影响整个块,所以不需要将动作与其参数相关联。 翻转:向当前动态块定义中添加翻转参数,并定义块参照的自定义"翻转"特性。翻转参数用于翻转对象。在"块编辑器"中,翻转参数显示为投影线,可以围绕这条投影线翻转对象。翻转参数将显示一个值,该值显示块参照是否已被翻转。可以将翻转动作与翻转参数相关联。 可见性:向当前动态块定义中添加一个可见性参数,并定义块参照的自定义"可见性"特性。可见性参数允许用户创建可见性状态并控制对象在块中的可见性。可见性参数总是应用于整个块,并无须任何动作相关联。在图形中单击夹点可以显示块参照中所有可见性状态的列表。在"块编辑器"中,可见性参数显示为带有关联夹点的文字。 查寻:向当前动态块定义中添加查寻参数,并定义块参照的自定义"查寻"特性。查询参数用于定义自定义特性,用户可以指定或设置该特性,以便从定义的列表或表格中计算出某个值。该参数可以与单个查寻夹点相关联,在"块参照"中单击该夹点,可以显示可用值的列表。在"块编辑器"中,查询参数显示为文字。 基点:向当前动态块定义中添加基点参数。基点参数用于定义动态块参照相对于块中几何图形的基点。点参数无法与任何动作相关联,但可以属于某个动作的选择集。在"块编辑器"中,基点参数显示为带有十字光标的圆
"动作" 选项卡	提供用于向"块编辑器"的"动态块定义"中添加参数的工具。动作定义了在图形中操作块参照的自定义特性时,"动态块参照"的几何图形将如何移动或变化,应将动作与参数相关联。此选项卡也可以通过"BACTIONTOOL"命令打开。其中,各选项含义如下: 移动:在用户将移动动作与点参数、线性参数、极轴参数或 XY 参数相关联时,将该动作添加到"动态块定义"中。移动动作类似于"MOVE"命令。在"动态块参照"中,移动动作将使对象移动指定的距离和角度。 缩放:在用户将缩放动作与点参数、线性参数、极轴参数或 XY 参数相关联时,将该动作添加到"动态块定义"中。缩放动作类似于"SCALE"命令。在"动态块参照"中,当通过移动夹点或使用"特性"选项板编辑关联的参数时,比例缩放动作将使其选择集发生缩放。 拉伸:在用户将拉伸动作与点参数、线性参数、极轴参数或 XY 参数相关联时,将该动作添加到"动态块定义"中。拉伸动作将使对象在指定的位置移动和拉伸指定的距离。 极轴拉伸:在用户将极轴拉伸动作与点参数、线性参数、极轴参数或 XY 参数相关联时,将该动作添加到"动态块定义"中。当通过夹点或"特性"选项板更改关联的极轴参数上的关键点时,极轴拉伸动作将使对象旋转、移动和拉伸指定的距离和角度。

选项	含　义
"动作" 选项卡	旋转：在用户将旋转动作与点参数、线性参数、极轴参数或 *XY* 参数相关联时，将该动作添加到"动态块定义"中。旋转动作类似于"ROTATE"命令。在"动态块参照"中，当通过夹点或"特性"选项板编辑关联的参数时，比例缩放动作将使其选择集发生缩放。 翻转：在用户将翻转动作与点参数、线性参数、极轴参数或 *XY* 参数相关联时，将该动作添加到"动态块定义"中。使用翻转动作可以围绕指定的轴（称为投影线）翻转动态块参照。 列阵：在用户将列阵动作与点参数、线性参数、极轴参数或 *XY* 参数相关联时，将该动作添加到"动态块定义"中。在"动态块参照"中，当通过夹点或"特性"选项板编辑关联的参数时，阵列动作将复制关联对象并按矩形的方式进行阵列。 查寻：向"动态块定义"中添加一个查寻动作。将该动作添加到"动态块定义"中，并将其与查询参数相关联时创建一个查询表。可以使用查询表指定动态块的自定义特性和值
"参数集" 选项卡	提供用于在"块编辑器"向"动态块定义"中添加一个参数和至少一个动作的工具。将参数集添加到"动态块"时，动作将自动与参数相关联。将参数集添加到动态块中后，双击黄色警示图标（或使用"BPARAMETER"命令），然后按照命令行中的提示将动作与几何图形选择集相关联。此选项卡也可以通过"BPARAMETER"命令打开。其中，各选项含义如下： 点移动：向"动态块定义"中添加一个点参数，系统自动添加与该点参数相关联的移动动作。 线性移动：向"动态块定义"中添加一个线性参数，系统自动添加与该线性参数相关联的移动动作。 线性拉伸/列阵：系统自动添加与该线性参数相关联的拉伸/列阵动作。 线性移动/拉伸配对：系统自动添加两个移动/拉伸动作，一个与基点相关联，另一个与线性参数的端点相关联。 极轴移动/拉伸/环形列阵：系统自动添加与该极轴参数相关联的移动/拉伸/环形列阵动作。 极轴移动/拉伸配对：系统自动添加两个移动/拉伸动作，一个与基点相关联，另一个与极轴参数的端点相关联。 XY 移动：系统自动添加与 *XY* 参数的端点相关联的移动动作。 XY 移动配对：系统自动添加两个移动/拉伸动作，一个与基点相关联，另一个与 *XY* 参数的端点相关联。 XY 移动/拉伸方格集：系统自动添加 4 个移动/拉伸动作，分别与 *XY* 参数上的 4 个关键点相关联。 XY 阵列方格集：系统自动添加与 *XY* 参数相关联的阵列动作。 旋转集/翻转集：系统自动添加与该旋转/翻转相关联的旋转动作。 可见性集：向"动态块定义"中添加可见性参数，并允许定义可见性状态。无须添加与可见性参数相关联的动作。 查寻集：向"动态块定义"中添加一个查询参数，系统自动添加与该查询参数相关联的查寻动作
"约束" 选项卡	可将几何对象关联在一起，或指定固定的位置或角度。其中，各选项含义如下： 水平：使直线或点对位于当前坐标系 *X* 轴平行的位置，默认选择类型为对象。 竖直：使直线或点对位于当前坐标系 *Y* 轴平行的位置。 垂直：使选定的直线位于彼此垂直的位置。垂直约束在两个对象之间应用。 平行：使选定的直线位于彼此平行的位置。平行约束在两个对象之间应用。 相切：将两条曲线的约束为保持彼此相切或其延长线保持彼此相切的状态。相切约束在两个对象之间应用。圆可以与直线相切，即使该圆与该直线不相交。 平滑：将样条曲线约束为连续，并与其他样条曲线、直线、圆弧或多段线保持连续性。 重合：约束两个点使其重合，或约束一个点使其位于曲线（或曲线的延长线）上，可以使对象上的约束点与某个对象重合，也可以使其与另一对象上的约束点重合。

选项	含 义
"约束" 选项卡	同心：将两个圆弧、圆或椭圆约束到同一个中心点，与将重合约束应用于曲线的中心点所产生的效果相同。 共线：使两条或多条直线段沿同一直线方向。 对称：使选定对象受对称约束，相对于选定直线对称。 相等：将选定圆弧或圆的尺寸重新调整为半径相同，或将选定直线的尺寸重新调整为长度相等。 固定：将点和曲线锁定在位

"块编辑器"工具栏各选项的含义见表 10-66。

表 10-66 "块编辑器"工具栏各选项的含义

选项	含 义
"编辑或创建块定义" 按钮	单击该按钮，打开"编辑块定义"对话框
"保存块定义"按钮	保存当前块定义
"将块另存为"按钮	单击该按钮，打开"将块另存为"对话框
"块定义的名称" 文本框	显示当前块定义的名称
"测试块"按钮	运行"BTESTBLOCK"命令，可从"块编辑器"中打开一个外部窗口以测试动态块
"自动约束对象"按钮	运行"AUTOCONSTRAIN"命令，可根据对象相对于彼此的方向将几何约束应用于对象的选择集
"应用几何约束"按钮	运行"GEOMCONSTRAINT"命令，可在对象或对象上的点之间应用几何关系
"显示/隐藏约束栏" 按钮	运行"CONSTRAINTBAR"命令，可显示或隐藏对象上的可用几何约束
"参数约束"按钮	运行"BCPARAMETER"命令，可将约束参数应用于选定的对象，或将标注约束转换为参数约束
"块表"按钮	运行"BTABLE"命令，可打开一个对话框定义块的变量
"参数"按钮	运行"BPARAMETER"命令，可向"动态块"中添加参数
"动作"按钮	运行"BACTION"命令，可向"动态块"中添加动作
"定义属性"按钮	单击该按钮，打开"属性定义"对话框，从中可以定义模式、属性标记、提示、值、插入点和属性的文字选项
"编写选项板"按钮	编写选项板处于未激活状态时执行"BAUTHORPALETTE"命令；否则，将执行"BAUTHORPALETTECLOSE"命令
"参数管理器"按钮	参数管理器处于未激活状态时执行"PARAMETERS"命令；否则，将执行"PARAMETERSCLOSE"命令
"了解动态块"按钮	显示"新功能专题研习"中创建"动态块"的演示

续表

选项	含　义
"关闭块编辑器"按钮	运行"BCLOSE"命令，可关闭"块编辑器"，并提示用户保存或放弃对当前"块定义"所作的任何更改
"可见性模式"按钮	设置"BVMODE"系统变量，可以使当前可见性状态下不可见的对象变暗或隐藏
"使可见"按钮	设置"BVSHOW"命令，可以使对象在当前可见性状态或所有可见性状态下均可见
"使不可见"按钮	设置"BVHIDE"命令，可以使对象在当前可见性状态或所有可见性状态下均不可见
"管理可见性状态"按钮	单击该按钮，打开"可见性状态"对话框。从中可以创建、删除、重命名和设置当前可见性状态。在列表框中选择一种状态，右击选择快捷菜单中"新状态"命令，打开"新建可见性状态"对话框，可以设置可见性状态
"可见性状态"按钮	指定显示在"块编辑器"中的当前可见性状态

10.8.2　图块属性

图块除了包含图形对象以外，还可以具有非图信息，例如，把一个椅子的图形定义为图块后，还可以把椅子的号码、材料、重量、价格以及说明文本信息一并加入到图块中。图块的这些非图形信息，称为图块的属性，它是图块的一个组成部分，与图形对象一起构成一个整体，在插入图块时 AutoCAD 2014 把图形对象连同属性一起插入到图形中。

1. 定义图块的属性

选择菜单栏中的"绘图"→"块"→"定义属性"命令，或在命令行中执行"ATTDEF"命令（快捷命令：ATT）。执行上述命令后，系统打开"属性定义"对话框，如图 10-159 所示。

图 10-159　"属性定义"对话框

"属性定义"对话框各选项的含义见表 10-67。

表 10-67　"属性定义"对话框各个选项的含义

选项	定　义
"模式"选项组	用于确定属性的模式。 "不可见"复选框：勾选此复选框，属性为不可见显示方式，即插入图块并输入属性值后，属性值在图中不显示出来。 "固定"复选框：勾选此复选框，属性值为常量，即属性值在属性定义时给定，在插入图块时系统不再提示输入属性值。 "验证"复选框：勾选此复选框，当插入图块时，系统重新显示属性值提示用户验证该值是否正确。 "预设"复选框：勾选此复选框，当插入图块时，系统自动把事先设置好的默认值赋予属性，而不再提示输入属性。 "锁定位置"复选框：锁定参照块中属性的位置。解锁后属性可以相对于使用夹点编辑块的其他部分移动，并且可以调整多行文字属性的大小。 "多行"复选框：勾选此复选框，可以指定属性值包含多行文字，可以指定属性的边界宽度
"属性"选项组	用于设置属性值。在每个文本框中，AutoCAD 2014 允许输入不超过 256 个字符。 "标记"文本框：输入属性标签。属性标签可由除空格和感叹号以外的所有字符组成，系统自动把小写字母改为大写字母。 "提示"文本框：输入属性提示。属性提示是插入图块时系统要求输入属性值的提示，如果不在此文本框中输入文字，则以属性标签作为提示。如果在"模式"选项组中勾选"固定"复选框，即设置属性为常量，则不需设置属性提示。 "默认"文本框：设置默认的属性值。可把使用次数较多的属性值作为默认值，也可以不设默认值
"插入点"选项组	用于确定属性文本的位置。可以在插入时由用户在图形中确定属性文本的位置，也可以在 X、Y、Z 文本框中直接输入属性文本的位置坐标
"文字设置"选项组	用于设置属性文本的对齐方式、文本样式、字高和倾斜角度
"在上一个属性定义下对齐"复选框	勾选此复选框，表示把属性标签直接放在前一个属性下面，而且该属性继承前一个属性的文本样式、字高和倾斜角度等

2. 修改属性的定义

在定义图块之前，可以对属性的定义加以修改，不仅可以修改属性标签，还可以修改属性提示和属性默认值。

选择菜单栏中的"修改"→"对象"→"文字"→"编辑"命令，或在命令行中执行"DDEDIT"命令（快捷命令：ED）。执行上述命令后，系统打开"编辑属性定义"对话框。该对话框表示要修改属性的标记为"文字"，提示为"数值"，无默认值，可在文本框中对各项进行修改。

3. 图块属性编辑

当属性被定义到图块中，甚至图块被插入到图形中之后，用户还可以对图块属性进行编辑。利用"ATTEDIT"命令可以通过对话框对指定图块的属性值进行修改，而且可以对属性的位置、文本等其他设置进行编辑。

选择菜单栏中的"修改"→"对象"→"属性"→"单个"命令，或在命令行中执行"ATTEDIT"

命令（快捷命令：ATE）。执行上述命令后，光标变为拾取框，选择要修改属性的图块，系统打开如图 10－160 所示的"编辑属性"对话框。对话框中显示出所选图块中包含的前 8 个属性的值，用户可对这些属性值进行修改。如果该对话框中还有其他的属性，可单击"上一个"和"下一个"按钮对它们进行观察和修改。

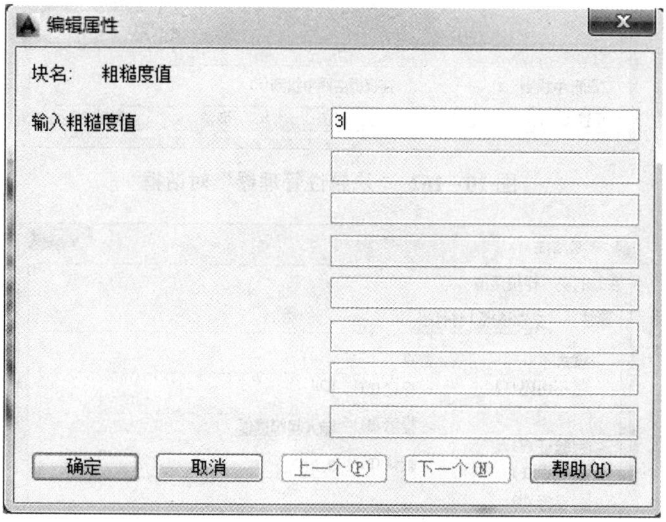

图 10－160　"编辑属性"对话框

当用户通过菜单栏或工具栏执行上述命令时，系统打开"增强属性编辑器"对话框，如图 10－161 所示。该对话框不仅可以编辑属性值，还可以编辑属性的文字选项和图层、线型、颜色等特性值。

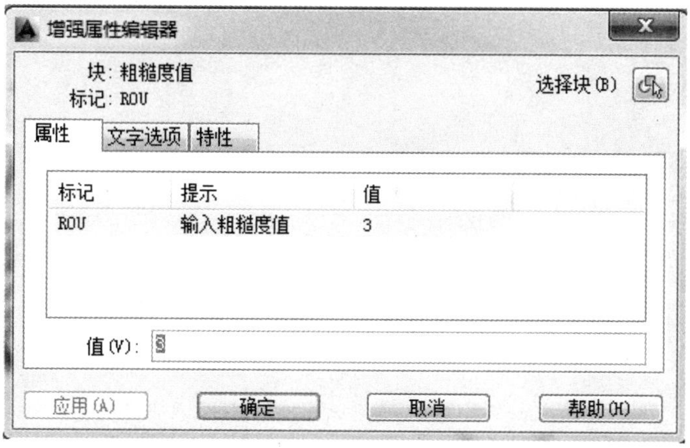

图 10－161　"增强属性编辑器"对话框

另外，还可以通过"块属性管理器"对话框来编辑属性。选择菜单栏中的"修改"→"对象"→"属性"→"块属性管理器"命令，系统打开"块属性管理器"对话框，如图 10－162 所示。此时单击"编辑"按钮，系统打开如图 10－163 所示的"编辑属性"对话框，可以通过该对话框编辑属性。

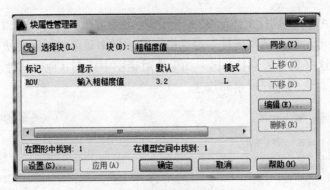

图 10-162 "块属性管理器"对话框

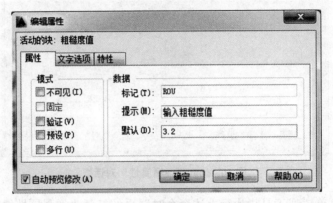

图 10-163 "编辑属性"对话框

附　录

附录Ⅰ　标　准　结　构

1. 普通螺纹（摘自 GB/T 193—2003，GB/T 196—2003）

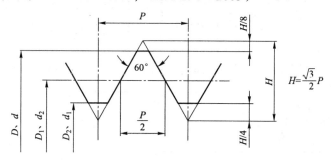

标记示例：

普通粗牙外螺纹，公称直径为 24 mm，右旋，中径、顶径公差带代号为 5g、6g，短的旋合长度，其标记为

$$M24-5g6g-S$$

普通细牙内螺纹，公称直径为 24 mm，螺距为 1.5，左旋，中径、顶径公差带代号为 6H，中等旋合长度，其标记为

$$M24×1.5-6H-LH$$

附表 1-1　普通螺纹直径与螺距系列、基本尺寸　　　　　　　　　mm

公称直径 D、d		螺　距 P		粗牙小径 D_1、d_1	公称直径 D、d		螺　距 P		粗牙小径 D_1、d_1
第一系列	第二系列	粗牙	细牙		第一系列	第二系列	粗牙	细牙	
3		0.5	0.35	2.459	12		1.75	1.5, 1.25, 1, (0.75), (0.5)	10.106
	3.5	(0.6)		2.850		14	2	1.5, (1.25), 1, (0.75), (0.5)	11.835
4		0.7	0.5	3.242	16		2	1.5, 1, (0.75), (0.5)	13.835
	4.5	(0.75)		3.688		18	2.5	2, 1.5, 1, (0.75), (0.5)	15.294
5		0.8		4.134					
6		1	0.75, (0.5)	4.917					
8		1.25	1, 0.75, (0.5)	6.647	20		2.5	2, 1.5, 1, (0.75), (0.5)	17.294
10		1.5	1.25, 1, 0.75, (0.5)	8.376					

公称直径 D、d		螺 距 P		粗牙小径 D_1、d_1	公称直径 D、d		螺 距 P		粗牙小径 D_1、d_1
第一系列	第二系列	粗牙	细牙		第一系列	第二系列	粗牙	细牙	
	22	2.5	2，1.5，1，（0.75），（0.5）	19.294	36		4	3，2，1.5，（1）	31.670
						39	4		34.670
24		3	2，1.5，1，（0.75）	20.752	42		4.5	（4），3，2，1.5，（1）	37.129
	27	3	2，1.5，1，（0.75）	23.752		45	4.5		40.129
30		3.5	（3），2，1.5，1，（0.75）	26.211	48		5		42.587
						52	5		46.587
	33	3.5	（3），2，1.5，（1），（0.75）	29.211	56		5.5	4，3，2，1.5，（1）	50.046

注：1. 优先选用第一系列。
　　2. 括号内螺距尽可能不用。
　　3. 中径 D_2、d_2 尺寸数值未列入。

2. 梯形螺纹（摘自 GB/T 5796.2—2005，GB/T 5796.3—2005）

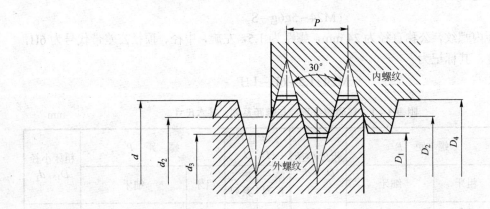

标记示例：

单线右旋梯形内螺纹，公称直径为 40 mm，螺距为 7 mm，中径公差带代号为 7H，其标记为

$$Tr\ 40×7-7H$$

双线左旋梯形外螺纹，公称直径为 40 mm，导程为 14 mm，中径公差带代号为 7e，其标记为

$$Tr\ 40×14（P7）LH-7e$$

附表 1-2　梯形螺纹直径与螺距系列
mm

公称直径 d		螺距 P	公称直径 d		螺距 P	公称直径 d		螺距 P
第一系列	第二系列		第一系列	第二系列		第一系列	第二系列	
8		1.5			(3)	32		(10)
	9	(1.5)		22	5			(3)
	9	2		22	(8)		34	6
10		(1.5)	24		(3)		34	(10)
10		2	24		5			(3)
	11	2	24		(8)	36		6
	11	(3)		26	(3)	36		(10)
12		(2)		26	5			(3)
12		3		26	(8)		38	7
	14	(2)	28		(3)		38	(10)
	14	3	28		5			(3)
16		(2)	28		(8)	40		7
16		4		30	(3)	40		(10)
	18	(2)		30	6			(3)
	18	4		30	(10)		42	7
20		(2)	32		(3)		42	(10)
20		4	32		6	44		7

注：1. 优先选用第一系列。
　　2. 在每个公称直径所对应的螺距中，优先选用非括号内的数值。

3. 55° 非密封管螺纹（摘自 GB/T 7307—2001）

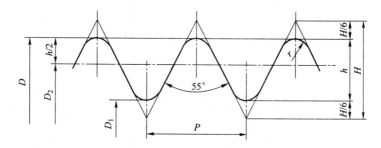

标记示例：

管子尺寸代号为 3/4 的 55° 非密封管螺纹 A 级左旋管螺纹标记为

$$G\ 3/4\ A-LH$$

附表 1-3 管螺纹尺寸代号及基本尺寸

尺寸代号	每 25.4 mm 中的螺纹牙数 n	螺距 P/mm	螺纹直径		尺寸代号	每 25.4 mm 中的螺纹牙数 n	螺距 P/mm	螺纹直径	
			大径 D、d/mm	小径 D_1、d_1/mm				大径 D、d/mm	小径 D_1、d_1/mm
1/16	28	0.907	7.723	6.561	1 1/8	11	2.309	37.897	34.939
1/8	28	0.907	9.728	8.566	1 1/4	11	2.309	41.910	38.952
1/4	19	1.337	13.157	11.445	1 1/2	11	2.309	47.803	44.845
3/8	19	1.337	16.662	14.950	1 3/4	11	2.309	53.746	50.788
1/2	14	1.814	20.955	18.631	2	11	2.309	59.614	56.656
5/8	14	1.814	22.911	20.587	2 1/4	11	2.309	65.710	62.752
3/4	14	1.814	26.441	24.117	2 1/2	11	2.309	75.184	72.226
7/8	14	1.814	30.201	27.877	2 3/4	11	2.309	81.534	78.576
1	11	2.309	33.249	30.291	3	11	2.309	87.884	84.926

4. 零件倒圆与倒角（摘自 GB/T 6403.4—2008）

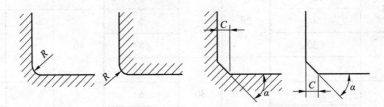

附表 1-4 与直径 ϕ 相应零件的倒圆 R 与倒角 C 推荐值　　　　mm

ϕ	~3	>3~6	>6~10	>10~18	>18~30	>30~50	>50~80	>80~120	>120~180	>180~250
R 或 C	0.2	0.4	0.6	0.8	1.0	1.6	2.0	2.5	3.0	4.0

5. 砂轮越程槽（根据 GB/T 6403.5—2008）

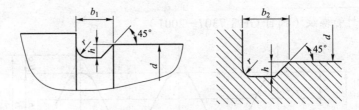

附表 1-5 砂轮越程槽尺寸　　　　mm

d	~10			>10~15		>50~100		>100	
b_1	0.6	1.0	1.6	2.0	3.0	4.0	5.0	8.0	10
b_2	20	3.0		4.0		5.0		8.0	10
h	0.1	0.2		0.3		0.4	0.6	0.8	1.2
r	0.2	0.5		0.8		1.0	1.6	2.0	3.0

附录Ⅱ　标　准　件

1. 螺栓

六角头螺栓-A 和 B 级　　　　　　六角头螺栓-全螺纹-A 和 B 级

（GB/T 5782—2016）　　　　　　　　　（GB/T 5783—2016）

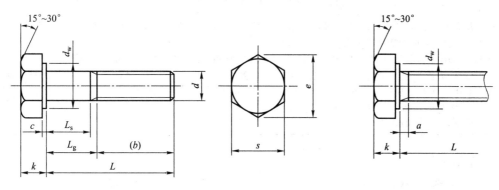

标记示例：

螺纹规格 d=M12，公称长度 L=80 mm，性能等级为 8.8 级，表面氧化，A 级的六角头螺栓标记为

螺栓　　GB/T 5782　　M12×80

若为全螺纹，则表示为

螺栓　　GB/T 5783　　M12×80

附表 2-1　六角头螺栓各部分尺寸　　　　　　　　　　　　　mm

螺纹规格 d			M6	M8	M10	M12	M16	M20	M24	M30
e_{min}	产品等级	A	11.05	14.38	17.77	20.03	26.75	33.53	39.98	50.85
		B	10.89	14.20	17.59	19.85	26.17	32.95	39.55	
s_{max}=公称			10	13	16	18	24	30	36	46
$k_{公称}$			4	5.3	6.4	7.5	10	12.5	15	18.7
c		max	0.5	0.6	0.6	0.6	0.8	0.8	0.8	0.8
		min	0.15	0.15	0.15	0.15	0.2	0.2	0.2	0.2
d_{wmin}	产品等级	A	8.9	11.6	14.6	16.6	22.5	28.2	33.6	—
		B	8.7	11.4	14.4	16.4	22	27.7	33.2	42.75
GB/T 5782—2016	b 参考	$L≤125$	18	22	26	30	38	46	54	66
		$125<L≤200$	24	28	32	36	44	52	60	72
		$L>200$	37	41	45	49	57	65	73	85

续表

螺纹规格 d		M6	M8	M10	M12	M16	M20	M24	M30
GB/T 5782—2016	$L_{公称}$	30～60	40～80	45～100	50～120	65～160	80～200	90～240	110～300
GB 5783—2016	α_{max}	3	3.75	4.5	5.25	6	7.5	9	10.5
	$L_{公称}$	12～60	16～80	20～100	25～120	30～150	40～150	50～150	60～200

注：1. d_w 表示支承面直径，L_g 表示最末一扣完整螺纹到支承面的距离，L_s 表示无螺纹杆部的长度。

2. 本表仅摘录画装配图所需尺寸。

3. 在 GB/T 5782—2016 中，螺纹规格 d = M30 和 M36 的 A 级产品，e、d_w 无数值。

4. 螺栓 L 的长度系列为：6，8，10，12，16，20，25，30，35，40，45，50，55，60，65，70～160（10 进位），180～360（20 进位），其中 55，65 的螺栓不是优化数值。

5. 无螺纹部分的杆部直径可按螺纹大径画出。

6. 末端倒角可画成 45°，端面直径小于等于螺纹小径。

2. 双头螺柱

双头螺柱　（$b_m=d$）　　　　　　双头螺柱　（$b_m=1.25d$）

（GB/T 897—1988）　　　　　　　（GB/T 898—1988）

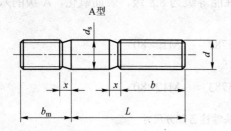
A型

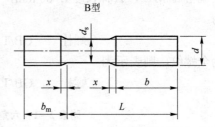
B型

标记示例：

两端为粗牙普通螺纹，d=10 mm，L=50 mm，性能等级为 4.8 级，不经表面处理，B 型，$b_m=d$ 的双头螺柱标记为

螺柱　　GB/T 897　　M10×50

附表 2-2　双头螺柱各部分尺寸　　　　　　　　　　mm

螺纹规格 d	$b_{m公称}$		d_s		X_{max}	b	$L_{公称}$
	GB/T 897—1988	GB/T 898—1988	max	min			
M5	5	6	5	4.7	1.5P	10	16～（22）
						16	25～50
M6	6	8	6	5.7		10	20，（22）
						14	25，（28），30
						18	（32）～（75）

续表

螺纹规格 d	$b_{m公称}$		d_s		X_{max}	b	$L_{公称}$
	GB/T 897—1988	GB/T 898—1988	max	min			
M8	8	10	8	7.64	1.5P	12	20，（22）
						16	25，（28），30
						22	（32）～90
M10	10	12	10	9.64		14	25，（28）
						16	30～（38）
						26	40～120
						32	130
M12	12	15	12	11.57		16	25～30
						20	（32）～40
						30	45～120
						36	130～180
M16	16	20	16	15.57		20	30～（38）
						30	40～50
						38	60～120
						44	130～200
M20	20	25	20	19.48		25	35～40
						35	45～60
						46	（65）～120
						52	130～200

注：1. P 表示螺距。
　　2. L 的长度系列：16，（18），20，（22），25，（28），30，（32），35，（38），40，45，50，（55），60，（65），70，（75），80，（85），90，（95），100～200（10 进位）。括号内的数值尽可能不用。

3. 螺钉

开槽圆柱头螺钉
（GB/T 65—2016）

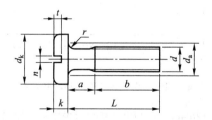

开槽盘头螺钉
（GB/T 67—2016）

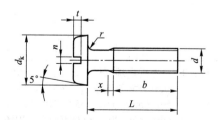

开槽沉头螺钉
（GB/T 68—2016）

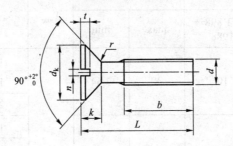

标记示例：

螺纹规格 d=M5，公称长度 L=20，性能等级为 4.8 级，不经表面处理的 A 级开槽圆柱头螺钉标记为

螺钉　　GB/T 65　　　M5×20

附表 2-3　螺钉各部分尺寸　　　　　　　　　　　mm

规格 d		M3	M4	M5	M6	M8	M10
a_{max}		1	1.4	1.6	2	2.5	3
b_{min}		25	38	38	38	38	38
x_{max}		1.25	1.75	2	2.5	3.2	3.8
$n_{公称}$		0.8	1.2	1.2	1.6	2	2.5
$d_{a_{max}}$		3.6	4.7	5.7	6.8	9.2	11.2
GB/T 65—2016	d_k	5.5	7	8.5	10	13	16
	k	2	2.6	3.3	3.9	5	6
	t	0.85	1.1	1.3	1.6	2	2.4
	L	4~30	5~40	6~50	8~60	10~80	12~80
GB/T 67—2016	d_k	6.5	8	9.5	12	16	20
	k	1.8	2.4	3	3.6	4.8	6
	t	0.7	1	1.2	1.4	1.9	204
	L	4~30	5~40	.6~50	8~60	10~80	12~80
GB/T 68—2016	d_k	5.5	8.4	9.3	11.3	15.8	18.3
	k	1.65	2.7	2.7	3.3	4.65	5
	t	0.85	1.3	1.4	1.6	2.3	2.6
	L	5~30	6~40	8~45	8~45	10~80	12~80

注：1. 标准规定螺纹规格 d = M1.6~M10。
　　2. 螺钉公称长度系列 L 为：2，3，4，5，6，8，10，12，（14），16，20，25，30，35，40，45，50，（55），60，（65），70，（75），80，括号内的规格尽可能不采用。
　　3. GB/T 65—2016 和 GB/T 67—2016 的螺钉，公称长度 L≤40 mm 的，制出全螺纹。GB/T 68—2016 的螺钉，公称长度 L≤45 mm 的，制出全螺纹。

4. 紧定螺钉

开槽锥端紧定螺钉	开槽平端紧定螺钉	开槽长圆柱端紧定螺钉
（GB/T 71—1985）	（GB/T 73—1985）	（GB/T 75—1985）

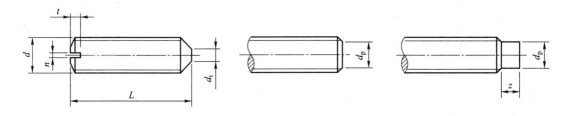

标记示例：

螺纹规格 d = M5，公称长度 L=12 mm，性能等级为 14H 级，表面氧化的开槽长锥端紧定螺钉标记为

螺钉　　GB/T 71　　M5×12

附表 2-4　紧定螺钉各部分尺寸　　　　　　　　　　mm

螺纹规格 d		M1.6	M2	M2.5	M3	M4	M5	M6	M8	M10	M12
P（螺距）		0.35	0.4	0.45	0.5	0.7	0.8	1	1.25	1.5	1.75
n		0.25	0.25	0.4	0.4	0.6	0.8	1	1.2	1.6	2
t		0.74	0.84	0.95	1.05	1.42	1.63	2	2.5	3	3.6
d_t		0.16	0.2	0.25	0.3	0.4	0.5	1.5	2	2.5	3
d_p		0.8	1	1.5	2	2.5	3.5	4	5.5	7	8.5
z		1.05	1.25	1.5	1.75	2.25	2.75	3.25	4.3	5.3	6.3
L	GB/T 71—1985	2~8	3~10	3~12	4~16	6~20	8~25	8~30	10~40	12~50	14~60
	GB/T 73—1985	2~8	2~10	2.5~12	3~16	4~20	5~25	6~30	8~40	10~50	12~60
	GB/T 75—1985	2.5~8	3~10	4~12	5~16	6~20	8~25	10~30	10~40	12~50	14~60
L 系列		2, 2.5, 3, 4, 5, 6, 8, 10, 12, （14）, 16, 20, 25, 30, 35, 40, 45, 50, （55）, 60									

注：L 为公称长度，括号内的规格尽可能不采用。

5. 螺母

Ⅰ型六角螺母
（GB/T 6170—2015）

六角薄螺母
（GB/T 6172.1—2016）

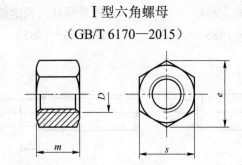
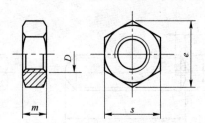

标记示例：

螺纹规格 D=M12，性能等级为 8 级，不经表面处理，A 级的Ⅰ型六角螺母标记为

螺母　GB/T 6170　M12

附表 2-5　螺母各部分尺寸　　　　　　　　　　mm

螺纹规格 D		M4	M5	M6	M8	M10	M12	M16	M20	M24	M30	M36
e_{min}	GB/T 6170—2015	7.66	8.79	11.05	14.38	17.77	20.03	26.75	32.95	39.55	50.85	60.79
	GB/T 6172.1—2016	7.66	8.79	11.05	14.38	17.77	20.03	26.75	32.95	39.55	50.85	60.79
$s_{公称\,max}$	GB/T 6170—2015	7	8	10	13	16	18	24	30	36	46	55
	GB/T 6172.1—2016	7	8	10	13	16	18	24	30	36	46	55
m_{max}	GB/T 6170—2015	3.2	4.7	5.2	6.8	8.4	10.8	14.8	18	21.5	25.6	31
	GB/T 6172.1—2016	2.2	2.7	3.2	4	5	6	8	10	12	15	18

6. 垫圈

小垫圈-A 级
（GB/T 848—2002）

平垫圈-A 级
（GB/T 97.1—2002）

平垫圈　倒角型-A 级
（GB/T 97.2—2002）

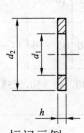
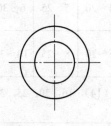
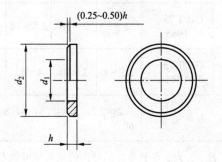

标记示例：

标准系列，公称尺寸 d=8 mm，性能等级为 140HV 级，不经表面处理的平垫圈标记为

垫圈　GB/T 97.1　8

附表 2－6 垫圈各部分尺寸（GB/T 848—2002） mm

公称规格（螺纹大径 d）	内径 d_1 公称		外径 d_2 公称		厚度 h		
	min	max	max	min	公称	max	min
1.6	1.7	1.84	3.5	3.2	0.3	0.35	0.25
2	2.2	2.34	4.5	4.2	0.3	0.35	0.25
2.5	2.7	2.84	5	4.7	0.5	0.55	0.45
3	3.2	3.38	6	5.7	0.5	0.55	0.45
4	4.3	4.48	8	7.64	0.5	0.55	0.45
5	5.3	5.48	9	8.64	1	1.1	0.9
6	6.4	6.62	11	10.57	1.6	1.8	1.4
8	8.4	8.62	15	14.57	1.6	1.8	1.4
10	10.5	10.77	18	17.57	1.6	1.8	1.4
12	13	13.27	20	19.48	2	2.2	1.8
16	17	17.27	28	27.48	2.5	2.7	2.3
20	21	21.33	34	33.38	3	3.3	2.7
24	25	25.33	39	38.38	4	4.3	3.7
30	31	31.39	50	49.38	4	4.3	3.7
36	37	37.62	60	58.8	5	5.6	4.4

标准型弹簧垫圈
（GB/T 93—1987）

轻型弹簧垫圈
（GB/T 859—1987）

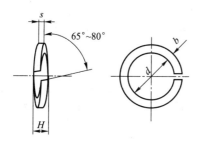

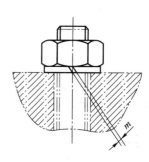

标记示例：

规格 16 mm，材料为 65Mn，表面氧化的标准型弹簧垫圈标记为

垫圈 GB/T 93 16

附表 2−7　弹簧垫圈各部分尺寸　　　　　　　　　　　　　mm

螺纹规格 d		M4	M5	M6	M8	M10	M12	(M14)	M16	(M18)	M20	M24	M30
d		4.1	5.1	6.1	8.1	10.2	12.2	14.2	16.2	18.2	20.2	24.5	30.5
H	GB/T 93—1987	2.2	2.6	3.2	4.2	5.2	6.2	7.2	8.2	9	10	12	15
	GB/T 859—1987	1.6	2.2	2.6	3.2	4	5	6	6.4	7.2	8	10	12
$S(b)$	GB/T 93—1987	1.1	1.3	1.6	2.1	2.6	3.1	3.6	4.1	4.5	5	6	7.5
S	GB/T 859—1987	0.8	1.1	1.3	1.6	2	2.5	3	3.2	3.6	4	5	6
$m \leqslant$	GB/T 93—1987	0.55	0.65	0.8	1.05	1.3	1.55	1.8	2.05	2.25	2.5	3	3.75
	GB/T 859—1987	0.4	0.55	0.65	0.8	1	1.25	1.5	1.6	1.8	2	2.5	3
b	GB/T 859—1987	1.2	1.5	2	2.5	3	3.5	4	4.5	5	5.5	7	9

注：1. 括号内的规格尽可能不采用。
　　2. m 应大于零。

7. 键

键槽的尺寸
（GB/T 1095—2003）

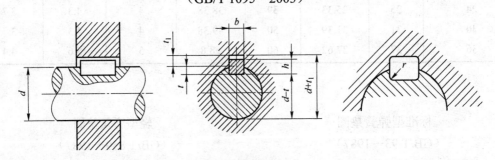

平键的尺寸
（GB/T 1096—2003）

A 型　　　　　　　　　　B 型　　　　　　　　　　C 型

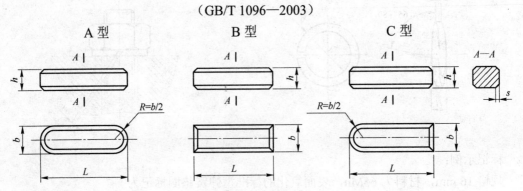

标记示例：

圆头普通平键（A 型），b=18 mm，h=11 mm，L=100 mm 的标记为

GB/T 1096　键 18×100

方头普通平键（B 型），b=18 mm，h=11 mm，L=100 mm 的标记为

GB/T 1096　键　B18×100

单圆头普通平键（C 型），b=18 mm，h=11 mm，L=100 mm 的标记为

GB/T 1096　键　C18×100

附表 2−8　键及键槽的尺寸　　　　　　　　　　　　mm

轴	键	键槽											
		宽 度 b						深 度				半径 r	
		公称尺寸 b	偏 差					轴 t		毂 t_1			
公称直径 d	公称尺寸 $b×h$		较松键连接		一般键连接		较紧键连接						
			轴 H9	毂 D10	轴 N9	毂 JS9	轴和毂 P9	公称	偏差	公称	偏差	最小	最大
自 6～8	2×2	2	+0.025	+0.060	−0.004	±0.012 5	−0.006	1.2		1			
>8～10	3×3	3	0	+0.020	−0.029		−0.031	1.8	+0.1 0	1.4	+0.1 0	0.08	0.16
>10～12	4×4	4	+0.030 0	+0.078 +0.030	0 −0.030	±0.015	−0.012 −0.042	2.5		1.8			
>12～17	5×5	5						3.0		2.3			
>17～22	6×6	6						3.5		2.8		0.16	0.25
>22～30	8×7	8	+0.036 0	+0.098 +0.040	0 −0.036	±0.018	−0.015 −0.051	4.0		3.3			
>30～38	10×8	10						5.0		3.3			
>38～44	12×8	12	+0.043 0	+0.120 +0.050	0 −0.043	±0.021 5	−0.018 −0.061	5.0	+0.2 0	3.3	+0.2 0	0.25	0.40
>44～50	14×9	14						5.5		3.8			
>50～58	16×10	16						6.0		4.3			
>58～65	18×11	18						7.0		4.4			
>65～75	20×12	20	+0.052 0	+0.149 +0.065	0 −0.052	±0.026	−0.022 −0.074	7.5		4.9		0.40	0.60
>75～85	22×14	22						9.0		5.4			
>85～95	25×14	25	+0.052 0	+0.149 +0.065	0 −0.052	±0.026	−0.022 −0.074	9.0	+0.2 0	5.4	+0.2 0	0.40	0.60
>95～110	28×16	28						10.0		6.4			
L 系列	6, 8, 10, 12, 14, 16, 18, 20, 22, 25, 28, 32, 36, 40, 45, 50, 56, 63, 70, 80, 90, 100, 110, 125, 140, 160, 180, 200, 220, 250, 280												

注：1. 在工作图中，轴槽深用 t 或 $d-t$ 标注，轮毂槽深用 $d+t_1$ 标注。
　　2. 键的常用材料为 45 钢。

8. 销

圆柱销　　　　　　　　圆锥销　　　　　　　　开口销
（GB/T 119.1—2000）　　（GB/T 117—2000）　　（GB/T 91—2000）

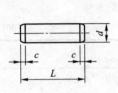 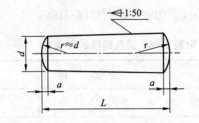 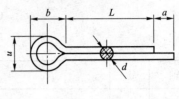

标记示例：

公称直径为 6 mm，公差为 m6，长 30 mm 的圆柱销标记为

销　　GB/T 119.1　　6m6×30

公称直径为 10 mm，长 60 mm 的圆锥销标记为

销　　GB/T 117　　10×60

公称直径为 5 mm，长 50 mm 的开口销标记为

销　　GB/T 91　　5×50

附表 2-9　圆柱销各部分尺寸　　　　　　　　　　　　mm

d	4	5	6	8	10	12	16	20	25	30	40	50
$a\approx$	0.50	0.63	0.80	1.0	1.2	1.6	2.0	2.5	3.0	4.0	5.0	6.3
$c\approx$	0.63	0.80	1.2	1.6	2.0	2.5	3.0	3.5	4.0	5.0	6.3	8.0
长度范围 L	8~40	10~50	12~60	14~80	18~95	22~140	26~180	35~200	50~200	60~200	80~200	95~200
L（系列）	6，8，10，12，14，16，18，20，22，24，26，28，30，32，35，40，45，50，55，60，65，70，75，80，85，90，95，100，120，140，160，180，200											

附表 2-10　圆柱销各部分尺寸　　　　　　　　　　　　mm

d	4	5	6	8	10	12	16	20	25	30	40
$a\approx$	0.5	0.63	0.8	1	1.2	1.6	2	2.5	3	4	5
长度范围 L	14~55	18~60	22~90	22~120	26~160	32~180	40~200	45~200	50~200	55~200	60~200
L（系列）	6，8，10，12，14，16，18，20，22，24，26，28，30，32，35，40，45，50，55，60，65，70，75，80，85，90，95，100，120，140，160，180，200										

附表 2-11　开口销各部分尺寸　　　　　　　　　　　　mm

d（公称）		1.2	1.6	2	2.5	3.2	4	5	6.3	8	10	12
c	最大	2	2.8	3.6	4.6	5.8	7.4	9.2	11.8	15	19	24.8
	最小	1.7	2.4	3.2	4	5.1	6.5	8	10.3	13.1	16.6	21.7
	$b\approx$	3	3.2	4	5	6.4	8	10	12.6	16	20	26

a_{max}	2.5				3.2	4				6.3	
长度范围 L	8~26	8~32	10~40	12~50	14~65	18~80	22~100	30~120	40~160	45~200	70~200
L（系列）	4，5，6，8，10，12，14，16，18，20，22，24，26，28，30，32，36，40，45，50，55，60，65，70，75，80，85，90，95，100，120，140，160，180，200										
注：销孔的公称直径等于 d（公称）。											

附录Ⅲ 公差与偏差

附表3-1 轴的极限偏差（摘自 GB/T 1800.2—2009） μm

公称尺寸/mm		常用公差带													
		c			d				e			f				
大于	至	9	10	11	8	9	10	11	7	8	9	5	6	7	8	9
10	18	−95 −138	−95 −165	−95 −205	−50 −77	−50 −93	−50 −120	−50 −160	−32 −50	−32 −59	−32 −75	−16 −24	−16 −27	−16 −34	−16 −43	−16 −59
18	30	−110 −162	−110 −194	−110 −240	−65 −98	−65 −117	−65 −149	−65 −195	−40 −61	−40 −73	−40 −92	−20 −29	−20 −33	−20 −41	−20 −53	−20 −72
30	40	−120 −182	−120 −220	−120 −280	−80 −119	−80 −142	−80 −180	−80 −240	−50 −75	−50 −89	−50 −112	−25 −36	−25 −41	−25 −50	−25 −64	−25 −87
40	50	−130 −192	−130 −230	−130 −290												
50	65	−140 −214	−140 −260	−140 −330	−100 −146	−100 −174	−100 −220	−100 −290	−60 −90	−60 −106	−60 −134	−30 −43	−30 −49	−30 −60	−30 −76	−30 −104
65	80	−150 −224	−150 −270	−150 −340												
80	100	−170 −257	−170 −310	−170 −390	−120 −174	−120 −207	−120 −260	−120 −340	−72 −107	−72 −126	−72 −159	−36 −51	−36 −58	−36 −71	−36 −90	−36 −123
100	120	−180 −267	−180 −320	−180 −400												
120	140	−200 −300	−200 −360	−200 −450	−145 −208	−145 −245	−145 −305	−145 −395	−85 −125	−85 −148	−85 −185	−43 −61	−43 −68	−43 −83	−43 −106	−43 −143
140	160	−210 −310	−210 −370	−210 −460												
160	180	−230 −330	−230 −390	−230 −480												
180	200	−240 −355	−240 −425	−240 −530	−170 −242	−170 −285	−170 −355	−170 −460	−100 −146	−100 −172	−100 −215	−50 −70	−50 −79	−50 −96	−50 −122	−50 −165

公称尺寸/mm		常用公差带									
		g			h							
大于	至	5	6	7	5	6	7	8	9	10	11	12
10	18	−6 −14	−6 −17	−6 −24	0 −8	0 −11	0 −18	0 −27	0 −43	0 −70	0 −110	0 −180
18	30	−7 −16	−7 −20	−7 −28	0 −9	0 −13	0 −21	0 −33	0 −52	0 −84	0 −130	0 −210
30	50	−9 −20	−9 −25	−9 −34	0 −11	0 −16	0 −25	0 −39	0 −62	0 −100	0 −160	0 −250
50	80	−10 −23	−10 −29	−10 −40	0 −13	0 −19	0 −30	0 −46	0 −74	0 −120	0 −190	0 −300
80	120	−12 −27	−12 −34	−12 −47	0 −15	0 −22	0 −35	0 −54	0 −87	0 −140	0 −220	0 −350
120	180	−14 −32	−14 −39	−14 −54	0 −18	0 −25	0 −40	0 −63	0 −100	0 −160	0 −250	0 −400
180	200	−15 −35	−15 −44	−15 −61	0 −20	0 −29	0 −46	0 −72	0 −115	0 −185	0 −290	0 −460

公称尺寸/mm		常用公差带										
		js			k			m			n			p
大于	至	5	6	7	5	6	7	5	6	7	5	6	7	5
10	18	+4 −4	+5.5 −5.5	+9 −9	+9 +1	+12 +1	+19 +1	+15 +7	+18 +7	+25 +7	+20 +12	+23 +12	+30 +12	+26 +18
18	30	+4.5 −4.5	+6.5 −6.5	+10 −10	+11 +2	+15 +2	+23 +2	+17 +8	+21 +8	+29 +8	+24 +15	+28 +15	+36 +15	+31 +22
30	50	+5.5 −5.5	+8 −8	+12 −12	+13 +2	+18 +2	+27 +2	+20 +9	+25 +9	+34 +9	+28 +17	+33 +17	+42 +17	+37 +26
50	80	+6.5 −6.5	+9.5 −9.5	+15 −15	+15 +2	+21 +2	+32 +2	+24 +11	+30 +11	+41 +11	+33 +20	+39 +20	+50 +20	+45 +32
80	120	+7.5 −7.5	+11 −11	+17 −17	+18 +3	+25 +3	+38 +3	+28 +13	+35 +13	+48 +13	+38 +23	+45 +23	+58 +23	+52 +37
120	180	+9 −9	+12.5 −12.5	+20 −20	+21 +3	+28 +3	+43 +3	+33 +15	+40 +15	+55 +15	+45 +27	+52 +27	+67 +27	+61 +43
180	200	+10 −10	+14.5 −14.5	+23 −23	+24 +4	+33 +4	+50 +4	+37 +17	+46 +17	+63 +17	+51 +31	+60 +31	+77 +31	+70 +50

续表

公称尺寸/mm		常用公差带												
		p		r			s			t			u	
大于	至	6	7	5	6	7	5	6	7	5	6	7	6	7
10	18	+29 +18	+36 +18	+31 +23	+34 +23	+41 +23	+36 +28	+39 +28	+46 +28	—	—	—	+44 +33	+51 +33
18	24	+35 +22	+43 +22	+37 +28	+41 +28	+49 +28	+44 +35	+48 +35	+56 +35	—	—	—	+54 +41	+62 +41
24	30	+35 +22	+43 +22	+37 +28	+41 +28	+49 +28	+44 +35	+48 +35	+56 +35	+50 +41	+54 +41	+62 +41	+61 +48	+69 +48
30	40	+42 +26	+51 +26	+45 +34	+50 +34	+59 +34	+54 +43	+59 +43	+68 +43	+59 +48	+64 +48	+73 +48	+76 +60	+85 +60
40	50	+42 +26	+51 +26	+45 +34	+50 +34	+59 +34	+54 +43	+59 +43	+68 +43	+65 +54	+70 +54	+79 +54	+86 +70	+95 +70

公称尺寸/mm		常用公差带												
		p		r			s			t			u	
大于	至	6	7	5	6	7	5	6	7	5	6	7	6	7
50	65	+51 +32	+62 +32	+54 +41	+60 +41	+71 +41	+66 +53	+72 +53	+83 +53	+79 +66	+85 +66	+96 +66	+106 +87	+117 +87
65	80	+51 +32	+62 +32	+56 +43	+62 +43	+73 +43	+72 +59	+78 +59	+89 +59	+88 +75	+94 +75	+105 +75	+121 +102	+132 +102
80	100	+59 +37	+72 +37	+66 +51	+73 +51	+86 +51	+86 +71	+93 +71	+106 +71	+106 +91	+113 +91	+126 +91	+146 +124	+159 +124
100	120	+59 +37	+72 +37	+69 +54	+76 +54	+89 +54	+94 +79	+101 +79	+114 +79	+110 +104	+126 +104	+139 +104	+166 +144	+179 +144
120	140	+68 +43	+83 +43	+81 +63	+88 +63	+103 +63	+110 +92	+117 +92	+132 +92	+140 +122	+147 +122	+162 +122	+195 +170	+210 +170
140	160	+68 +43	+83 +43	+83 +65	+90 +65	+105 +65	+118 +100	+125 +100	+140 +100	+152 +134	+159 +134	+174 +134	+215 +190	+230 +190
160	180	+68 +43	+83 +43	+86 +68	+93 +68	+108 +68	+126 +108	+133 +108	+148 +108	+164 +146	+171 +146	+186 +146	+235 +210	+250 +210
180	200	+79 +50	+96 +50	+97 +77	+106 +77	+123 +77	+142 +122	+151 +122	+168 +122	+186 +166	+195 +166	+212 +166	+265 +236	+282 +236

附表 3－2　孔的极限偏差（摘自 GB/T 1800.2—2009）　　　　　μm

公称尺寸/ mm		常用公差带											
		C	D				E		F				G	
大于	至	11	8	9	10	11	8	9	6	7	8	9	6	7
10	18	+205 +95	+77 +50	+93 +50	+120 +50	+160 +50	+59 +32	+75 +32	+27 +16	+34 +16	+43 +16	+59 +16	+17 +6	+24 +6
18	30	+240 +110	+98 +65	+117 +65	+149 +65	+195 +65	+73 +40	+92 +40	+33 +20	+41 +20	+53 +20	+72 +20	+20 +7	+28 +7
30	40	+280 +120	+119 +80	+142 +80	+180 +80	+240 +80	+89 +50	+112 +50	+41 +25	+50 +25	+64 +25	+87 +25	+25 +9	+34 +9
40	50	+290 +130												
50	65	+330 +140	+146 +100	+170 +100	+220 +100	+290 +100	+106 +60	+134 +60	+49 +30	+60 +30	+76 +30	+104 +30	+29 +10	+40 +10
65	80	+340 +150												
80	100	+390 +170	+174 +120	+207 +120	+260 +120	+340 +120	+126 +72	+159 +72	+58 +36	+71 +36	+90 +36	+123 +36	+34 +12	+47 +12
100	120	+400 +180												
120	140	+450 +200	+208 +145	+245 +145	+305 +145	+395 +145	+148 +85	+185 +85	+68 +43	+83 +43	+106 +43	+143 +43	+39 +14	+54 +14
140	160	+460 +210												
160	180	+480 +230												
180	200	+530 +240	+242 +170	+285 +170	+355 +170	+460 +170	+172 +100	+215 +100	+79 +50	+96 +50	+122 +50	+165 +50	+44 +15	+61 +15

公称尺寸/ mm		常用公差带											
		H							JS			K		
大于	至	6	7	8	9	10	11	12	6	7	8	6	7	8
10	18	+11 0	+18 0	+27 0	+43 0	+70 0	+110 0	+180 0	+5.5 −5.5	+9 −9	+13 −13	+2 −9	+6 −12	+8 −19
18	30	+13 0	+21 0	+33 0	+52 0	+84 0	+130 0	+210 0	+6.5 −6.5	+10 −10	+16 −16	+2 −11	+6 −15	+10 −23
30	50	+16 0	+25 0	+39 0	+62 0	+100 0	+160 0	+250 0	+8 −8	+12 −12	+19 −19	+3 −13	+7 −18	+12 −27
50	80	+19 0	+30 0	+46 0	+74 0	+120 0	+190 0	+300 0	+9.5 −9.5	+15 −15	+23 −23	+4 −15	+9 −21	+14 −32
80	120	+22 0	+35 0	+54 0	+87 0	+140 0	+220 0	+350 0	+11 −11	+17 −17	+27 −27	+4 −18	+10 −25	+16 −38
120	180	+25 0	+40 0	+63 0	+100 0	+160 0	+250 0	+400 0	+12.5 −12.5	+20 −20	+31 −31	+4 −21	+12 −28	+20 −43
180	200	+29 0	+46 0	+72 0	+115 0	+185 0	+290 0	+460 0	+14.5 −14.5	+23 −23	+36 −36	+5 −24	+13 −33	+22 −50

续表

公称尺寸/mm		M			N			P		R		S		U
大于	至	6	7	8	6	7	8	6	7	6	7	6	7	7
10	18	−4 −15	0 −18	+2 −25	−9 −20	−5 −23	−3 −30	−15 −26	−11 −29	−20 −31	−16 −34	−25 −36	−21 −39	−26 −44
18	24	−4 −17	0 −21	+4 −29	−11 −24	−7 −28	−3 −36	−18 −31	−14 −35	−24 −37	−20 −41	−31 −44	−27 −48	−33 −54
24	30													−40 −61
30	40	−4 −20	0 −25	+5 −34	−12 −28	−8 −33	−3 −42	−21 −37	−17 −42	−29 −45	−25 −50	−38 −54	−34 −59	−51 −76
40	50													−61 −86
50	65	−5 −24	0 −30	+5 −41	−14 −33	−9 −39	−4 −50	−26 −45	−21 −51	−35 −54	−30 −60	−47 −66	−42 −72	−76 −106
65	80									−37 −56	−32 −62	−53 −72	−48 −78	−91 −121
80	100	−6 −28	0 −35	+6 −48	−16 −38	−10 −45	−4 −58	−30 −52	−24 −59	−44 −66	−38 −73	−64 −86	−58 −93	−111 −146
100	120									−47 −69	−41 −76	−72 −94	−66 −101	−131 −166
120	140	−8 −33	0 −40	+8 −55	−20 −45	−12 −52	−4 −67	−36 −61	−28 −68	−56 −81	−48 −88	−85 −110	−77 −117	−155 −195
140	160									−58 −83	−50 −90	−93 −118	−85 −125	−175 −215
160	180									−61 −86	−53 −93	−101 −126	−93 −133	−195 −235
180	200	−8 −37	0 −46	+9 −63	−22 −51	−14 −60	−5 −77	−41 −70	−33 −79	−68 −97	−60 −106	−113 −142	−105 −151	−219 −265

附表3-3 标准公差数值（摘自 GB/T 1800.2—2009）　　　　μm

公称尺寸/mm		公 差 等 级												
大于	至	IT01	IT0	IT1	IT2	IT3	IT4	IT5	IT6	IT7	IT8	IT9	IT10	IT11
10	18	0.5	0.8	1.2	2	3	5	8	11	18	27	43	70	110
18	30	0.6	1	1.5	2.5	4	6	9	13	21	33	52	84	130
30	50	0.6	1	1.5	2.5	4	7	11	16	25	39	62	100	160
50	80	0.8	1.2	2	3	5	8	13	19	30	46	74	120	190
80	120	1	1.5	2.5	4	6	10	15	22	35	54	87	140	220
120	180	1.2	2	3.5	5	8	12	18	25	40	63	100	160	250
180	250	2	3	4.5	7	10	14	20	29	46	72	115	185	290
250	315	2.5	4	6	8	12	16	23	32	52	81	130	210	320

附录Ⅳ　推荐选用的配合

附表 4－1　基孔制优先、常用配合（摘自 GB/T 1801—2009）

基准孔	轴													
	c	d	f	g	h	js	k	m	n	p	r	s	t	u
	间隙配合					过渡配合			过盈配合					
H6			H6/f5	H6/g5	H6/h5	H6/js5	H6/k5	H6/m5	H6/n5	H6/p5	H6/r5	H6/s5	H6/t5	
H7			H7/f6	* H7/g6	* H7/h6	H7/js6	* H7/k6	H7/m6	* H7/n6	* H7/p6	H7/r6	* H7/s6	H7/t6	* H7/u6
H8			* H8/f7	H8/g7	* H8/h7	H8/js7	H8/k7	H8/m7	H8/n7	H8/p7	H8/r7	H8/s7	H8/t7	H8/u7
		H8/d8	H8/f8		H8/h8									
H9	H9/c9	* H9/d9	H9/f9		* H9/h9									
H10	H10/ c10	H10/ d10			H10/ h10									
H11	* H11/ c11	H11/ d11			* H11/ h11									
H12					H12/ h12									

注：1. H6/n5、H7/p6 在基本尺寸小于或等于 3 mm 和 H8/r7 在小于或等于 100 mm 时，为过渡配合。
　　2. 标注 * 的配合为优先配合。

附表 4－2　基轴制优先、常用配合（摘自 GB/T 1801—2009）

基准轴	孔												
	C	D	F	G	H	JS	K	M	N	P	R	S	T	U
	间隙配合					过渡配合			过盈配合					
h5			F6/h5	G6/h5	H6/h5	JS6/h5	K6/h5	M6/h5	N6/h5	P6/h5	R6/h5	S6/h5	T6/h5	
h6			F7/h6	* G7/h6	* H7/h6	JS7/h6	* K7/h6	M7/h6	N7/h6	* P7/h6	R7/h6	* S7/h6	T7/h6	* U7/h6
h7			* F8/h7		* H8/h7	JS8/h7	K8/h7	M8/h7	N8/h7					
h8		D8/h8	F8/h8		H8/h8									
h9		* D9/h9	F9/h9		* H9/h9									
h10		D10/h10			H10/h10									
h11	* C11/h11	D11/h11			* H11/h11									
h12					H12/h12									

注：标注 * 的配合为优先配合。

附录Ⅴ　常用材料及热处理

附表 5－1　钢铁产品牌号表示方法（摘自 GB/T 221—2008）

名称	钢号	应 用 举 例	说 明
碳素结构钢	Q195	受轻载荷机件、铆钉、螺钉、垫片、外壳、焊件	Q 为钢的屈服点的"屈"字汉语拼音首字母，数字为屈服点数值（单位 N/mm²）
	Q215	受力不大的铆钉、螺钉、轴、轮轴、凸轮、焊件、渗碳件	
	Q235	螺栓、螺母、拉杆、钩、连杆、楔、轴、焊件	
	Q255	金属构造物中一般机件、拉杆、轴、焊件	
	Q275	重要的螺钉、拉杆、钩、楔、连杆、轴、销、齿轮	
优质碳素结构钢	08F	可塑性需好的零件，如管子、垫片、渗碳件、氰化件	数字表示钢中平均含碳量的万分数，例如 45 表示平均含碳量为 0.45% 序号表示抗拉强度、硬度依次增加，延伸率依次降低
	10	拉杆、卡头、垫片、焊件	
	15	渗碳件、紧固件、冲模锻件、化工储器	
	20	杠杆、轴套、钩、螺钉、渗碳件与氰化件	
	25	轴、辊子、连接器，紧固件中的螺栓、螺母	
	30	曲轴、转轴、轴销、连杆、横梁、星轮	
	35	曲轴、摇杆、拉杆、键、销、螺栓	
	40	齿轮、齿条、链轮、凸轮、轧辊、曲柄轴	
	45	齿轮、轴、联轴器、衬套、活塞销、链轮	
	50	活塞杆、轮轴、齿轮、不重要的弹簧	
	55	齿轮、连杆、扁弹簧、轧辊、偏心轮、轮圈、轮缘	
	60	叶片、弹簧	
	30Mn	螺栓、杠杆、制动板	含锰量 0.7%～1.2% 的优质碳素钢
	40Mn	用于承受疲劳载荷零件，如轴、曲轴、万向联轴器	
	50Mn	用于高负荷下耐磨的热处理零件，如齿轮、凸轮、摩擦片	
	60Mn	弹簧、发条	
合金结构钢	15Cr	渗碳齿轮、凸轮、活塞销、离合器	① 合金结构钢前面两位数字表示钢中含碳量的万分数。② 合金元素以化学符号表示。③ 合金元素含量小于 1.5% 时仅注出元素符号
	20Cr	较重要的渗碳件	
	30Cr	重要的调质零件，如轮轴、齿轮、摇杆、螺栓	
	40Cr	较重要的调质零件，如齿轮、进气阀、辊子、轴	
	45Cr	强度及耐磨性高的轴、齿轮、螺栓	
	18CrMnTi	汽车上重要的渗碳件，如齿轮	
	30CrMnTi	汽车、拖拉机上强度特高的渗碳齿轮	
	40CrMnTi	强度高、耐磨性高的大齿轮，主轴	

名称	钢号	应 用 举 例	说 明
铸钢	ZG25	机座、箱体、支架	ZG 表示铸钢，数字表示名义含碳量的万分数
	ZG45	齿轮、飞轮、机架	

附表 5-2　铸铁产品牌号表示方法（摘自 GB/T 5612—2008）

名称	牌号	特性及应用举例	说 明
灰铸铁	HT100 HT150	低强度铸铁用于盖、手轮、支架 中强度铸铁用于底座、刀架、轴承座、胶带轮端盖	HT 表示灰铸铁，后面的数字表示抗拉强度（N/mm²）
	HT200 HT250	高强度铸铁用于床身、机座、齿轮、凸轮、汽缸泵体、联轴器	
	HT300 HT350	高强度耐磨铸铁用于齿轮、凸轮、重载荷床身、高压泵、阀壳体、锻模、冷冲压模	
球墨铸铁	QT800-2 QT700-2 QT600-2	具有较高强度，但塑性低，用于曲轴、凸轮轴、齿轮、气缸、缸套、轧辊、水泵轴、活塞环、摩擦片	QT 表示球墨铸铁，其后第一组数字表示抗拉强度（N/mm²），第二组数字表示延伸率（%）
	QT500-5 QT420-10 QT400-17	具有较高的塑性和适当的强度，用于承受冲击负荷的零件	
可锻铸铁	KTH300-06 KTH330-08* KTH350-10 KTH370-12*	黑心可锻铸铁用于承受冲击振动的零件，如汽车、拖拉机、农机	KT 表示可锻铸铁，H 表示黑心，B 表示白心，第一组数字表示抗拉强度（N/mm²），第二组数字表示延伸率（%）
	KTB350-04 KTB380-12 KTB400-05 KTB450-07	白心可锻铸铁韧性较低，但强度高，耐磨性、加工性好。可代替低、中碳钢及低合金钢，用于重要零件，如曲轴、连杆、机床附件	

注：1. KTH300-06 适用于气密性零件。
　　2. 有"*"号的为推荐牌号。

附表 5-3　有色金属及合金牌号表示方法

名称	牌号	应 用 举 例	说 明
普通黄铜	H62	散热器、垫圈、弹簧、螺钉等	H 表示黄铜，后面数字表示平均含铜量的百分数
铸造黄铜	ZHMn58-2-2	轴瓦、轴套及其他耐磨零件	牌号中的数字表示含铜、锰、铅的平均百分数
铸造锡青铜	ZQSn5-5-5 ZQSn6-6-3	用于承受摩擦的零件，如轴承	Q 表示青铜，其后数字表示含锡、锌、铅的平均百分数

名称	牌号	应　用　举　例	说　　明
铸造铝青铜	ZQAl9－2 ZQAl9－4	强度高，减磨性、耐蚀性、铸造性良好，可用于制造蜗轮、衬套和防锈零件	字母后的数字表示含铝、铁的平均百分数
铸造铝合金	ZL201 ZL301 ZL401	载荷不大的薄壁零件、受中等载荷的零件、需保持固定尺寸的零件	L 表示铝，后面的数字表示顺序号
硬铝	LY13	适用于中等强度的零件，焊接性能好	

附表 5－4　非金属材料牌号表示方法

材料名称	牌号	用　途	材料名称	牌号	用　途
耐酸碱橡胶板	2030 2040	用作冲制密封性能较好的垫圈	耐油橡胶石棉板		耐油密封衬垫材料
耐油橡胶板	3001 3002	适用冲制各种形状的垫圈	油浸石棉盘根	YS 450	适用于回转轴、往复运动或阀杆上的密封材料
耐热橡胶板	4001 4002	用作冲制各种垫圈和隔热垫板	橡胶石棉盘根	XS 450	同上
酚醛层压板	3302－1 3302－2	用作结构材料及用以制造各种机械零件	毛毡		用作密封、防漏油、防振、缓冲衬垫
布质酚醛层压板	3305－1 3305－2	用作轧钢机轴瓦	软钢板纸		用作密封连接处垫片
			聚四氟乙烯	SFL－4－13	用于腐蚀介质中的垫片
尼龙 66 尼龙 1010		用以制作机械零件	有机玻璃板		适用于耐腐蚀和需要透明的零件

附表 5－5　常用热处理和表面处理

名称	代号及标注举例	说　　明	目　　的
退火	Th	加热—保温—随炉冷却	用来消除铸、锻、焊零件的内应力，降低硬度，以利于切削加工，细化晶粒，改善组织，增加韧性
正火	Z	加热—保温—空气冷却	用于处理低碳钢、中碳结构钢及渗碳零件，细化晶粒，增加强度与韧性，减小内应力，改善切削性能
淬火	C C48（淬火回火 HRC 45～50）	加热—保温—急冷	提高机件强度及耐磨性。但淬火后引起内应力，使钢变脆，所以淬火后必须回火
调质	T T235（调质至 HB 220～250）	淬火—高温回火	提高韧性及强度。重要的齿轮、轴及丝杆等零件需调质

名称	代号及标注举例	说　明	目　的
高频淬火	G G52（高频淬火后，回火至 HRC 50～55）	用高频电流将零件表面加热—急速冷却	提高机件表面的硬度及耐磨性，而心部保持一定的韧性，使零件既耐磨又能承受冲击，常用来处理齿轮
渗碳淬火	S—C S 0.5—C 59 （渗碳层深 0.5，淬火硬度 HRC 56～62）	将零件在渗碳剂中加热，使碳渗入钢的表面后，再淬火回火渗碳深度 0.5～2 mm	提高机件表面的硬度、耐磨性、抗拉强度等，适用于低碳、中碳 ω（（C）＜0.40%）结构钢的中小型零件
氮化	D D 0.3—900 （氮化深度 0.3，硬度大于 HV 850）	将零件放入氨气内加热，使氮原子渗入钢表面。氮化层 0.025～0.8 mm，氮化时间 40～50 h	提高机件的表面硬度、耐磨性、疲劳强度和抗蚀能力。适用于合金钢、碳钢、铸铁件，如机床主轴、丝杆、重要液压元件中的零件
氰化	Q Q59（氰化淬火后，回火至 HRC 56～62）	钢件在碳、氮中加热，使碳、氮原子同时渗入钢表面。可得到 0.2～0.5 mm 氰化层	提高表面硬度、耐磨性、疲劳强度和耐蚀性，用于要求硬度高、耐磨的中小型、薄片零件及刀具等
时效	时效处理	机件精加工前，加热到 100～150 ℃后，保温 5～20 h（空气冷却），铸件可天然时效（露天放一年以上）	消除内应力，稳定机件形状和尺寸。常用于处理精密机件，如精密轴承、精密丝杆等
发蓝发黑	发蓝或发黑	将零件置于氧化剂内加热氧化，使表面形成一层氧化铁保护膜	防腐蚀、美化，如用于螺纹连接件
镀镍		用电解方法，在钢件表面镀一层镍	防腐蚀、美化
镀铬		用电解方法，在钢件表面镀一层铬	提高表面硬度、耐磨性和耐蚀能力，也用于修复零件上磨损了的表面
硬度	HB（布氏硬度）、HRC（洛氏硬度）、HV（维氏硬度）	材料抵抗硬物压入其表面的能力，依测定方法不同有布氏硬度、洛氏硬度、维氏硬度等几种	检验材料经热处理后的机械性能——硬度。HB 用于退火、正火、调质的零件及铸件。HRC 用于经淬火、回火及表面渗碳、渗氮等处理的零件。HV 用于薄层硬化零件

参 考 文 献

[1] 沈培玉，苗青. 工程制图 [M]. 北京：国防工业出版社，2006.

[2] 孔宪庶. 画法几何与工程制图 [M]. 北京：机械工业出版社，2011.

[3] 冯开平，左宗义. 画法几何与机械制图 [M]. 广州：华南理工大学出版社，2005.

[4] 侯文君，王飞. 工程制图与计算机绘图 [M]. 北京：人民邮电出版社，2009.

[5] 谢军. 现代机械制图 [M]. 北京：机械工业出版社，2008.

[6] 谢军，王国顺. 现代工程制图 [M]. 北京：中国铁道出版社，2010.

[7] 程静. AutoCAD 工程绘图及二次开发技术 [M]. 北京：国防工业出版社，2008.